西部地域绿色建筑设计研究系列丛书

丛书总主编：庄惟敏　主编：雷振东　高　博　陈　敬

西北荒漠区
地域绿色建筑设计图集

Collective Design

Drawings of Green Building in the Northwest of China Desert Regions

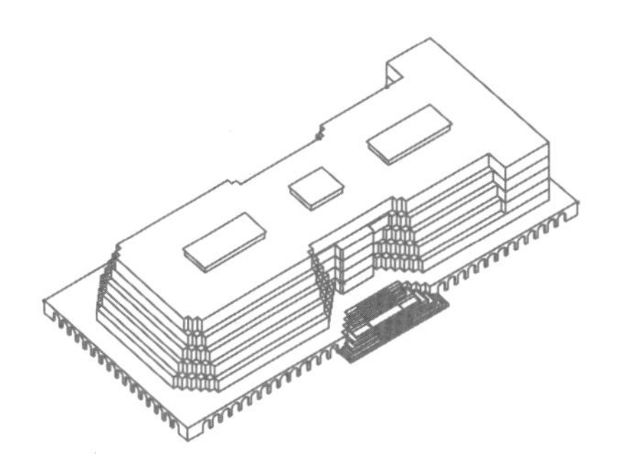
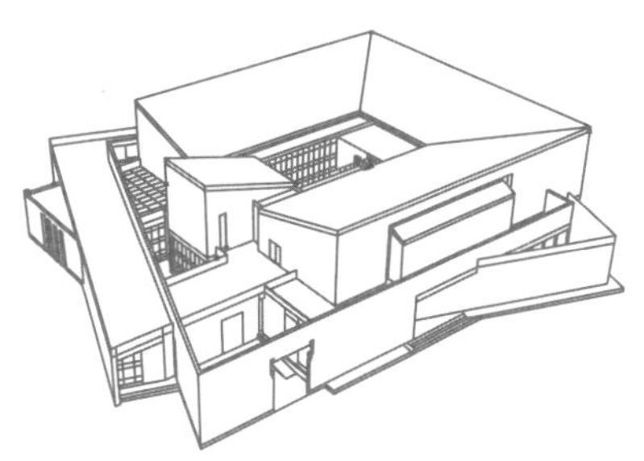
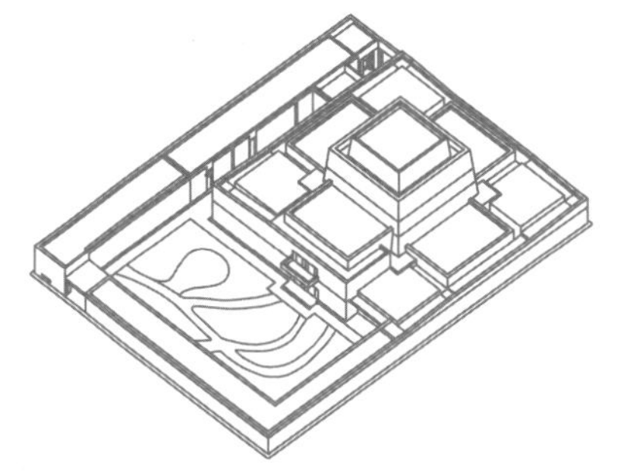
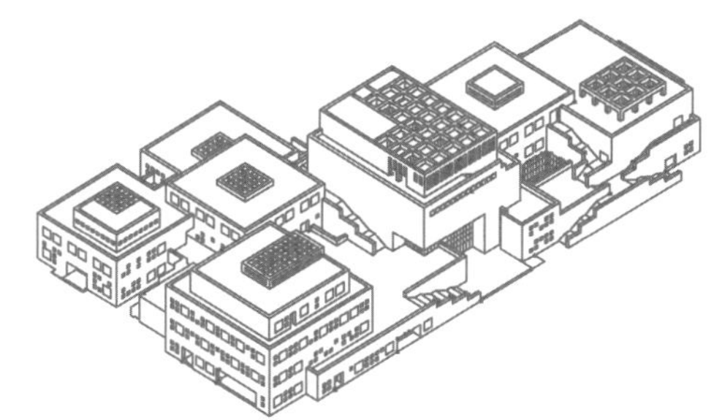

中国建筑工业出版社

图书在版编目（CIP）数据

西北荒漠区地域绿色建筑设计图集 =Collective Design Drawings of Green Building in the Northwest of China Desert Regions/ 雷振东，高博，陈敬主编. —北京：中国建筑工业出版社，2021.6
（西部地域绿色建筑设计研究系列丛书）
ISBN 978-7-112-26218-2

Ⅰ.①西… Ⅱ.①雷… ②高… ③陈… Ⅲ.①生态建筑—建筑设计—图集—西北地区 Ⅳ.① TU201.5-64

中国版本图书馆CIP数据核字（2021）第119063号

本系列丛书是科技部“十三五”国家重点研发计划项目“基于多元文化的西部地域绿色建筑模式与技术体系”研究的系列成果，由清华大学、西安建筑科技大学、同济大学、重庆大学、中国建筑设计研究院等16家建筑高校和设计机构共同完成，旨在探索西部地区地域绿色建筑的发展路径。

本册总结了西北荒漠区地域典型传统民居、优秀近现代公共建筑的绿色设计原理，归纳出其中典型的空间模式、材料构造、部品部件，绘制成参考图集，构建“文绿一体”的西北荒漠区绿色建筑技术体系，为地域绿色建筑设计提供参考。

责任编辑：许顺法 陈 桦 王 惠
责任校对：王 烨

西部地域绿色建筑设计研究系列丛书
西北荒漠区地域绿色建筑设计图集
Collective Design Drawings of Green Building in the Northwest of China Desert Regions
丛书总主编：庄惟敏
主编：雷振东 高 博 陈 敬
*
中国建筑工业出版社出版、发行（北京海淀三里河路9号）
各地新华书店、建筑书店经销
北京雅盈中佳图文设计公司制版
北京京华铭诚工贸有限公司印刷
*
开本：880毫米×1230毫米 横1/16 印张：11½ 字数：259千字
2021年7月第一版 2021年7月第一次印刷
定价：**128.00**元
ISBN 978-7-112-26218-2
（37714）

#《西部地域绿色建筑设计研究系列丛书》总序

中国西部地域辽阔、气候极端、民族众多、经济发展相对落后，绿色建筑的发展无疑面临着更多的挑战。长久以来，我国绿色建筑设计普遍存在“重绿色技术性能”而“轻文脉空间传承”的问题，一方面，中国传统建筑经千百年的实践积累其中蕴含了丰富的人文要素与理念，其建构理念没有得到充分的挖掘和利用；另一方面，大量具有地域文化特征的公共建筑，其绿色性能往往不高。目前尚未有成熟的地域绿色建筑学相关理论与方法指导，从根本上制约了建筑学领域文化与绿色的融合发展。

近年来，国内建筑学领域正从西部建筑能耗与环境、地区建筑理论等方面尝试创新突破。技术上，发达国家在绿色建筑新材料、构造、部品等方面已形成成熟的技术产业体系，转向零能耗、超低能耗建筑研发；创作实践上，各国也一直在探索融合地域文化与绿色智慧的技术创新。但发达国家的绿色建筑技术造价昂贵，各国建筑模式、技术体系基于不同的气候条件、民族文化，不适配我国西部地区的建设需求，生搬硬套只会造成更高的资源浪费和环境影响，迫切需要研发适宜我国地域条件的绿色建筑设计理论和方法。

基于此，“十三五”国家重点研发计划项目“基于多元文化的西部地域绿色建筑模式与技术体系”（2017YFC0702400）以西部地域建筑文化传承和绿色发展一体协同为宗旨，采取典型地域建筑分类数据采集与数据库分析方法、多学科交叉协同的理论方法、多层次、多专业、全流程的系统控制方法及建筑文化与绿色性能综合模拟分析方法，变革传统建筑设计原理与方法，建立基于建筑文化传承的西部典型地域绿色建筑模式和技术体系，编制相关设计导则和图集，开展综合技术集成、工程示范和推广应用，通过四年的研究探索，形成了系列研究成果。

本系列丛书即是对该重点专项成果的凝练和总结，丛书由专项项目负责人庄惟敏院士任总主编、专项课题负责人单军教授、雷振东教授、杜春兰教授、周俭教授、景泉院长联合主编；由清华大学、同济大学、西安建筑科技大学、重庆大学、中国建筑设计研究院有限公司等 16 家高校和设计研究机构共同完成，包括三部专著和四部图集。《基于建筑文化传承的西部地域绿色建筑设计研究》、《西部传统地域建筑绿色性能及原理研究》、《西部典型地域特征绿色建筑工程示范》三部专著厘清了西部地域绿色建筑发展的背景、特点、现状和目标，梳理了地域建筑学、绿色建筑学的基本理论，探讨了“传统绿色经验现代化”与“现代绿色技术地域化”的可行途径，提出了“文绿一体”的地域绿色建筑设计模式与评价体系，并将其应用于西部典型地域绿色建筑示范工程上，从而通过设计应用优化了西部地域绿色建筑学理论框架。四部图集中，《西部典型传统地域建筑绿色设计原理图集》对西部典型传统地域绿色建筑的设计原理进行了总结性提炼，为建筑师在西部地区进行地域性绿色建筑创作提供指导和参照；《青藏高原地域绿色建筑设计图集》、《西北荒漠区地域绿色建筑设计图集》、《西南多民族聚居区地域绿色建筑设计图集》分别以青藏高原地区、西北荒漠区、西南多民族聚居区为研究范围，凝练各地区传统地域绿色建筑的设计原理，并将其转化为空间模式、材料构造、部品部件的图示化语言，构建“文绿一体”的西北荒漠区绿色建筑技术体系，为西部不同地区的地域性绿色建筑创作提供进一步的技术支撑。

本系列丛书作为国内首个针对我国西部地区探索建筑文化与绿色协同发展的研究成果，以期为推进西部地区“文绿一体”的建筑设计研究与实践提供相应的指导价值。

本系列丛书在编写过程中得到了西安建筑科技大学刘加平院士、清华大学林波荣教授和黄献明教授级高级建筑师、西北工业大学刘煜教授、西藏大学张筱芳教授、中煤科工集团重庆设计研究院西藏分院谭建魂书记等专家学者的中肯意见和大力协助，中国建筑设计研究院有限公司、中国建筑西北设计研究院有限公司、深圳市华汇设计有限公司、天津华汇工程设计有限公司、重庆市设计院以及陕西畅兴源节能环保科技有限公司等单位为本丛书的编写提供了技术支持和多方指导，中国建筑工业出版社陈桦主任、许顺法编辑、王惠编辑为此付出了大量的心血和努力，在此特表示衷心的感谢！

庄惟敏

2021 年 5 月

前言

国际上对绿色建筑的研究起源于 20 世纪 60 年代，经过 60 余年的发展已形成了整体性、综合性和多学科交叉的学科领域。随着绿色建筑研究的日趋完善，人们已经认识到绿色建筑不是放之四海皆准，具有地域特征的绿色建筑已成为当前国际和国内研究的重点。理论上，国外相关研究代表性成果主要有“生物气候地方主义”和“批判的地域主义”。前者倡导从“生态绩效”角度认识建筑与环境之间的能量关系，为绿色建筑技术的新发展拓展了空间；后者最先指出“建构环节”是实现文化与技术融合的必由途径，为地域建筑良性发展奠定了战略方向。在我国，绿色建筑与建筑文化已成为新型城镇化时期建筑行业发展的主旋律。中国西部具有独特的地域特征、气候条件、民族文化，而绿色建筑设计普遍存在“重绿色技术性能”而“轻文脉空间传承”的现象。各国建筑模式、技术体系基于不同的气候条件、民族文化，不适配我国西部地区的建设需求，我国东部的绿色建筑经验亦不能直接照搬到西部，迫切需要研发适用于我国西部地域条件的绿色建筑模式与技术体系。

图集是绿色建筑模式与技术体系的重要载体，对西部地域性绿色建筑的引导和示范起着关键作用。西部地区既有相关图集更多结合各地区不同省份的行业需求，涉及建筑保温、隔热、通风、遮阳等适宜的构造做法与绿色材料、部品部件的选择，为施工图设计提供具体的技术指导。然而，目前行业内尚未有文化与绿色结合的建筑营建技术体系及图集。

基于上述认识，在国家“十三五”重点研发计划项目“基于多元文化的西部地域绿色建筑模式与技术体系”（2017YFC0702400）的支持下，西安建筑科技大学课题组承担了西北荒漠区地域绿色建筑设计图集的研究工作，以期通过该图集的编写，为西北荒漠区地域绿色建筑的发展提供具体的技术指导。

图集编制小组由清华大学庄惟敏院士任总主编，对图集编制进行技术指导。西安建筑科技大学雷振东教授、高博教授、陈敬副教授任主编，负责图集内容的策划与具体编写工作。课题组先后对我国西北荒漠区的新疆、甘肃、宁夏、青海、陕西等多地区地域绿色传统建筑与现代建筑分次进行了大量的实地考察和分析研究工作。

在图集编制过程中，课题组于 2017 年 12 月至 2019 年 12 月，出动 80 余人次对陕西省榆林市、延安市、西安市、渭南市；甘肃省天水市、庆阳市、白银市、兰州市、敦煌市、武威市、张掖市、酒泉市、西海固；青海省河东市、西宁市；宁夏回族自治区固原市、中卫市、银川市；新疆维吾尔自治区乌鲁木齐市、吐鲁番市、哈密市、昌吉州；内蒙古自治区的呼和浩特市、包头市、鄂尔多斯市、巴彦淖尔市、乌海市、阿拉善盟等地区传统建筑与现代公共建筑进行了多次调研与测绘工作。传统建筑类型主要包括陕西省榆林市米脂高家大院与姜氏庄园，西安市南堡寨村三合院民居，渭南市关中传统民居；甘肃省张掖市堡寨民居，西海固回族民居；宁夏回族自治区固原市清真寺；内蒙古自治区呼和浩特市传统窑洞民居，包头市达茂旗、萨拉齐、石拐区藏传佛教寺庙、东河区晋风民居，鄂尔多斯市鄂托克前旗、伊金霍洛旗柳编包、泥草包。现代公共建筑类型主要包括陕西省榆林市石峁遗址办公区，西安市陕西师范大学教育博物馆、临潼贾平凹文化艺术馆，延安市延安大学新校区图书馆；甘肃省庆阳市毛寺村生态实验小学，白银市会宁马岔村村民活动中心，兰州市省博物馆、城市规划展览馆，敦煌市莫高窟数字展示中心、玉门关游客服务中心；青海省海东市河湟民俗文化博物馆、朝阳中学，西宁市的市民中心、国际会展中心、群众文化艺术活动交流中心；宁夏回族自治区银川市宁夏大剧院；新疆维吾尔自治区昌吉州文化中心，吐鲁番市高昌故城游客服务中心；内蒙古自治区呼和浩特市内蒙古工业大学建筑设计楼，鄂尔多斯市恩格贝沙漠科学馆，巴彦淖尔市教堂、粮仓，乌海市黄河鱼类增殖站及展示中心。

在广泛实地调研的基础上，课题组参考了西北荒漠区各地有关节能标准、设计导则、图集，以及与该方面研究相关的专著、论文等资料，经过反复研讨与大量绘图分析编著出《西北荒漠区地域绿色建筑设计图集》初稿。其后，高博、陈敬、李涛、师晓静、屈雯、王雪菲等人对图集进行多次校审与修订，最终成稿。

本图集首先通过“适用西北荒漠区的现代绿色建筑技术”章节分析了现代绿色建筑技术体系在西北荒漠区的本土化应用范围和方法，筛选了适用于西北荒漠区的现代通用绿色建筑技术方法；其次，“地域绿色建筑空间策略”章节从西北荒漠区气候与建筑相互影响机制入手，探索了地域传统营建模式在现代绿色建筑技术体系中性能优化提升的空间策略；再次，“本土化的材料构造”章节在分析建筑材料构造与西北荒漠区保温隔热方式适配机理的基础上，从墙体、屋面、外门窗方面分类梳理了该地区被广泛应用的保温、隔热建筑节能措施；接下来，“本土化的部品部件”章节整理了西北荒漠区建筑营建中兼具地域特色与良好绿色性能的部品部件；再者，“文绿一体的当代优秀建筑案例解析”章节通过对典型案例中绿色性能优异的现代建筑设计方法及技术耦合方式的分析，梳理归纳了具有地域特色的材料构件、构造技术、工程做法、绿色建筑技术与集成方式；最后，“文绿一体的示范工程”章节展示了课题组在青海海东、西宁、陕西西安等地开展的具有鲜明地域文化特色的绿色建筑应用示范工程。

图集编制中得到了中国建筑设计研究院有限公司、中国建筑西北设计研究院有限公司等单位的技术支持与多方指导，在此表示衷心的感谢！同时，陕西畅兴源节能环保科技有限公司、西安雍科建筑科技有限公司、汉能薄膜发电集团、宁波中节能索乐图日光科技有限公司、亨特道格拉斯窗饰产品（中国）有限公司、南通沪望塑料科技发展有限公司等单位为第四章节“本土化的部品部件”的编写提供了相关新型产品与材料素材，在此表示由衷的感谢！另外，图集参考了诸多学者的研究成果，特别是西北荒漠区的相关规范与学术资料，在此表示诚挚的感谢！

由于西北荒漠区地域辽阔、文化多元、经济发展相对滞后，传统建筑历史悠久、分布广泛，地域性绿色建筑的内容丰富而复杂，文化与绿色相结合的西北荒漠区地域绿色建筑研究是一项任重而道远的工作；加之课题组研究水平有限，本图集疏漏之处和错误在所难免，敬请专家及读者批评指正。

2021 年 5 月

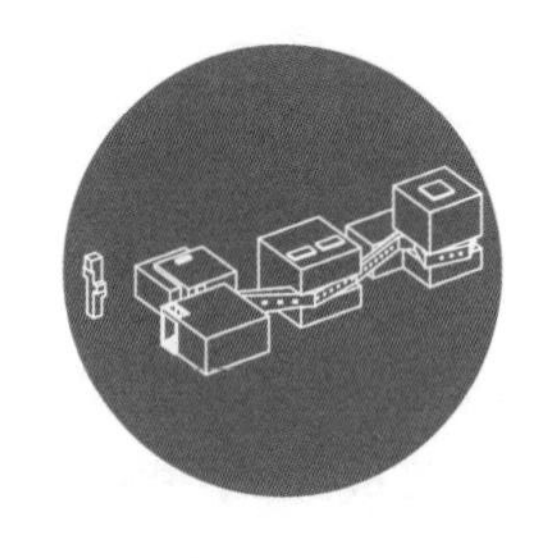

第 1 章

适用西北荒漠区的现代绿色建筑技术

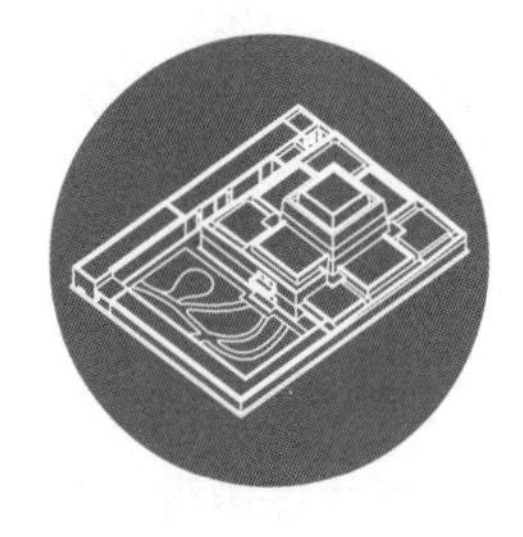

第 2 章

地域绿色建筑空间策略

目录

CONTENTS

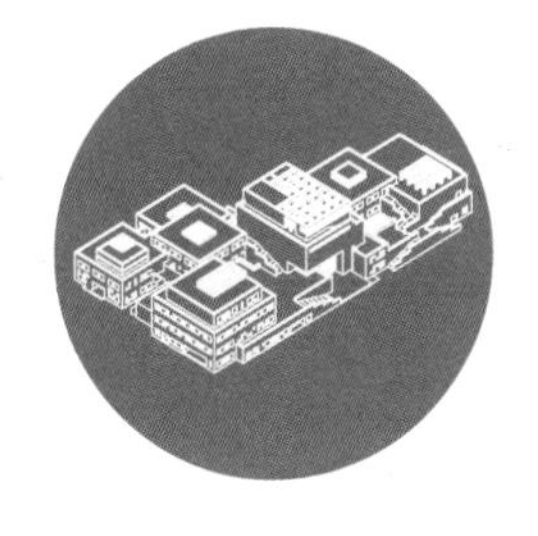

第3章

“本土化”的材料构造

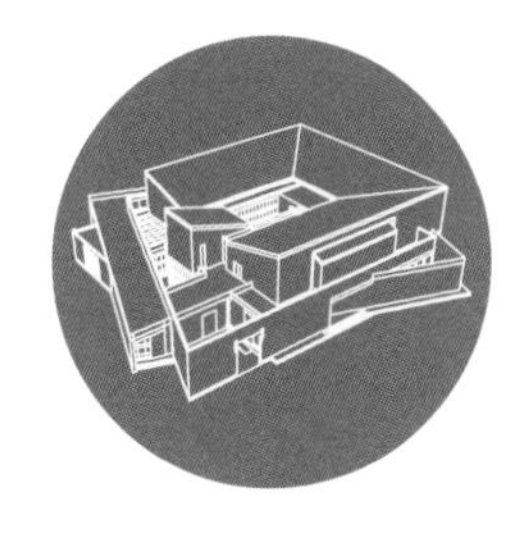

第4章

“本土化”的部品部件

第 5 章

“文绿一体”的当代优秀建筑案例解析

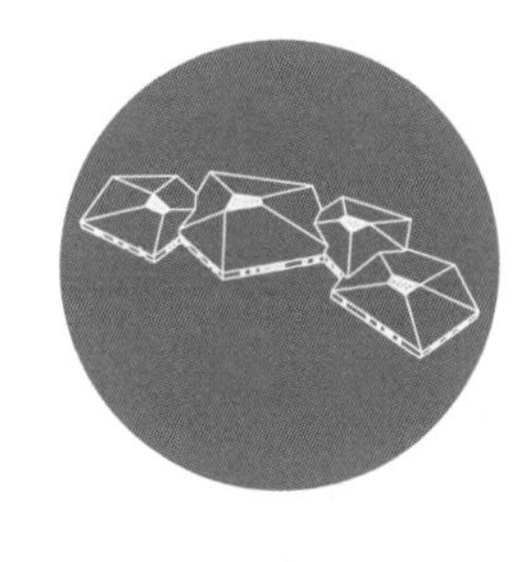

第 6 章

“文绿一体”的示范工程

昌吉州艺术剧院

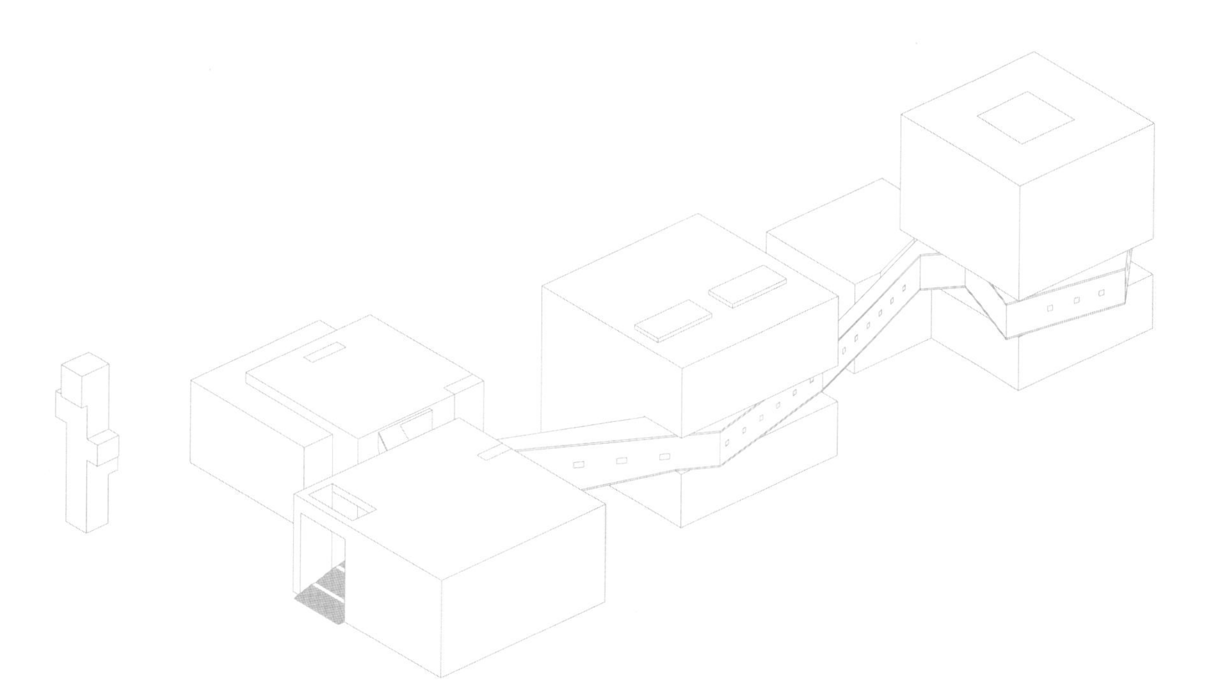

第 1 章

适用西北荒漠区的现代绿色建筑技术

本章分析了现代绿色建筑技术体系在西北荒漠区的本土化适用范围和方法，重点就建筑保温、隔热、采暖、自然采光等方面，从建筑朝向、平面布局和体形、屋面、外墙、门窗洞口等外围护结构设计进行分析，筛选了适用于西北荒漠区的现代通用绿色建筑技术方法，是探讨该地区“文绿一体”多层级、一体化营建技术体系的基础。

1.1 建筑保温策略

1.1.1 体形系数

原理：“体形系数（S）”是表征建筑热工性能的重要指标，它是指建筑物与室外大气接触的外表面积（F_0）与其所包围的体积之比（V_0），外表面积不包括地面和不供暖楼梯间内墙的面积。体积相同的建筑，外表面积越少，与外界进行能量交换的热流通道就越少，所以紧凑的体形有利于减少建筑外表面传递的热量。

设计要点：西北荒漠区的基本范围主要包括陕西的关中和陕北、内蒙古西部、甘肃、宁夏、新疆以及青海东部河湟地区。根据《中国建筑气候区划分图》可知，西北荒漠区属于严寒、寒冷气候区，在建筑设计中应控制建筑体形系数，提高建筑保温蓄热能力。《公共建筑节能设计标准》GB 50189—2015 中规定，严寒、寒冷地区单栋建筑面积大于 800m^2 的公共建筑的体形系数应小于或等于 0.40，单栋建筑面积小于 800m^2，其体形系数一般不会超过 0.50，如表 1-1。《严寒和寒冷地区居住建筑节能设计标准》JGJ 26—2018 中规定，严寒和寒冷地区居住建筑的体形系数不应大于如表 1-2 所列出的限值。

由于耗热能量随着体形系数的增大而增大，所以在满足总体规划和建筑使用功能以及建筑面积一定的前提下，应选择合理的建筑平面，减少不必要的凸凹变化。一般控制体形系数的大小时会采用适宜的面宽与进深比例、调整建筑层数、合理控制建筑体形及立面变化的方法。

严寒和寒冷地区公共建筑体形系数　　表 1-1

单栋建筑面积 A（m^2）	建筑体形系数 S
$300<A\leqslant 800$	≤ 0.50
$A>800$	≤ 0.40

严寒和寒冷地区居住建筑体形系数　　表 1-2

气候区	建筑层数	
	≤ 3 层	≥ 4 层
严寒地区（1 区）	0.55	0.30
寒冷地区（2 区）	0.57	0.33

1.1.2　平剖面热环境分区

原理：不同空间布局对室内微气候有着重要影响，所以应在满足建筑功能的前提下对建筑的空间进行合理的分割（平面分割和竖向分割），以改善室内的保温、通风、采光等微气候条件。

设计要点：在居住建筑中，辅助空间尽量布置在北侧，缓冲冬季室外的低温，主要空间（起居空间、卧室）布置于南侧，还可以通过附加阳光间等方式直接利用光线和太阳能，阳光间作为南侧的缓冲空间能够起到良好保温效果。

公共建筑往往在进深方向有多个分区，为了将阳光引入建筑内部，则需要平面、剖面的协同设计来达到最佳的热舒适环境。在平面形式上，如表 1–3 所示，通过房间的错动布置、墙面反射阳光、对流传热的形式使每个房间得到热量。而对于南北向布置或者建筑基地不平整的建筑，则可以从建筑剖面入手，尽可能使北向房间获取热量，如表 1–4 所示。西北荒漠区由于气候寒冷，因而合理的热环境分区设计能够改善主要空间的得热情况，提升建筑的热环境品质。

1.1.3　加强外围护结构的热工性能

原理：建筑外围护结构包括墙体、门、窗等，建筑外围护结构节能就是通过改善建筑外围护结构的热工性能，达到夏季隔绝室外热量进入室内，冬季防止室内热量泄出室外的效果，使建筑物室内温度尽可能接近舒适温度，减少通过采暖或制冷等辅助设备来达到合理舒适室温而产生的负荷。

设计要点：通过高性能保温材料、围护材料的使用来提高建筑的热工性能，以中空玻璃为例，它是由两层或多层平板玻璃构成，四周用高强高气密性复合黏结剂，将两片或多片玻璃与密封条、玻璃条黏结、密封，中间充入干燥气体，框内充以干燥剂，以保证玻璃片间空气的干燥度。合理配置中空玻璃和中空玻璃间隔层厚度，可以最大限度地减少能量通过辐射形式的传递，从而降低能量的损失。

利用当地的材料也能达到较好的保温效果，比如玉米芯骨料、草砖等，不仅方便生产，在节能环保的同时又具有地域属性。设置门斗也是西北荒漠区普遍采用的措施，它作为建筑的过渡空间在建筑物出入口设置，在冬季能够抵御寒风以起到保温作用。

平面形式　　表 1–3

东西横向	阶梯状错动	南北房间相连
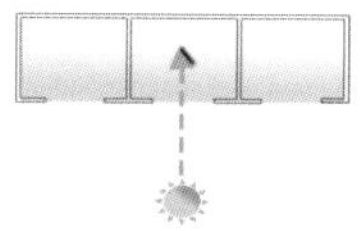	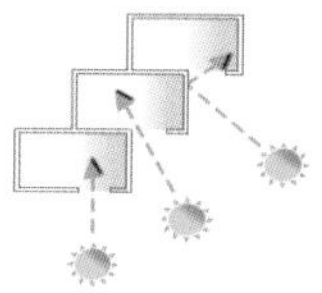	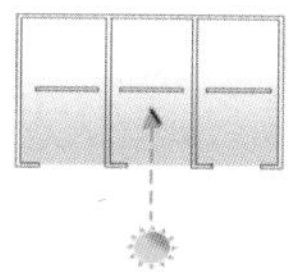
北向房间与阳光间相连	**大进深房间在中间**	**大进深房间朝南**
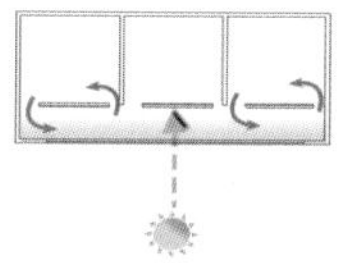	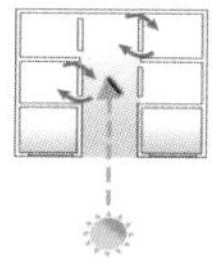	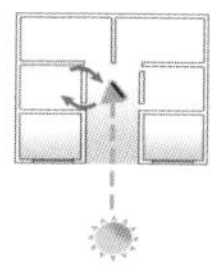

剖面形式　　表 1-4

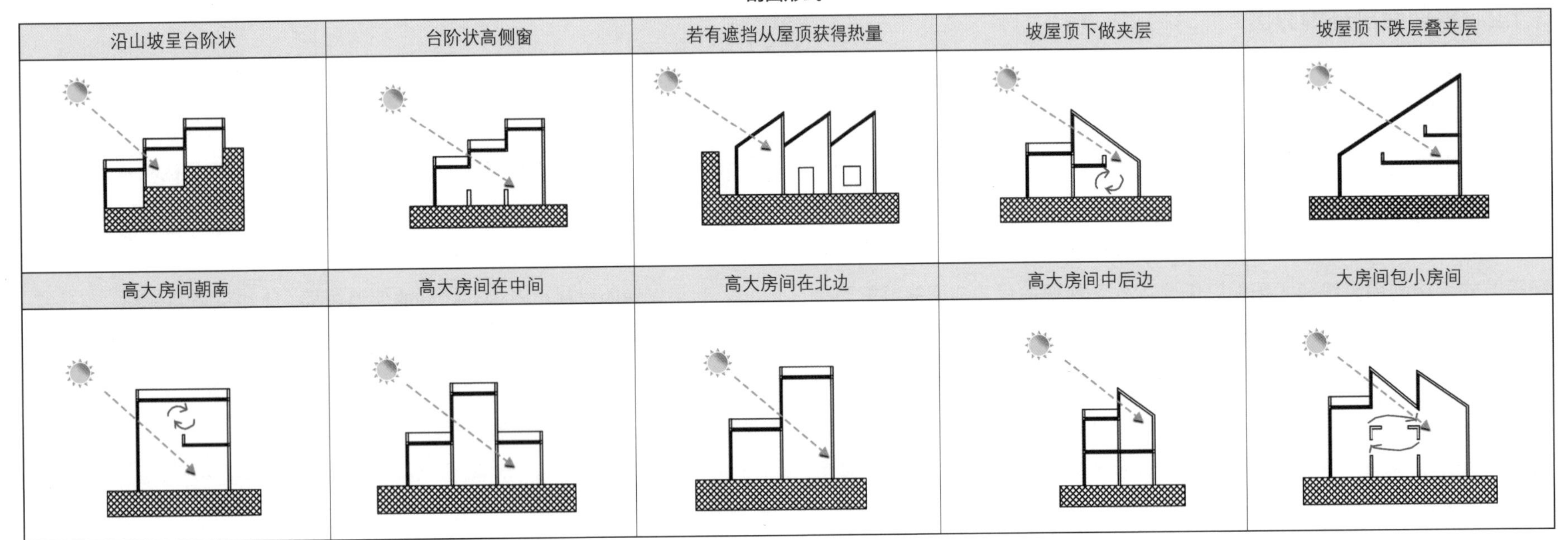

1.2　建筑隔热策略

1.2.1　减少太阳辐射

1）特殊玻璃

原理：通过对玻璃材料的透光系数、太阳直射透射率、相对得热以及传热系数等指标的研究，使玻璃的技术迅速发展。

设计要点：西北荒漠区整体位于我国地势第二级阶梯，海拔高、太阳辐射较强，尤其在干旱少雨的河西走廊、新疆等地区，夏季太阳辐射强烈。因此，根据建筑的功能及立面需要，选择合适的玻璃，能有效降低太阳辐射，减少夏季空调的使用。在满足通风和光照的前提下，窗墙比越小保温隔热的效果越好，节能效果越佳。窗墙比应根据规范并结合当地情况进行适当调整。

（1）太阳能热反射玻璃

这是一种通过化学热分解、真空镀膜等技术，在玻璃表面形成薄膜的热反射镀层玻璃，主要应用于建筑夹层玻璃，可有效地反射太阳光线，包括大量红外线，反射率可达 30% ~ 40%，甚至高达 50% ~ 60%，起到隔热的效果，在提高人体热舒适度的同时减轻空调负荷。

（2）低辐射玻璃

低辐射镀膜玻璃（“Low-E”玻璃）是一种对波长 4.5 ~ 25μm 的红外线有较高反射比的镀膜玻璃，是在玻璃表面镀上多层金属或其他化合物组成的膜系产品，其镀膜层具有对可见光高透过及对中远红外线高反射的特性。

（3）薄膜型热反射材料贴膜玻璃

薄膜型热反射材料是一种新型功能复合材料，不仅能反射较宽频带的红外线，还具有高反射率、高透射率和选择性透光等特点。

2）遮阳系统

（1）建筑自遮阳

原理：在建筑设计中，通过建筑自身体量的凹凸进退，形成不同的阴影区，从而达到遮阳目的。

设计要点：在现代建筑设计中，可结合挑檐、体量阶梯后退、建筑倾斜等方式来达到遮挡夏季太阳直射、透过冬季太阳直射的目标，如表 1-5。西北荒漠区夏季炎热干燥，尤其在新疆吐鲁番、河西走廊等沙漠化严重区，自遮阳形成的体形特征可具有地域文化特色。

（2）构件遮阳

原理：建筑遮阳宜优先考虑采用外遮阳，即在洞口外部设置不同位置的、不同形式的构件，避免夏季太阳直射。

设计要点：构件遮阳类型可按构件形式分为：板式构造、帘式构造、叶式构造等，各自形式的分类及适宜朝向设置见表 1-6。西北荒漠区区域范围广，气候类型复杂多样，构件遮阳形式应考虑当地气候特征及建筑朝向等多因素综合确定。

建筑自遮阳形式　　表 1-5

屋顶挑檐	墙面挑檐	阳台
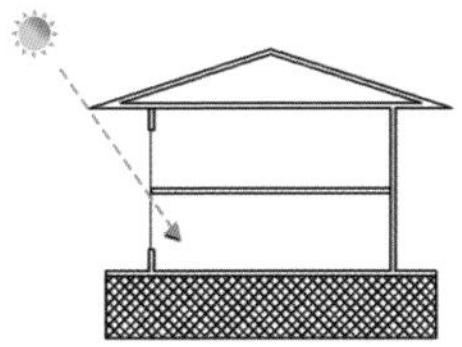	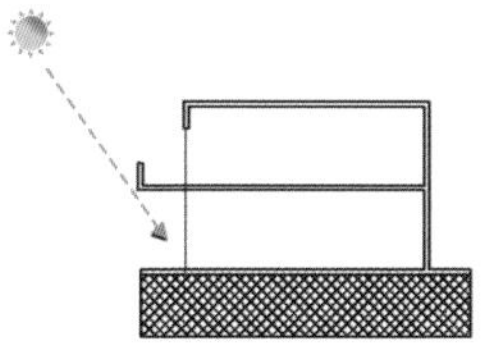	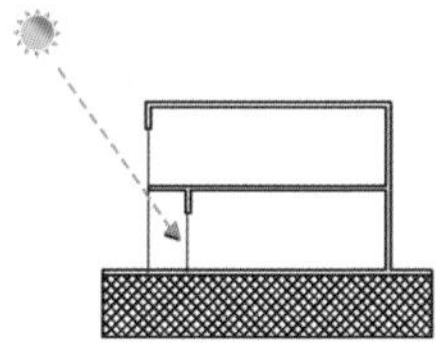
体量阶梯后退	**建筑倾斜**	**出挑外廊**
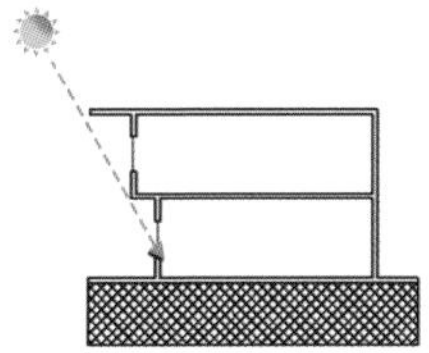	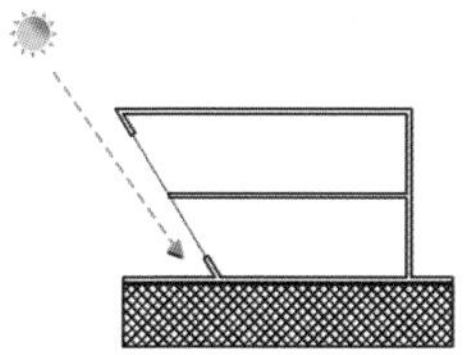	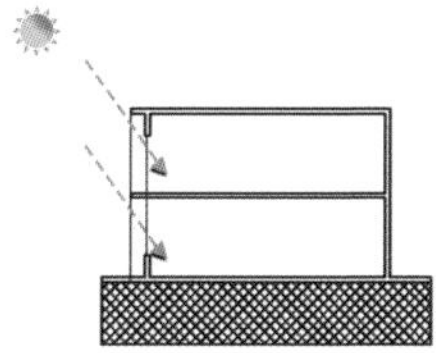

（3）绿化遮阳

原理：绿化遮阳即借助植物来遮阳，通过植物一年四季的状态变化形成不同遮阳效果，达到夏季遮阳、冬季采光的目的。

设计要点：植物的种植应根据窗口朝向、对遮阳形式的要求来选择和配置。由于植物的采用受环境影响较大，因而此种形式多适用于降水相对较多的关中、陇东地区，如天水合院民居，夏季植物枝叶茂盛，减少太阳直射，降低室内温度；冬季树叶凋落，太阳光能直射室内，提高室内温度，如表 1-7 所示。

外遮阳形式 表 1-6

遮阳类型	水平板	垂直板	综合板
板式			
朝向	南向	北向、东北、西北	南向、东南、西南
遮阳类型	挡板	卷帘	网幕
帘式			
朝向	全方位	全方位	全方位
遮阳类型	水平百叶	垂直百叶	百叶帘
叶式			
朝向	全方位，南向最佳	全方位，东西向最佳	全方位
遮阳类型	蓬式	墙式	构架式
其他形式			
朝向	南向	全方位，墙体遮阳为主	全方位，屋顶遮阳为主

绿化遮阳形式 表 1-7

夏季	冬季

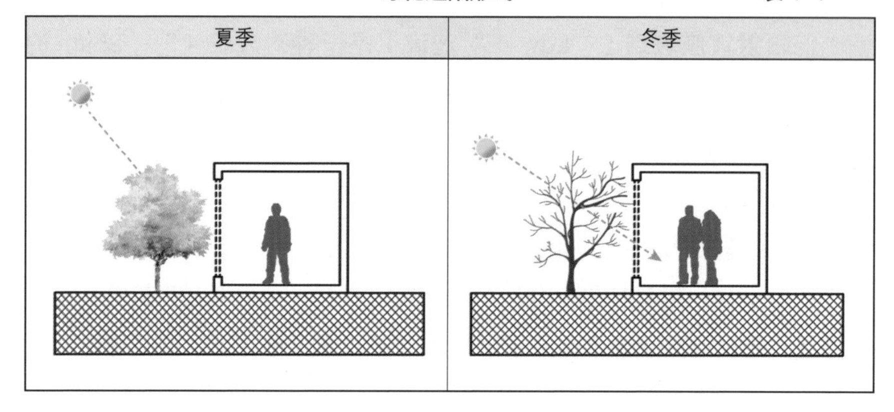

1.2.2 加快热量散失

1）自然通风降温

（1）风压通风

原理：风压通风是自然通风的一种，因迎风面空气压力增高，背风面空气压力降低，从而产生压差，形成由迎风面流向背风面的空气流动现象。

设计要点：由建筑体形、朝向、洞口位置、平面进深以及室内净高共同决定。在西北荒漠区，风能资源较为丰富，风压通风能够在较炎热的夏季为室内提供舒适的穿堂风，但应注意做好冬季防风，避免冬季热量损失。

（2）热压通风

原理：热压通风是自然通风的一种，是由室内外空气温度差而造成空气密度差，从而产生压差，形成热气向上冷气向下的空气流动现象。

设计要点：热压通风受建筑的剖面参数影响较大，是由人的活动、太阳辐射及建筑内部设备运转而产生的热量，以及外围护结构的辐射热造成室内上下空间存在温度差异形成压力差，引起室内外气流流动。室内高温气体上升导致底部气压减少，室外空气从底部进入补偿空缺的气压，实现空气的循环流动，因此在设计时应结合建筑功能、造型等因素，利用通高空间组织热压通风。

（3）二者结合

设计要点：实际建筑中的自然通风是风压和热压共同作用的结果，如表 1–8，只是各自作用有强有弱。由于风压受到天气、室外风向、建筑物形状、周围环境等因素的影响，风压与热压共同作用时并不是简单的线性叠加，因此要充分考虑各种因素，使风压和热压作用相互补充，密切配合使用，实现建筑物的有效自然通风，如表 1–9。

2）利用其他构件加强通风降温

（1）导风板（风压通风）

原理：通过在窗洞口设置导风板，改善局部风压风速，引导自然风顺利进入建筑，改善室内通风环境，如表 1–10。

自然通风模式示意　　表 1–8

风压通风	热压通风	二者结合

设计要点：西北荒漠区的气候条件特殊，导风板设计可结合遮阳构件综合考虑，并注意对洞口气密性设计，保证冬季不因通风造成热量损失。

（2）通风烟囱（热压通风）

原理：利用通风烟囱从建筑物的上方将较冷并且干净的空气导入下方房间，在解决自然采光和自然通风朝向矛盾的同时，通风烟囱可以从任何方向捕捉到风，促成处于不良通风环境中建筑的自然通风，如表 1–11。

设计要点：烟囱上部多采用捕风塔形式，根据建筑物所在地区风玫瑰图的分析来选择开口位置，并确定是在一面、两面或多面开口，如表 1–12。

几种不同的热压通风剖面形式　　表 1–9

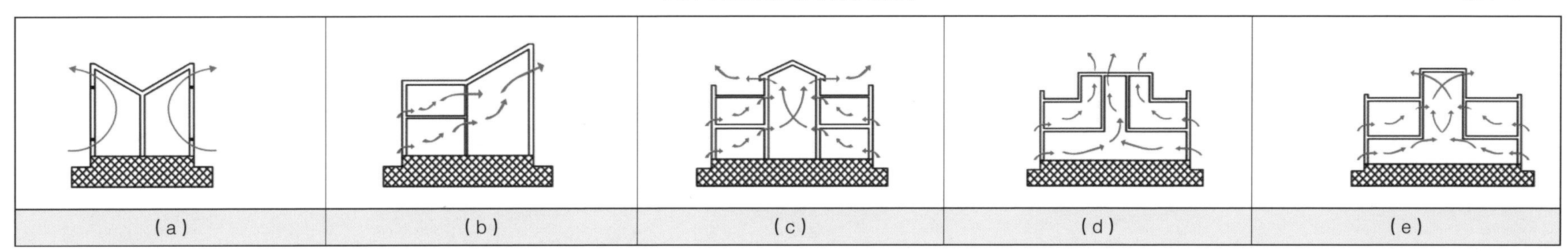

(a)	(b)	(c)	(d)	(e)

导风板示意 表 1-10

名称	通风型	挡风型	百叶型	双重型
简图				
通风示意效果				

通风烟囱示意 表 1-11

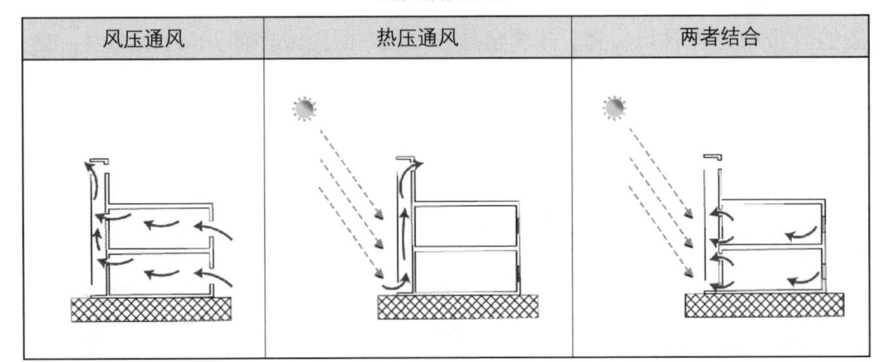

捕风塔的形式 表 1-12

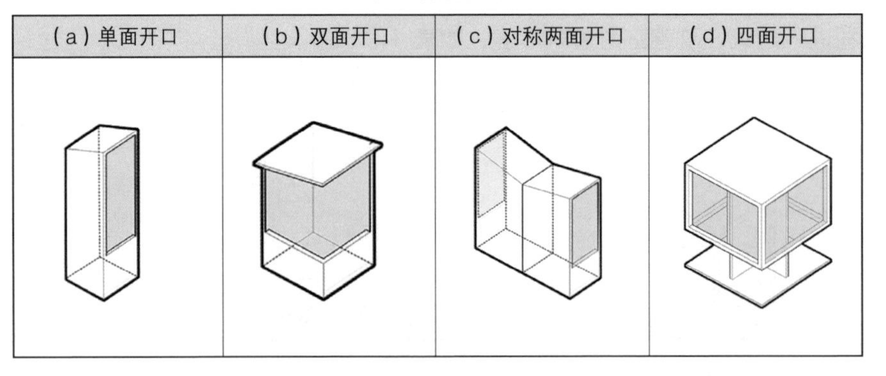

（3）通风隔热屋面（风压通风）

原理：通风隔热屋面是在屋顶设置通风间层，一方面通风间层的上表面可以遮挡阳光，减少太阳辐射热；另一方面利用风压和热压作用将上层传至间层的热量带走，使通过屋面板传入室内的热量大幅度减少，从而达到对室内隔热降温的目的，如图 1–1。

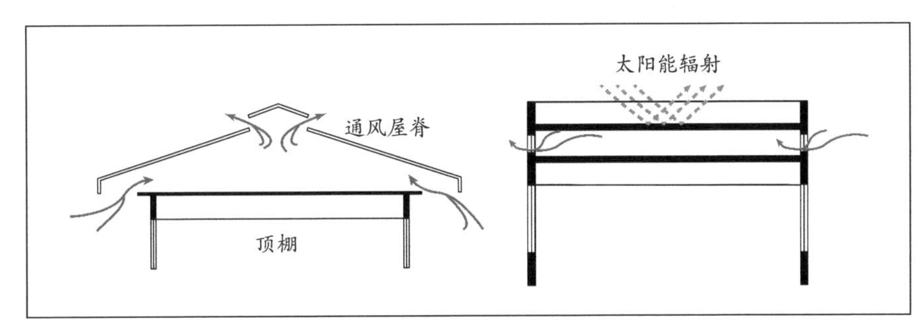

图 1–1　通风隔热屋面示意图

设计要点：西北荒漠区的冬季防风保温是设计重点，因而在采用隔热屋面降低夏季室内温度的同时，应兼顾冬季保温，做好空气间层的气密性，可在冬季形成封闭空气间层，提高屋面保温隔热性能。

3）土壤降温

（1）掩土建筑降温

原理：掩土建筑又称覆土建筑，利用土壤热惰性降低外部温度变化对室内温度的影响，使建筑内部温度保持在较为恒定的状态。

设计要点：掩土建筑多结合地形环境进行综合设计，如表 1–13。西北荒漠区地形地势复杂，黄土等材料又具有较好的热工性能，因而形成多样的掩土建筑形式。

掩土建筑形式　　表 1–13

设于地面以上	埋于地面以下	半露半埋

（2）地下土壤降温

原理：利用较为恒定的地下土壤温度，将室外热空气通过地下通风廊道，转换成温度较低的冷空气进入室内，降低室内温度，如图 1–2。

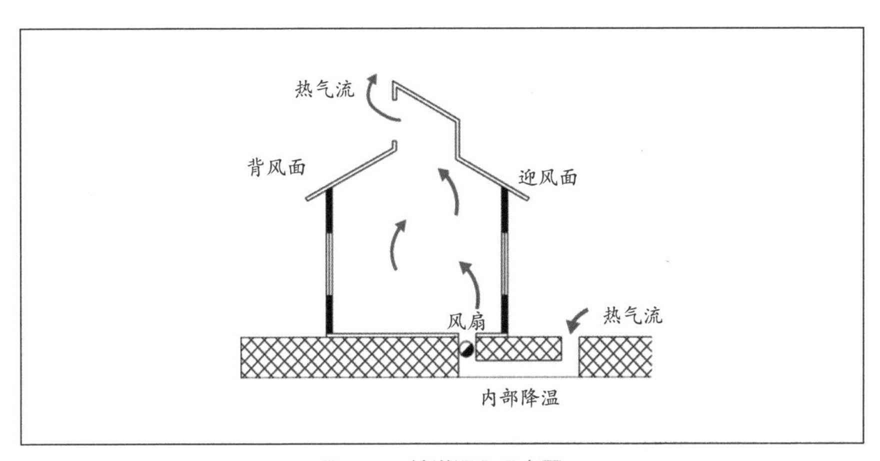

图 1–2　地道通风示意图

设计要点：适用于西北荒漠区夏季气温高，昼夜温差较大的地区，如新疆、河西走廊地区，同时设计应尽可能地结合其他被动通风设计，形成室内外气压差，以此增强地道通风的效果。如甘肃敦煌莫高窟游客服务中心使用了地道通风技术，使得室内在炎热夏季保持较为舒适的温度，减少空调的使用。

1.3 建筑采暖策略

1.3.1 直接受益式

原理：采暖房间开设大面积南向玻璃窗，白天阳光直接射入室内，使地面墙体吸收并储存部分热量；夜晚将保温帘或保温窗关闭，储存在地板和墙内的热量开始释放，使室温维持在一定水平，如表 1–14。

设计要点：直接受益式是被动式太阳能采暖系统中最简单的形式，它具有升温迅速、构造简单、不需添加特殊的集热装置的特点。直接受益式太阳房的设计关键是尽可能地增加单位房屋面积上的受光量，从而均匀加热。

优缺点：构造简单，施工、管理及维修方便；室内光照好，同时便于建筑外形处理；晴天时升温快，白天室温高，但日夜波幅大。

1.3.2 集热蓄热墙体

原理：采暖房南墙上设置带玻璃外罩的吸热墙体。白天阳光透过玻璃外罩照到墙体使其升温，并将间层空气加热，被加热的空气依靠热压经过上下风口与室内空气对流，使室温上升，受热的墙体夜晚以辐射和对流的方式向室内供热，如图 1–3。

设计要点：综合考虑建筑性质结构以及立面需要进行设计，并且结合当地气候条件选择材料以及构造做法，合理确定对流风口，选择恰当空气

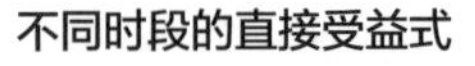
不同时段的直接受益式　　表 1–14

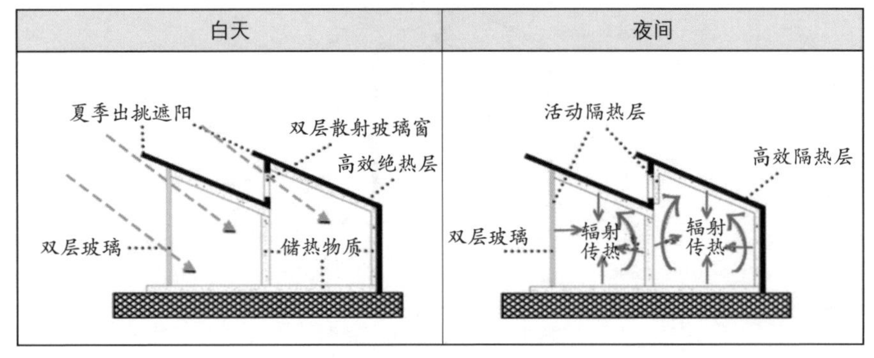

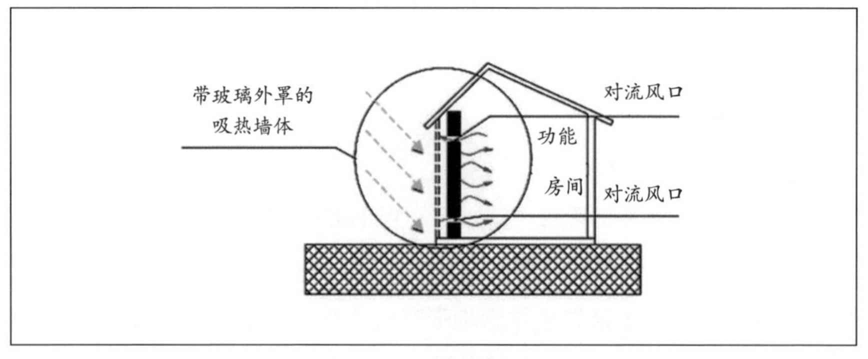

图 1–3　集热蓄热墙

间层宽度，注意夏季排风口位置。

优缺点：构造较复杂，清理维修稍困难；晴天室内升温较慢，但蓄热墙体可在夜晚向室内供热，日夜波幅小，室温较均匀。

1.3.3　附加阳光间

原理：采暖房外用玻璃等透明材料围合成一定的空间，阳光透过大面积透光外罩，加热阳光间空气，地面和墙面吸收储存部分热量，依靠热压经上下风口与室内空气的循环对流，夜晚以辐射和对流方式向室内供热，如表 1-15。

设计要点：阳光间在冬天所收集的能量应超过自身采暖所需的能量，进深不宜过大。蓄热墙起到集热蓄热作用，外表常涂为深色，墙外不应有物体遮挡。在墙上开设门窗，白天打开门窗蓄热，夜间关闭门窗保温。阳光间模式适用于西北荒漠区大部分区域。

优缺点：材料用量大，造价高，阳光间升温快，白天易产生过热现象；阳光间可作为缓冲空间，用于观赏娱乐休息等多种功能。

1.3.4　对流环路式

原理：在太阳能建筑外墙设置太阳能空气集热蓄热器或空气集热器，利用在墙体上设置的通风口进行对流循环，在太阳能辐射产生的热力作用下依靠“热虹吸”作用产生对流环路。通过储热体加热空气，利用对流循环系统中流动的空气加热室内墙体，使室内温度达到恒定的状态，以实现太阳能供暖，如图 1-4。

设计要点：这种方式易于建筑形成一体化设计，集热效果优良，且不需要人为控制。需要在建筑设计前期综合考虑，合理布置室内空间。

优缺点：构造较复杂，造价较高；集热和蓄热量大，蓄热体的位置合理，能获得相对较好的室内热环境；适用于有一定高差的南向坡地。

附加阳光间形式　　表 1-15

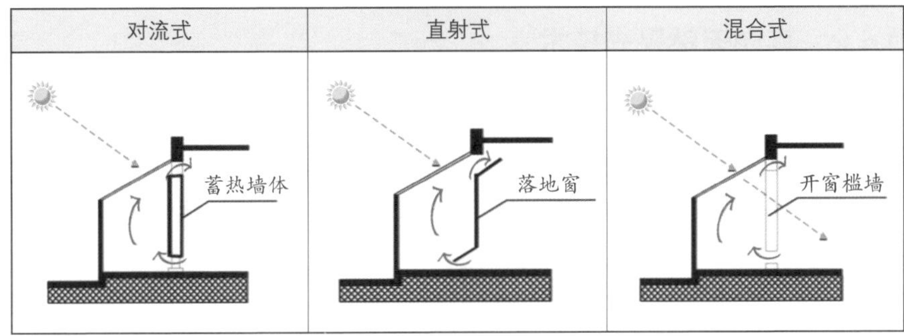

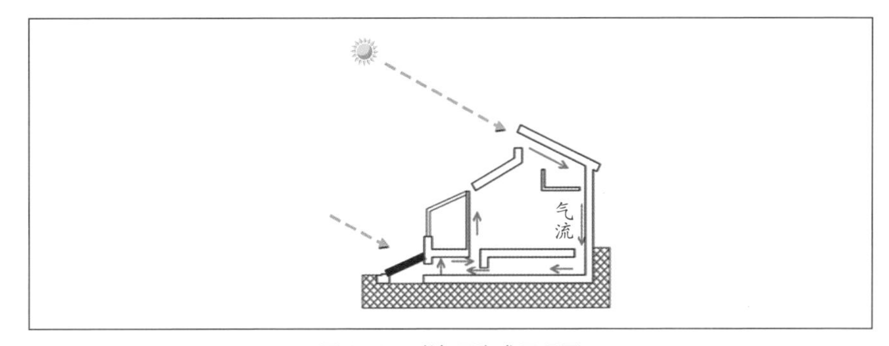

图 1-4　对流环路式原理图

1.4 建筑自然采光

原理：自然采光是指通过合理布局建筑内部空间及设计围护结构透光部分（门、窗等）比例来让建筑获得自然光线的方法。

设计要点：通过调整建筑设计的方法或者利用一些新技术、新材料等措施，选择合理的采光方式，解决采光问题，从而创造良好的室内光环境。

1.4.1 利用天窗

天窗采光是最有效利用自然采光的方式之一，与侧窗相比，具有采光效率高、照度均匀性好、受室外遮挡小等优点。按照使用要求和形状的不同，天窗可以分为多种形式，如表 1–16。

天窗形式 表 1–16

矩形天窗	平天窗采光带	三角形天窗
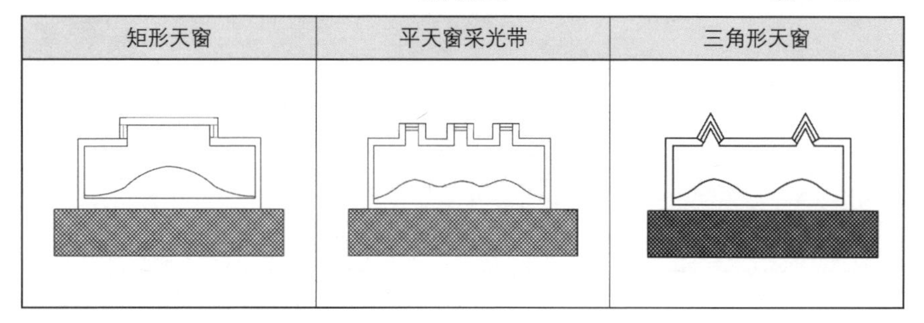		

续表

锯齿形天窗	平天窗采光罩	横向天窗
斜锯齿形天窗	**锥形天窗**	**下沉式天窗**

1.4.2 其他天然采光技术

1）导光管

原理：太阳能导光管是一套采集天然光并经管道传输到室内，进行天然光照明的采光系统。通过采光罩收集室外天然光线导入系统内进行重新分配，再经导光管进行光线传输后由漫射器进行漫反射，自然光被均匀的照射到室内进行采光，如图 1–5。

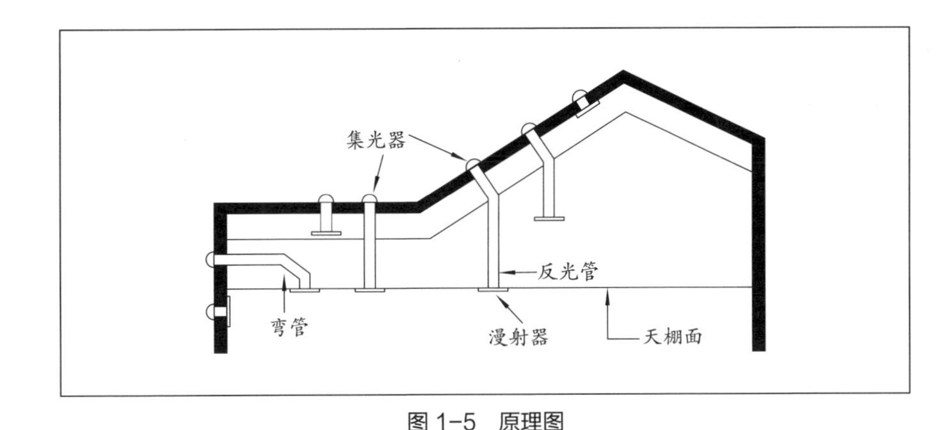

图 1-5　原理图

设计要点：按照安装位置，可分为侧面采光和顶部采光两种。应根据不同建筑类型选择合理的安装位置。侧面采光的采光器一般安装在建筑外部侧墙上，适用于顶部不宜穿透或传输距离较长的楼层。顶部采光的集光器安装在建筑物顶部，多适用于多高层建筑的顶层房间、单层建筑、隧道等。其特点是太阳高度角比较高时采光效率高、效果好，而在早晚时采光效率较低。

2）采光隔板

原理：采光隔板是基于光反射原理，在建筑内部设置反射板，将高窗处射入的光线进行反射，增强室内采光效果，如图 1-6。

设计要点：采光隔板设计应结合不同建筑功能需求。不同位置布置采光隔板可起到不同作用，应避免眩光等光污染现象。

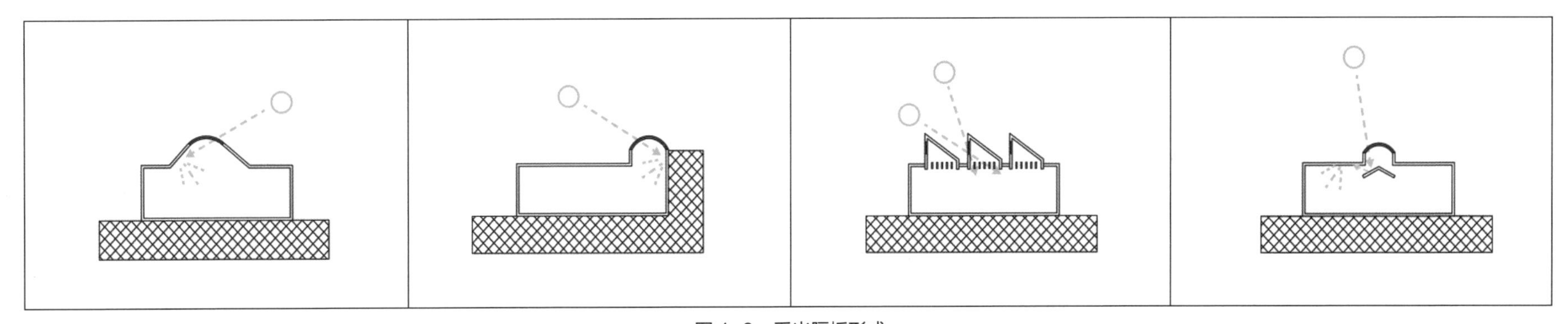

图 1-6　采光隔板形式

敦煌博物館
懷沙書
燕堂文
己丑題

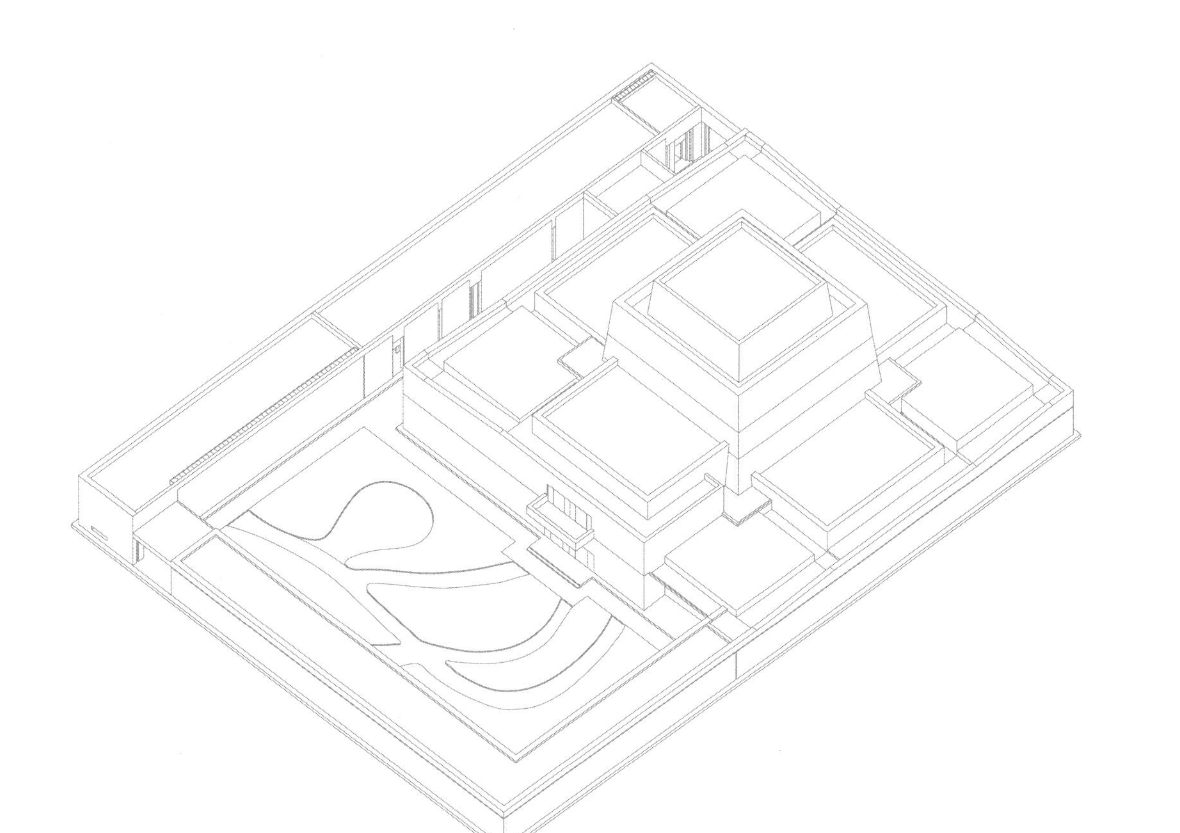

第2章

地域绿色建筑空间策略

本章从西北荒漠区气候与建筑相互影响机制入手，探索地域传统营建模式在现代绿色建筑技术体系中性能优化提升的空间策略。通过分析当地建筑形体与布局、气候缓冲空间、复合空间策略等，强调空间调节作用，归纳整理出通过有效的空间形态和组织、合理的形体与接地设计、单一空间策略与优化组合的多重空间策略，形成对建筑室内外环境的性能优化调节等减少能耗的地域绿色空间技术方法。

2.1 建筑形体与布局

建筑的形体布局和组合方式多种多样，形体布局不同的建筑在绿色性能方面也存在差异。通过总结归纳西北荒漠区几种典型建筑案例，选取该地区建筑中最常见且具有代表性的集中式、围合式和单元组团式三种布局形式进行分析（表 2-1~ 表 2-3）。

2.1.1 基本形式

集中式 表 2-1

甘肃临夏大剧院	陕西延安大学图书馆	新疆哈密博斯坦村民居	甘肃兰州城市规划展览馆	甘肃敦煌莫高窟数字展示中心
	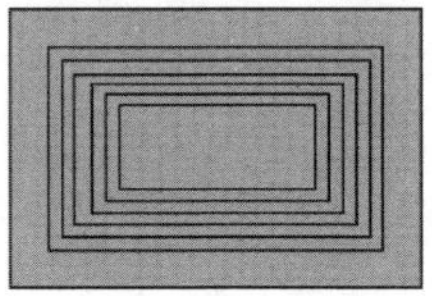		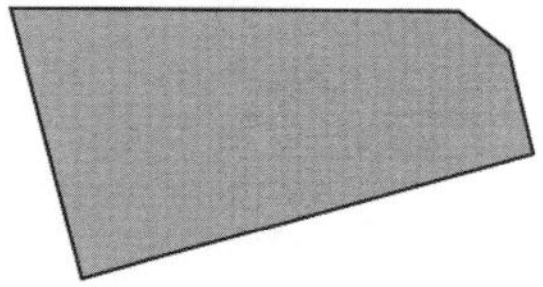	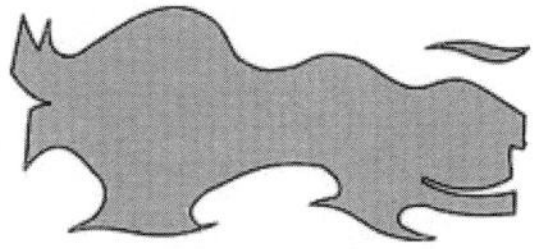
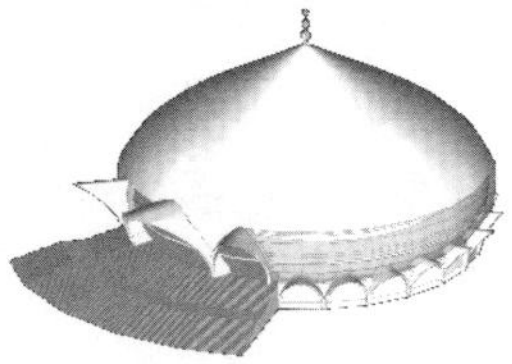	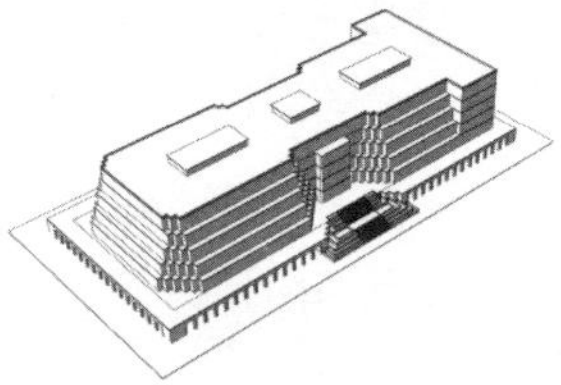	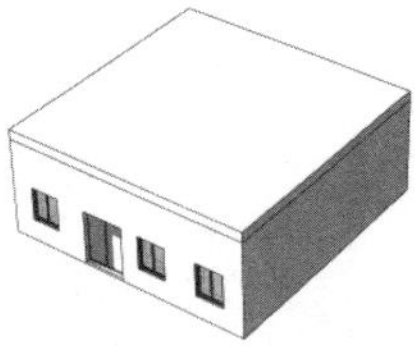	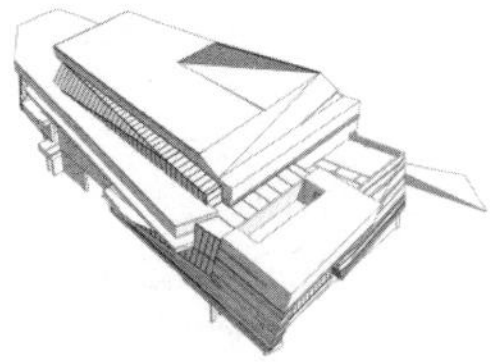	

围合式

表 2-2

甘肃敦煌博物院	甘肃玉门游客服务中心	陕西三原柏社地坑院	陕西临潼贾平凹艺术馆	甘肃兰州青城古镇传统民居
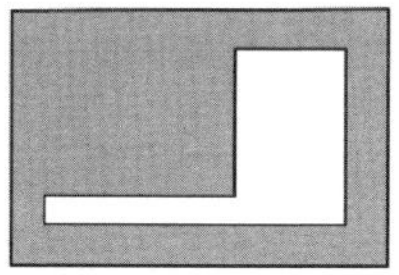	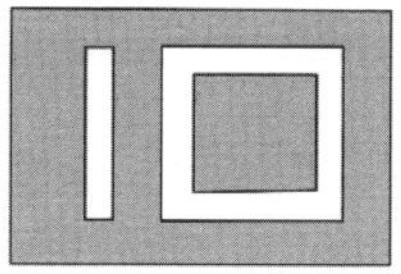	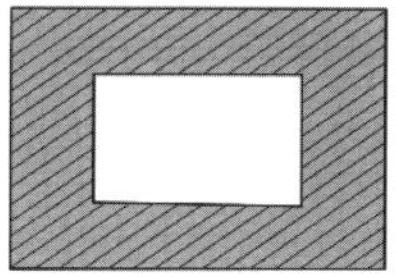	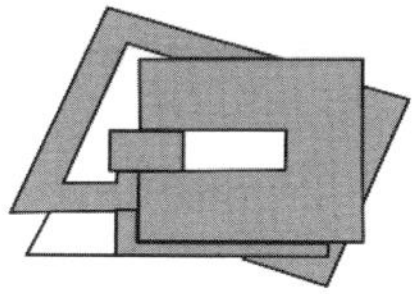	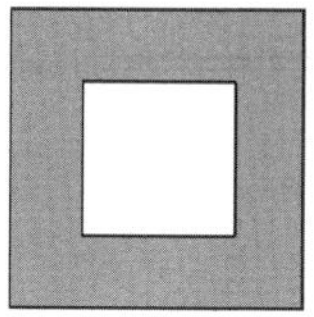
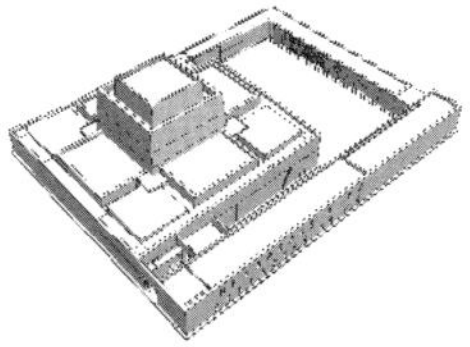	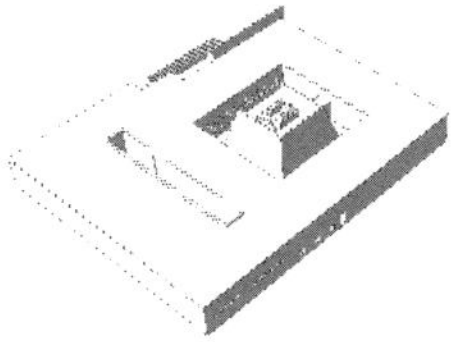		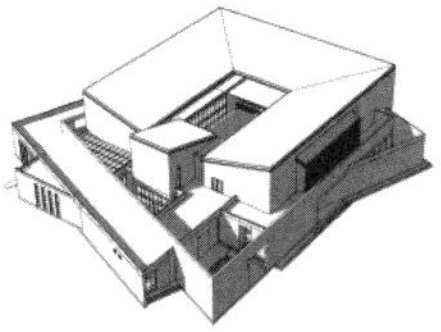	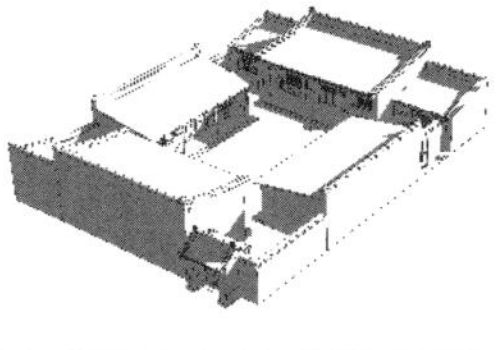

单元组团式

表 2-3

新疆昌吉州传媒大厦	甘肃敦煌旅游集散中心	甘肃信阳毛寺生态小学	甘肃敦煌市幼儿园	甘肃敦煌公共文化综合服务中心
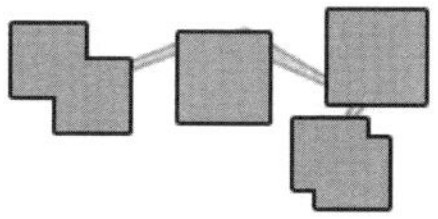	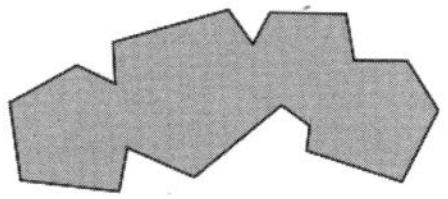	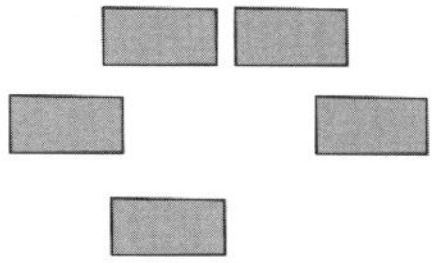	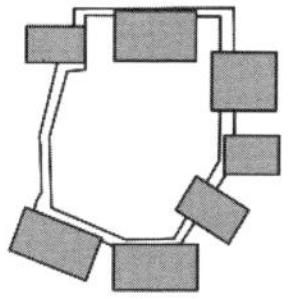	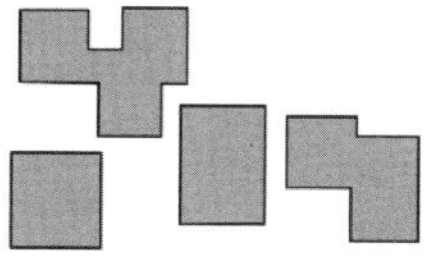
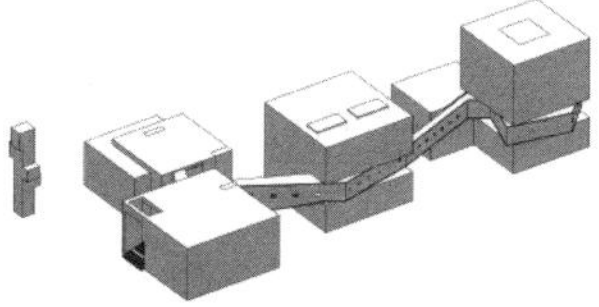		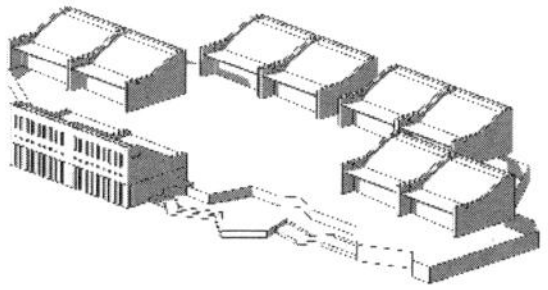	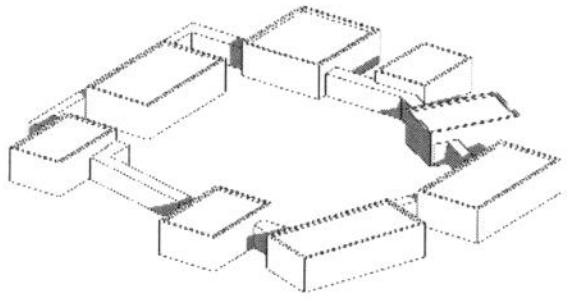	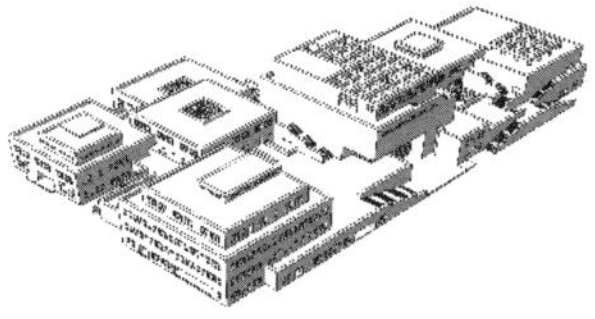

2.1.2 建筑采光

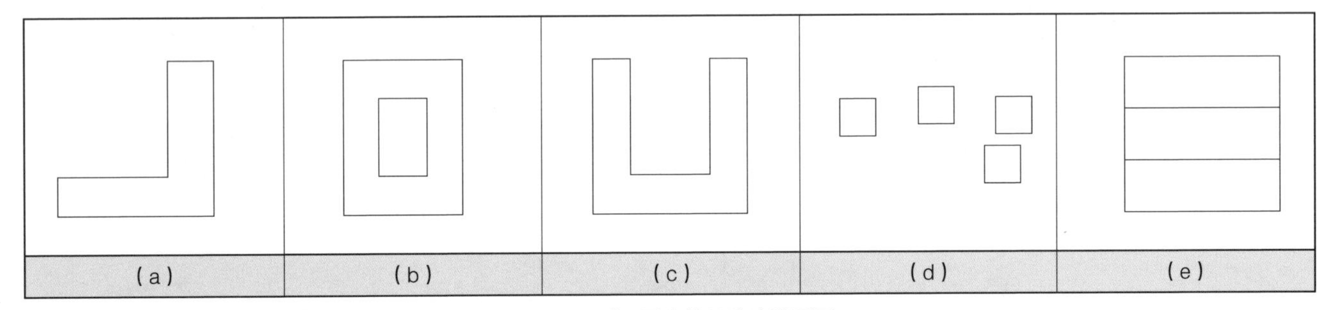

图 2-1 利于采光的几种建筑平面

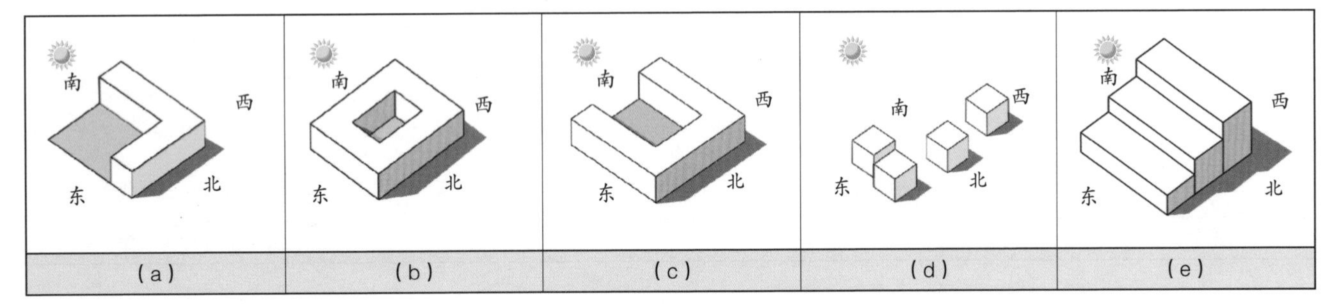

图 2-2 基本空间形态的采光分析

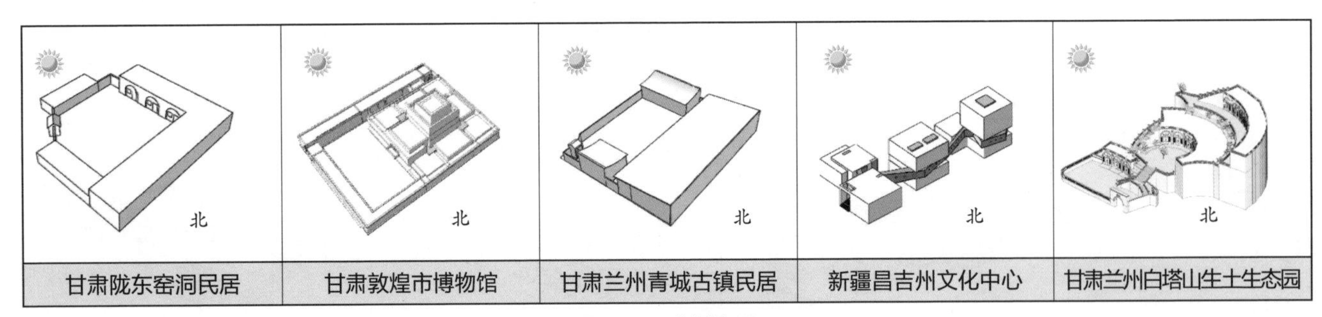

图 2-3 案例应用

不同平面的建筑形体在相同季节，阴影位置和阴影面积不同。有利于自然采光的建筑的形态应尽量狭长伸展，选择自遮挡少的建筑形体，可以减少日照遮挡对太阳辐射得热的影响。

例如：L 形、口字形、U 形布局均可增加建筑对外界面，且建筑形体自遮挡少；分散式布局每个单体相对独立，自成一体，有更多的面积对外并且相互之间遮挡影响较小；南向退台式布局层层退后，有效减少了建筑自遮挡。这几种形体布局手法均可使建筑获得更多的采光（图 2-1~ 图 2-3）。

2.1.3　建筑防风

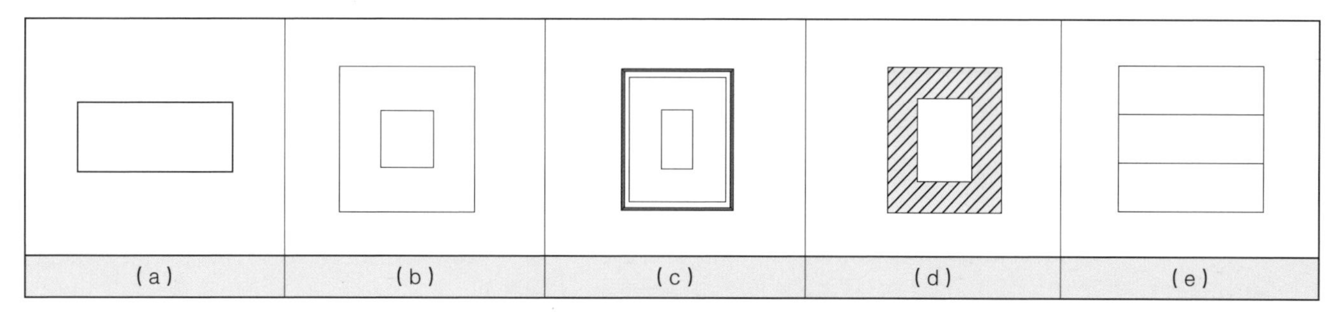

图 2-4　利于防风的几种建筑平面

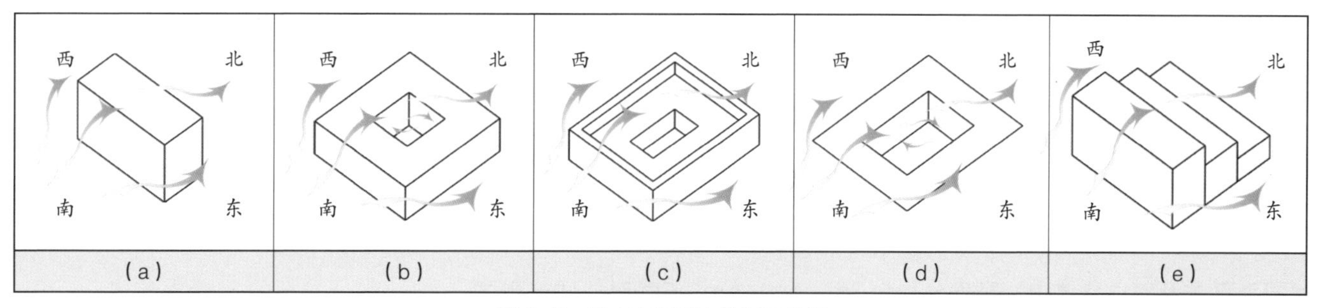

图 2-5　基本空间形态的通风分析

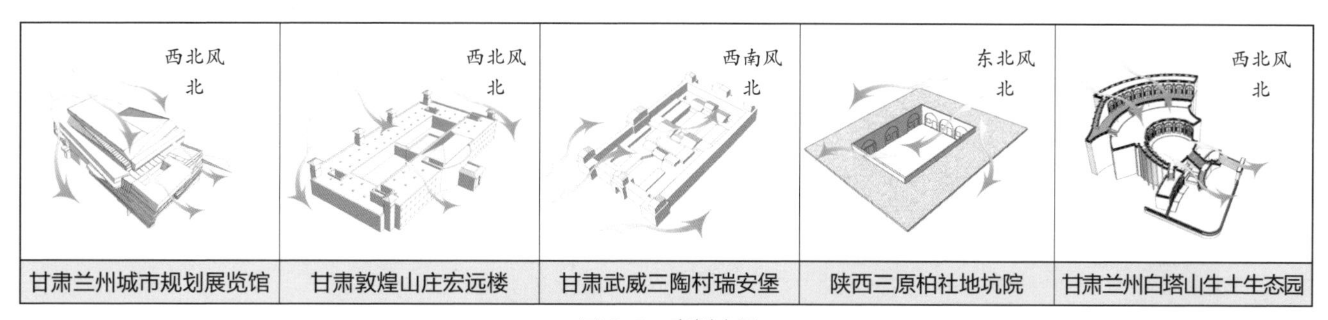

图 2-6　案例应用

不同的建筑形态应对周围的风环境作用效果不同，利于防风的建筑形态应尽量紧凑、围合程度高，以减弱风力对建筑的影响。

例如：条形建筑，长度越长、高度越高、进深越小时，建筑背面边缘涡流区越大、流场越紊乱；围合式、堡寨式与下沉式建筑，受院落与形体的遮挡对防风有利，而台阶状建筑以自身形体导风并化解风势。这几种布局形式均有较好的防风效果，利于建筑的节能。（图 2-4~ 图 2-6）。

2.1.4 体形系数

1）平面形状

——在体积为 300m³，高度为 3m 的体块中，平面长宽比分别为 1：1、2：1、3：1 以及方圆变化时，平面形状对体形系数的影响比较（图 2-7）。

在同体积同高度的情况下，圆形平面的体形系数最小；矩形平面的长宽比越小，体形系数则越小。其他条件一定时，平面形状越接近圆，体形系数越小。

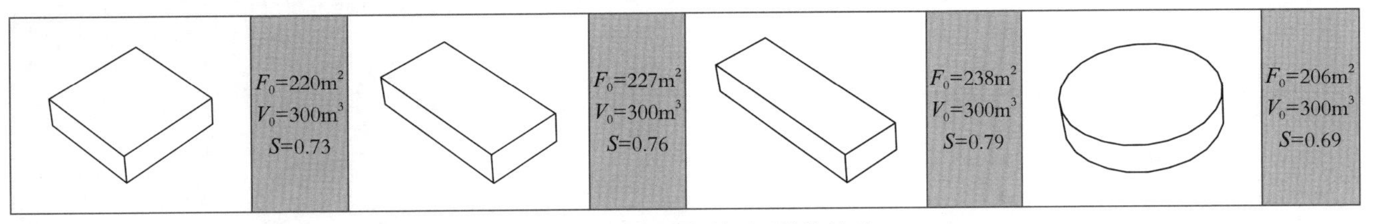

图 2-7 平面形状与体形系数的关系

2）建筑高度

——在底面积同为 100m²、底面形状同为正方形的立方体中，高度分别为 3m、4m、5m、6m 时，建筑高度对体形系数的影响比较（图 2-8）。

在同平面的情况下，不同高度的形体中，高度越高，体形系数越小。

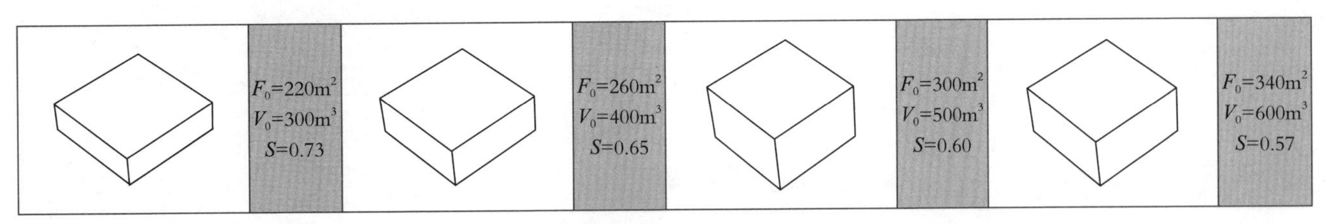

图 2-8 建筑高度与体形系数的关系

3）分散程度

——以 8 个边长为 3m 的正方体进行由密到疏组合变化时，分散程度对体形系数的影响比较（图 2–9）。

在同体积、同高度的情况下，分散程度越大，体形系数越大。

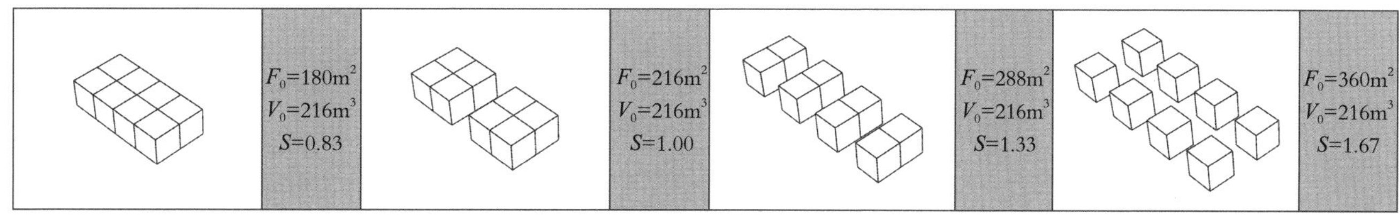

图 2–9　分散程度与体形系数的关系

4）围合形式

——以 7 个边长为 3m 的正方体进行不同形式的组合变化时，围合形式对体形系数的影响比较（图 2–10）。

在同体积、同高度的情况下，L 形、U 形、H 形体形系数相同，口字形体形系数最小。围合越严，对外界面越少，体形系数越小。

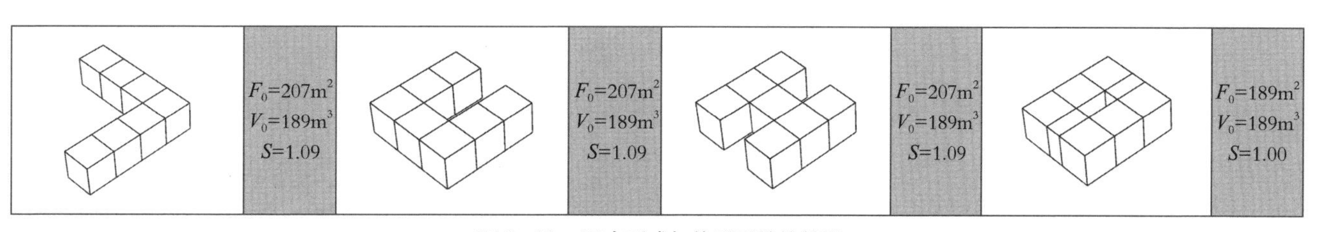

图 2–10　围合形式与体形系数的关系

建筑能耗量与体形系数直接相关，体形系数越小，围护结构散热面积就越小，建筑越节能。影响建筑体形系数的主要因素有：平面形状、建筑高度、分散程度和围合形式等。

2.2 气候缓冲空间

2.2.1 院落空间

1）定义

院落空间是指在建筑物中由建筑或建筑局部、院墙、廊道等围合而成的露天空间。

2）类型（图 2–11）

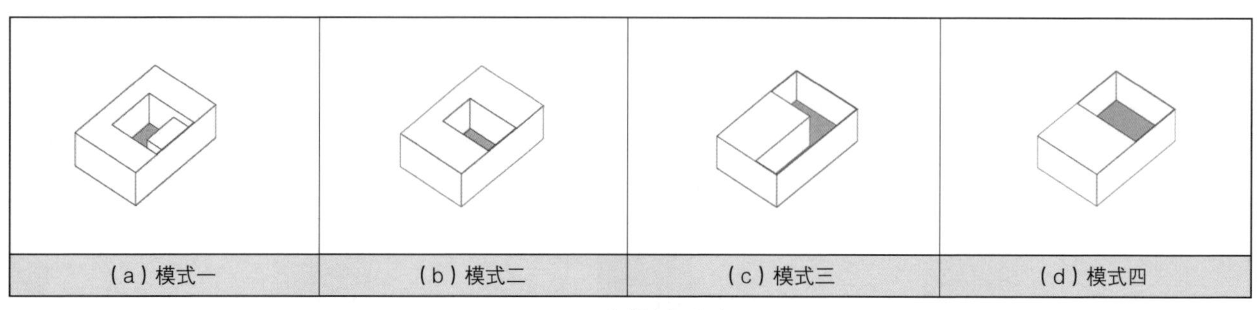

图 2–11 院落空间的类型

3）作用效果与机理分析（图 2–12）

（1）通过院落围护阻挡不利风的直接进入；通过院落开口的合理设置引导适宜的通风。

（2）通过院落的置入可打破建筑形体，引导自然光进入建筑内部；通过院落内部设置的植被、构筑物等调节入室光线。

（3）夏季可通过院落内部的植被、水池蒸腾作用进行降温；冬季白天接受太阳辐射，利用土壤蓄热，晚上释放热。

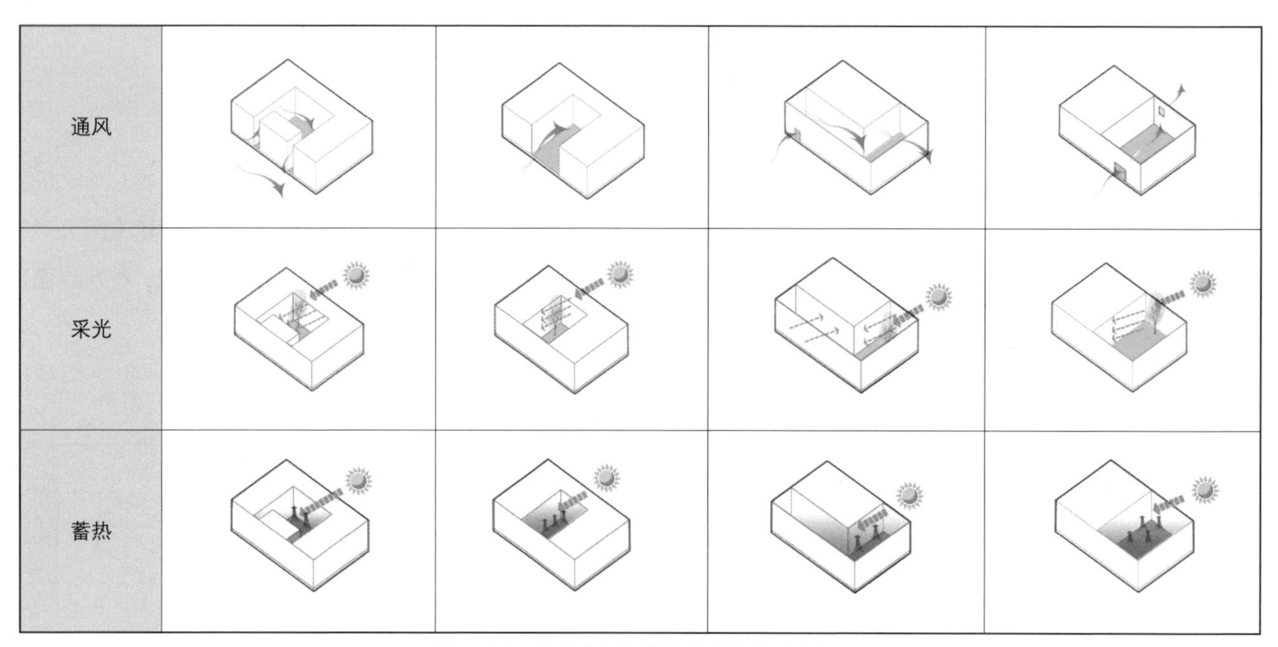

图 2–12 院落空间的作用效果与机理分析

4）案例（图 2-13~ 图 2-19）

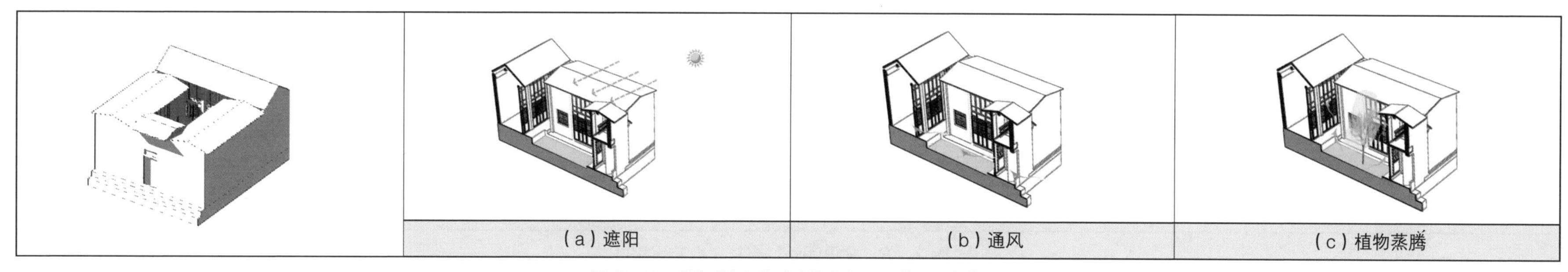

图 2-13　陕西关中党家村民居——“一颗印”

图 2-14　陕西关中泾阳县安吴村吴家东苑

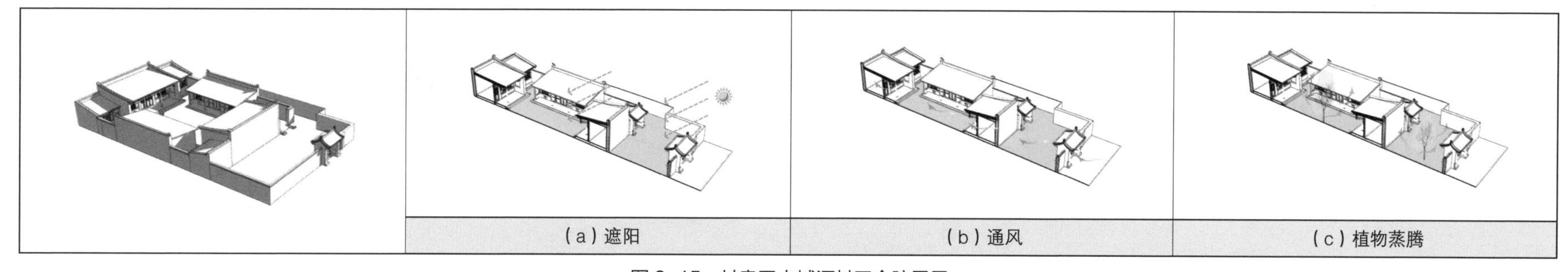

图 2-15　甘肃天水城河村四合院民居

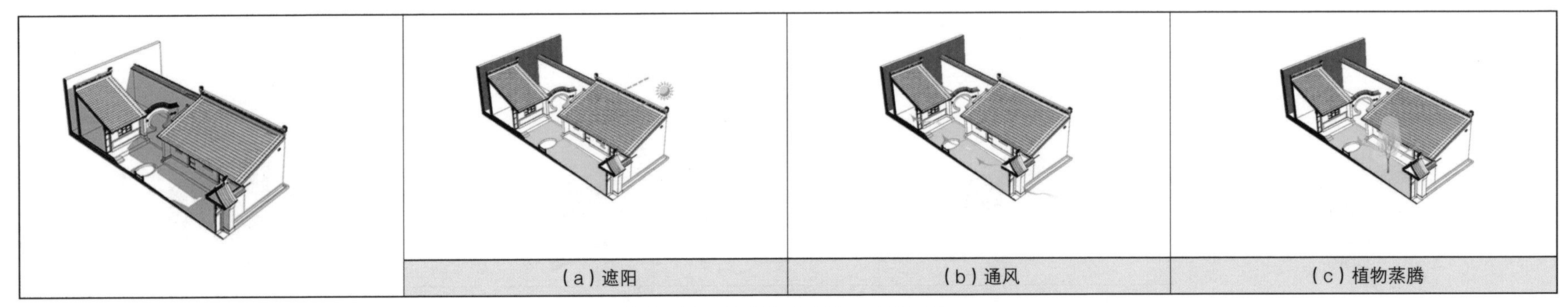

图 2-16　宁夏固原红崖村三合院民居

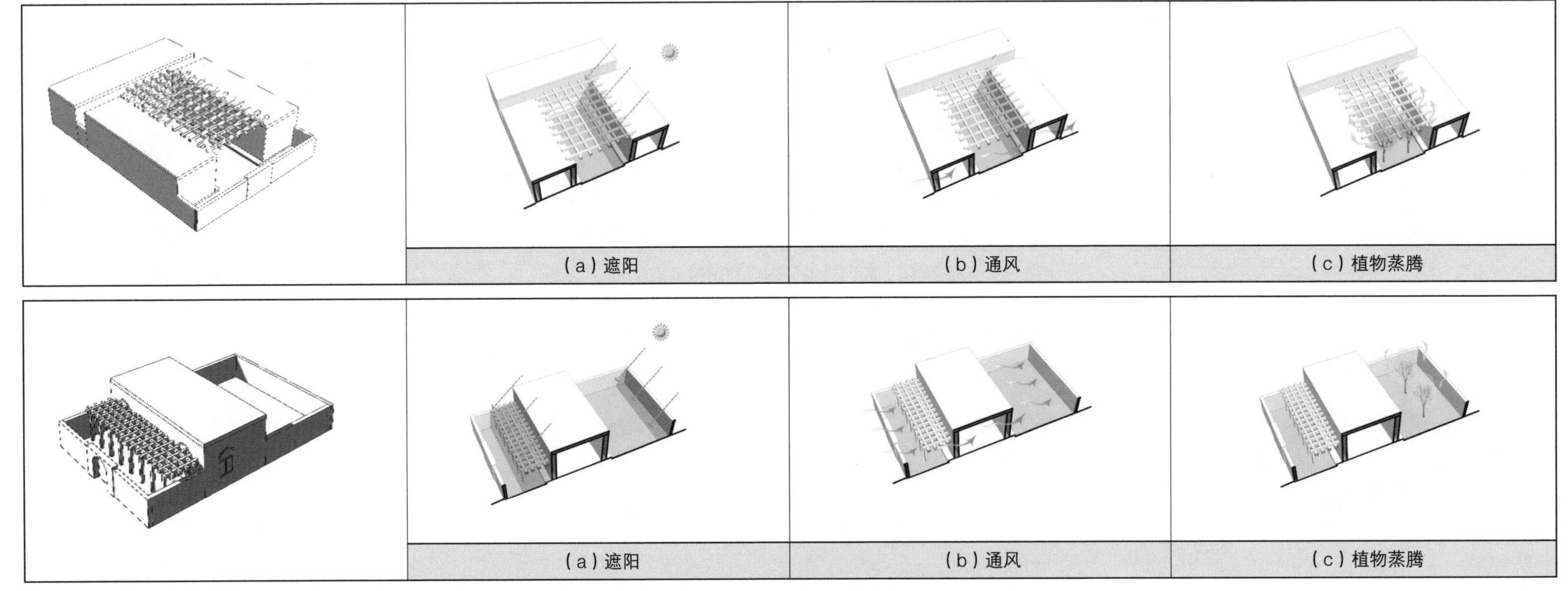

图 2-17　新疆吐鲁番高棚架民居

图 2-13~ 图 2-17 所示院落空间在西北地区传统民居中较为常见，多为合院式或有院墙围合的民居形式。院墙和建筑外墙可减小外界不利环境的影响，并围合成内部景观与环境。通过植被遮蔽建筑围护结构，可以减小夏季温湿度变化的影响；通过植被的蒸腾作用和水体的蒸发降温，可以降低气温，调节微气候。

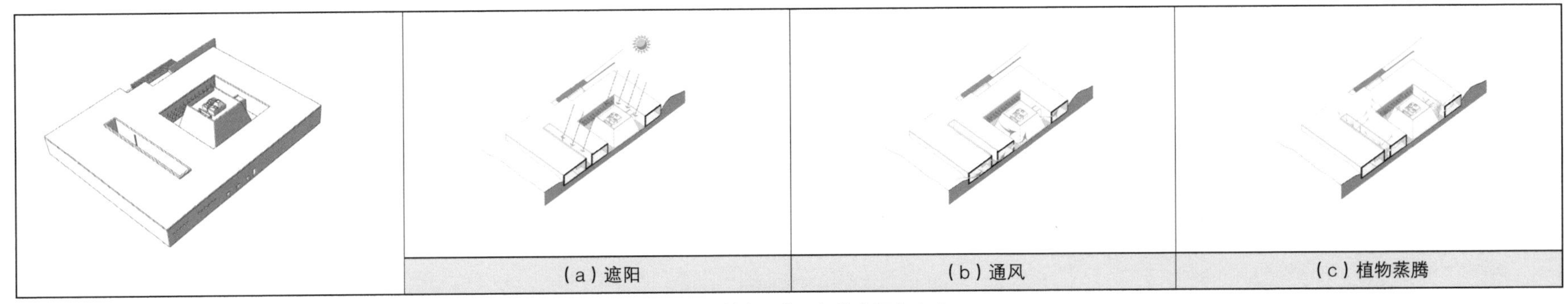

（a）遮阳　（b）通风　（c）植物蒸腾

图 2-18　甘肃酒泉玉门游客服务中心

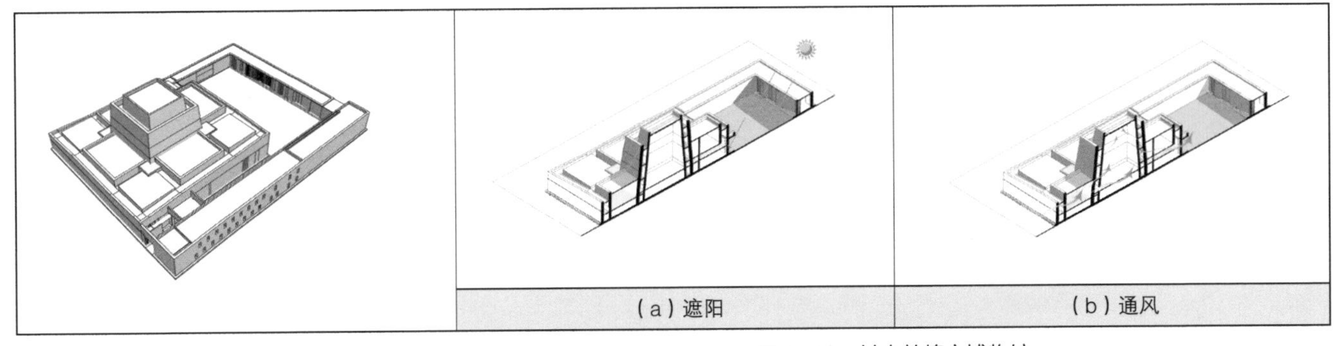

（a）遮阳　（b）通风

图 2-19　甘肃敦煌市博物馆

图 2-18、图 2-19 所示以上地区现代公共建筑常利用围合院落组织内外环境，增加种植调节微气候环境。

2.2.2 中庭空间

1）定义

中庭空间是指建筑物内部有顶的多层通高空间，通常有顶面、侧面或多个面直接与外部环境接触，由于其中空的特性，内部容纳有大量的空气介质。

2）类型（图 2-20~ 图 2-22）

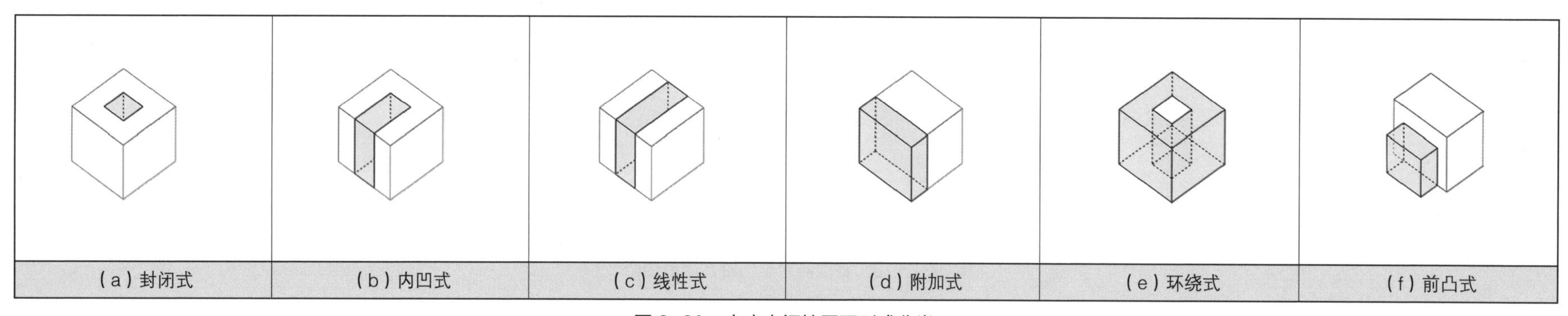

图 2-20　中庭空间按平面形式分类

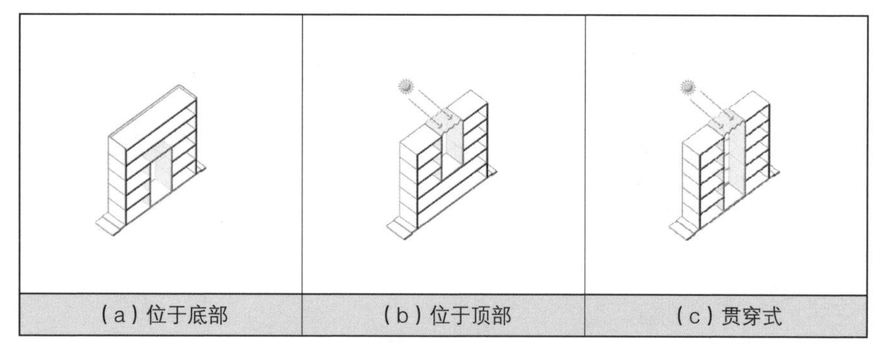

图 2-21　中庭空间按剖面位置分类

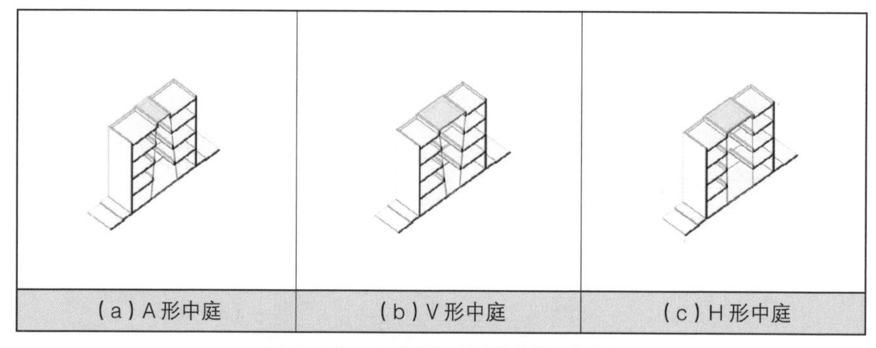

图 2-22　中庭空间按剖面形式分类

3）作用效果与机理分析（图 2–23）

中庭可以隔绝外部风直接进入建筑内部，并通过对外界面开口的设置，利用风压通风和热压通风进行室内外空气交换；

中庭可以通过顶部或侧界面收集自然光线，散射进建筑内部，导光入室的同时避免阳光直射，并且可通过对外界面调节光线强弱；

中庭在冬季可通过对外界面收集太阳能，通过内部包含的空气介质蓄热来缓冲外界温度的变化；

中庭内部包含水体、植被时，可在密闭、缺乏热对流的情况下通过蒸腾作用调节室温。

通风

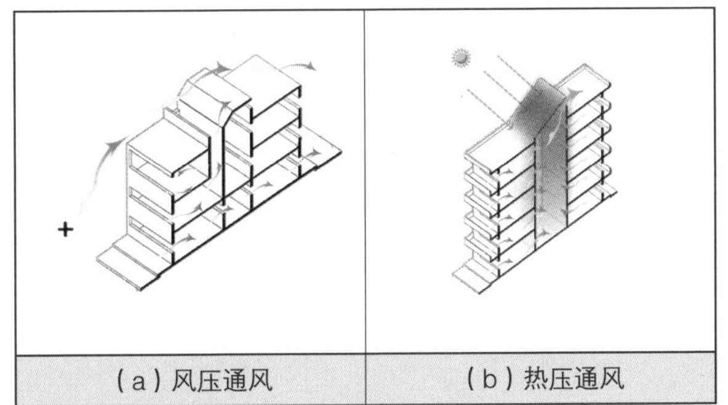

采光

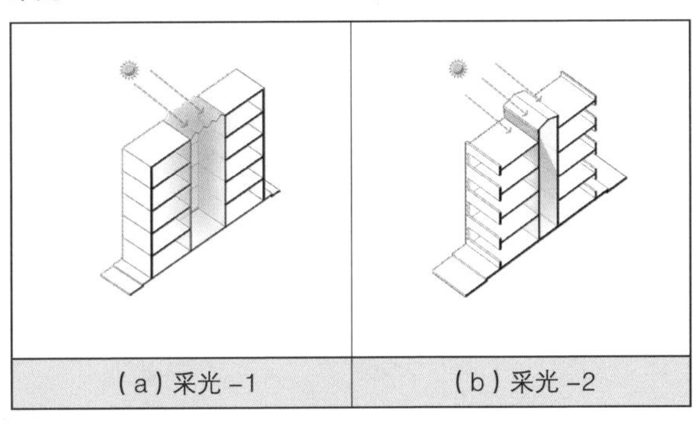

冬季蓄热　　蒸腾作用

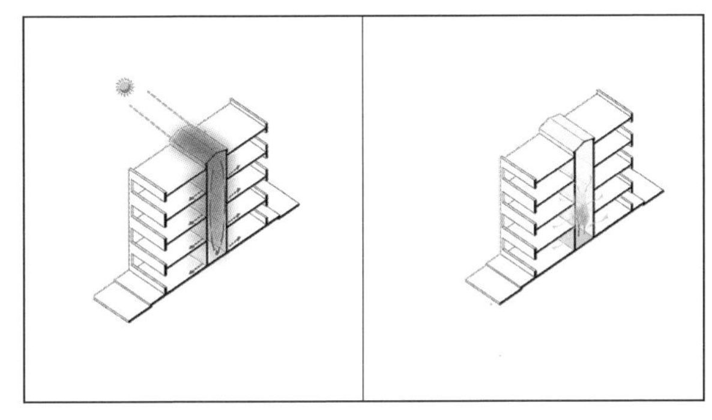

图 2–23　中庭空间的作用效果与机理

4）案例（图 2–24~ 图 2–27）

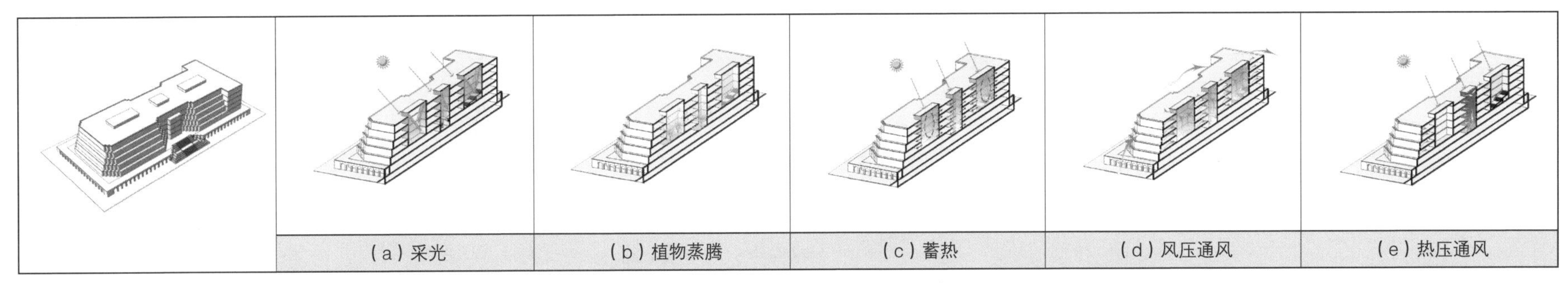

图 2–24　陕西延安大学新校区图书馆

在公共建筑大空间中设置中庭，可以有效起到通风和辅助采光的作用，另外中庭在冬季还能通过内部包含的空气介质缓冲外界温度的变化。

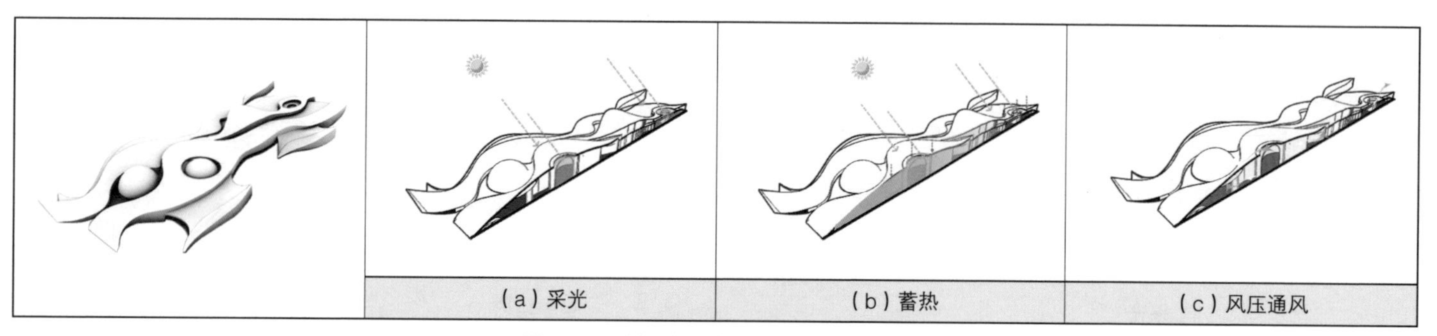

图 2-25　甘肃敦煌莫高窟数字展示中心

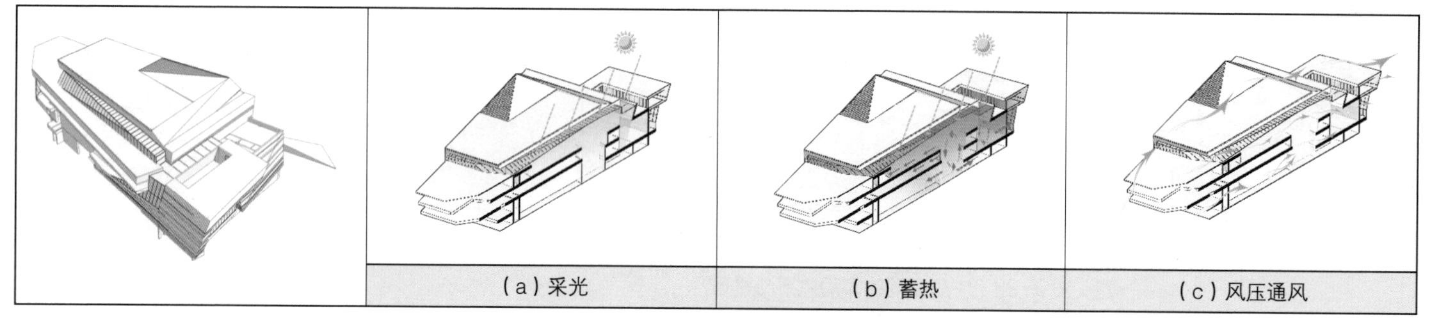

图 2-26　甘肃兰州城市规划展览馆

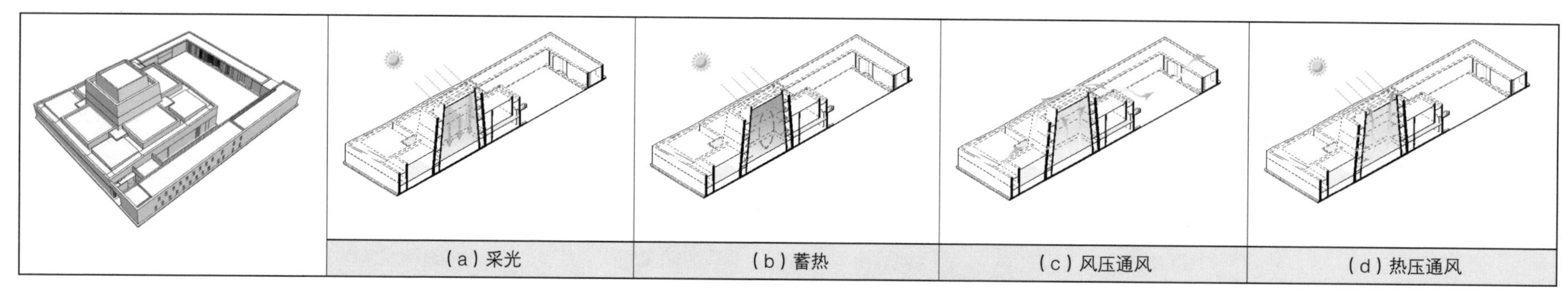

图 2-27　甘肃敦煌市博物馆

2.2.3　灰空间

1）定义

灰空间是指顶部有遮蔽的室外空间或半室外空间。

2）类型（图 2–28）

3）作用效果与机理分析（图 2–29）

顶部遮蔽的灰空间，可以形成阴影区，阻挡阳光直射，对于其相邻的室内空间也具有防止阳光直射和降温的效果；

建筑内部全部或部分贯通时可形成通风廊道，促进室内外空气流通。

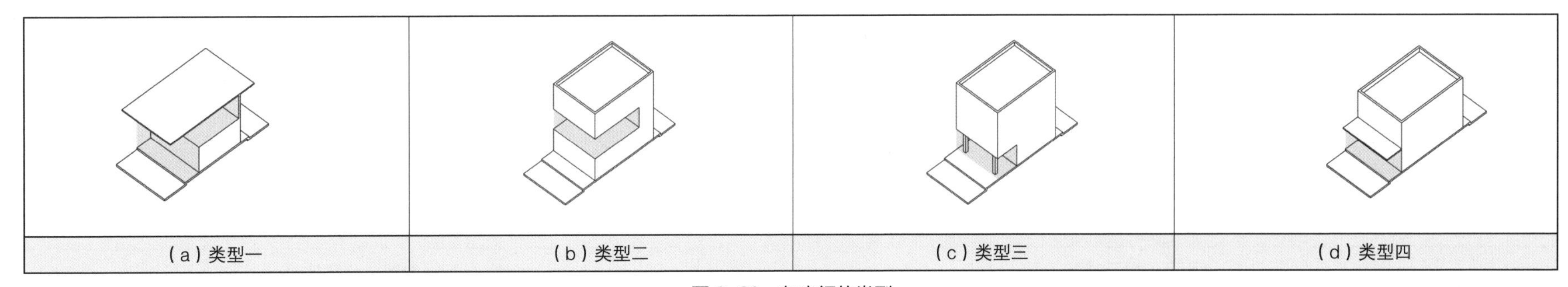

图 2–28　灰空间的类型

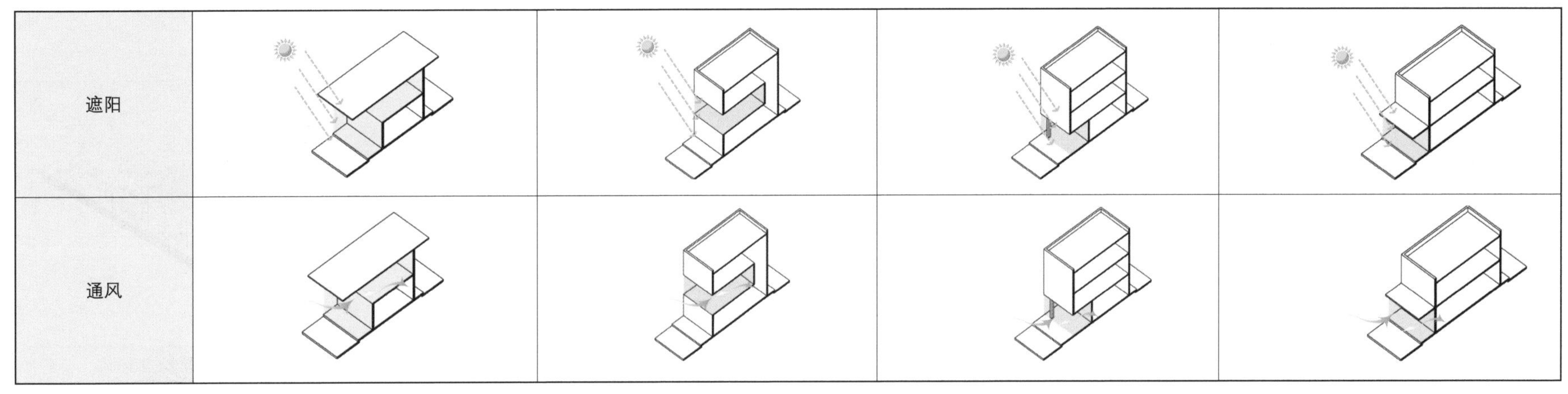

图 2–29　灰空间的作用效果与机理分析

4）案例（图 2-30~ 图 2-36）

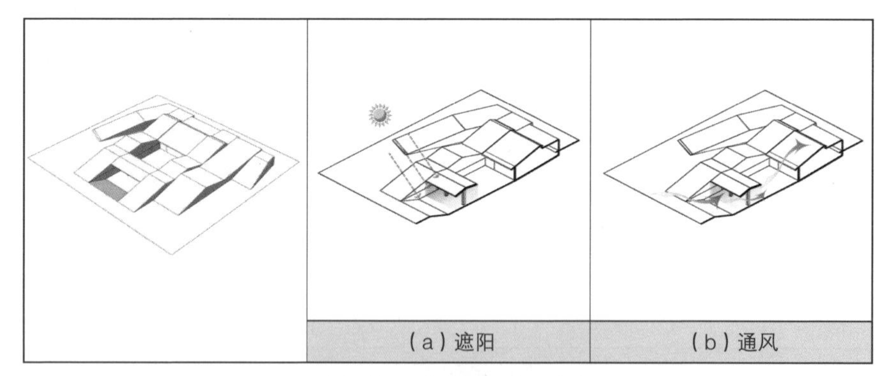

图 2-30　陕西延安学习书院

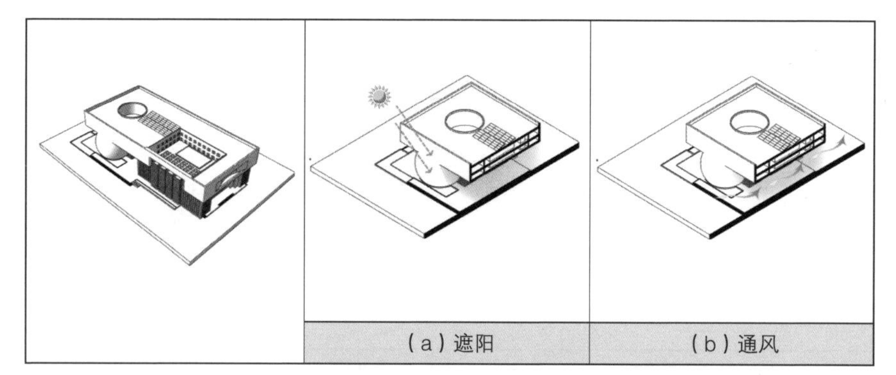

图 2-31　甘肃兰州科技馆

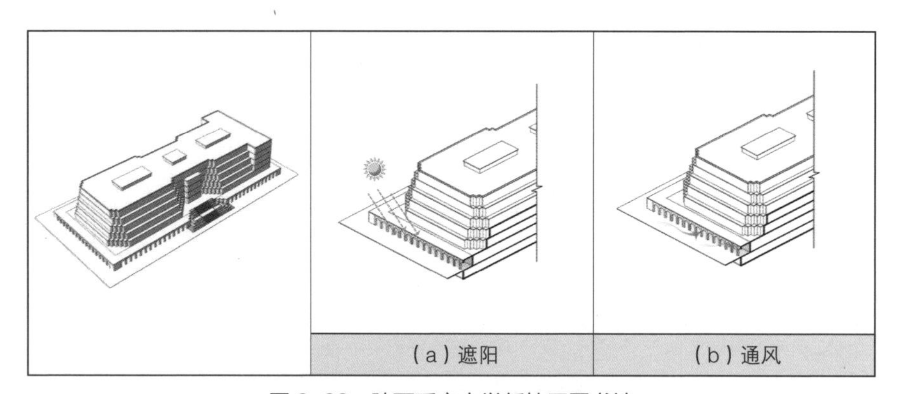

图 2-32　陕西延安大学新校区图书馆

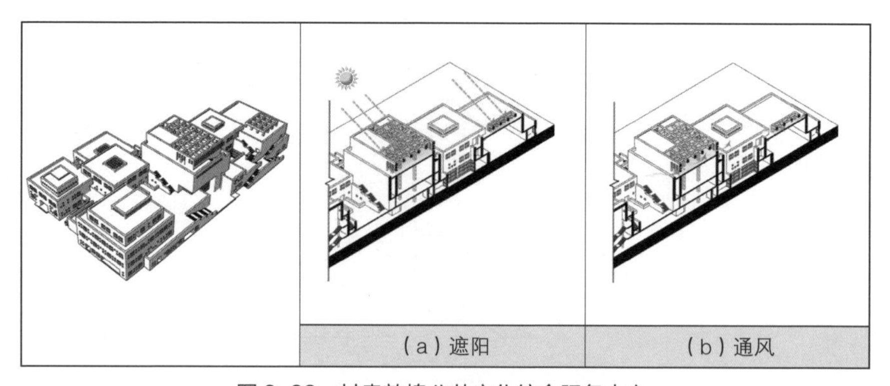

图 2-33　甘肃敦煌公共文化综合服务中心

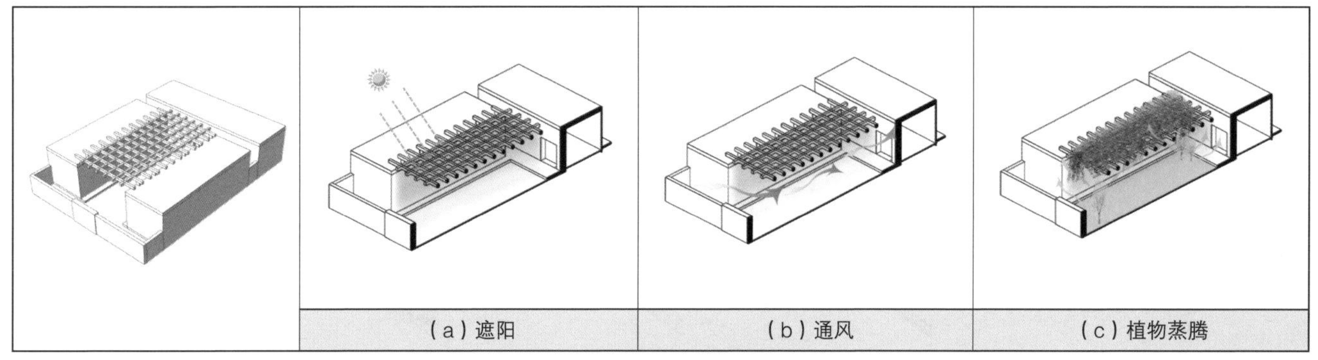

图 2-34　新疆吐鲁番高棚架民居

建筑中设置灰空间可以有效起到遮阳隔热与促进通风的作用。在西北地区部分民居中，常在庭院进行种植，形成小气候，利用植物蒸腾作用降低温度。

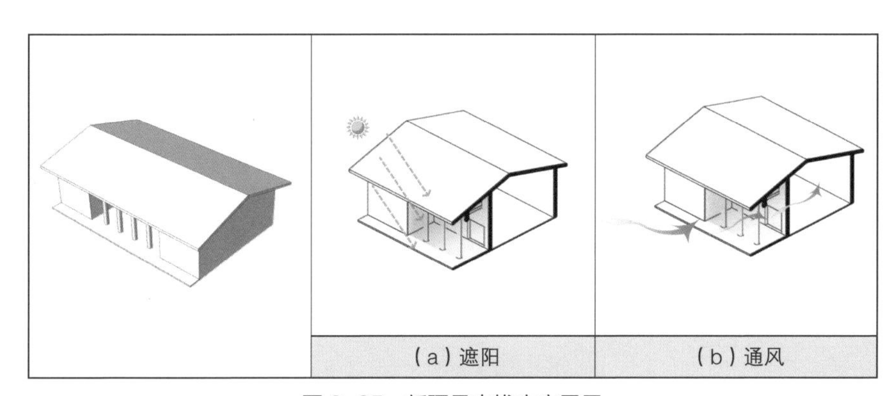

图 2-35　新疆昌吉拔廊房民居

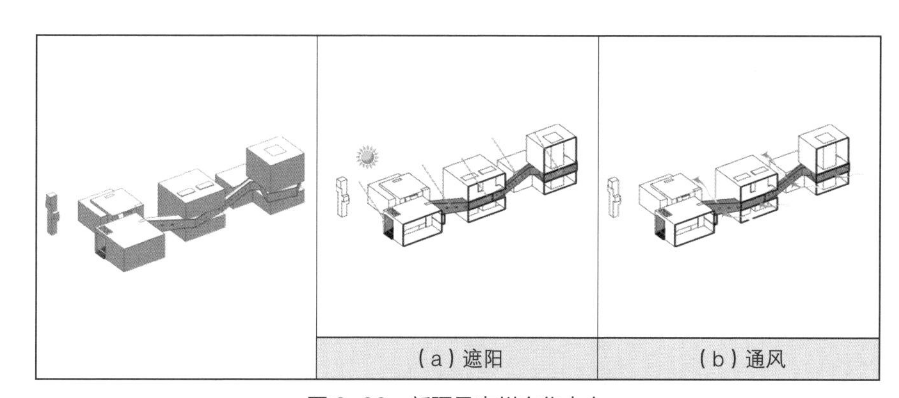

图 2-36　新疆昌吉州文化中心

2.2.4 地下 / 半地下空间

1）定义

地下或半地下空间指全部或部分被土质覆盖的建筑空间。

2）类型（图 2–37）

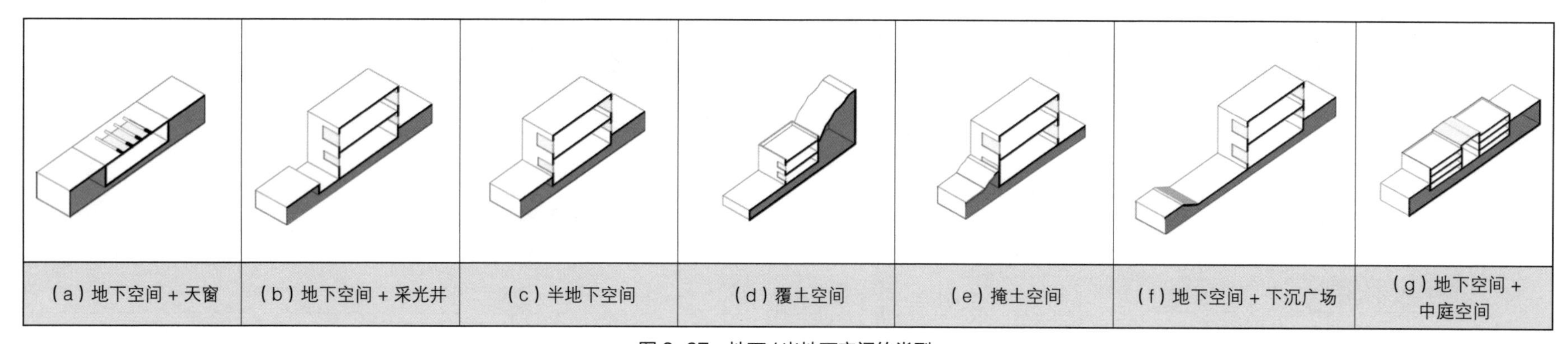

（a）地下空间 + 天窗　（b）地下空间 + 采光井　（c）半地下空间　（d）覆土空间　（e）掩土空间　（f）地下空间 + 下沉广场　（g）地下空间 + 中庭空间

图 2–37　地下 / 半地下空间的类型

3）作用效果与机理分析（图 2–38）

土壤的热惰性较大，蓄热性能较强，温度较恒定，可以延迟室外温度对室内的影响；

与土壤相接的室内空间与室外之间形成温度差，产生空气对流，调节室内温度；

利用土壤层温度波动较小的特点，将空气在地下空间中进行预冷或预热，进而导入室内，减少制冷或制热能耗。

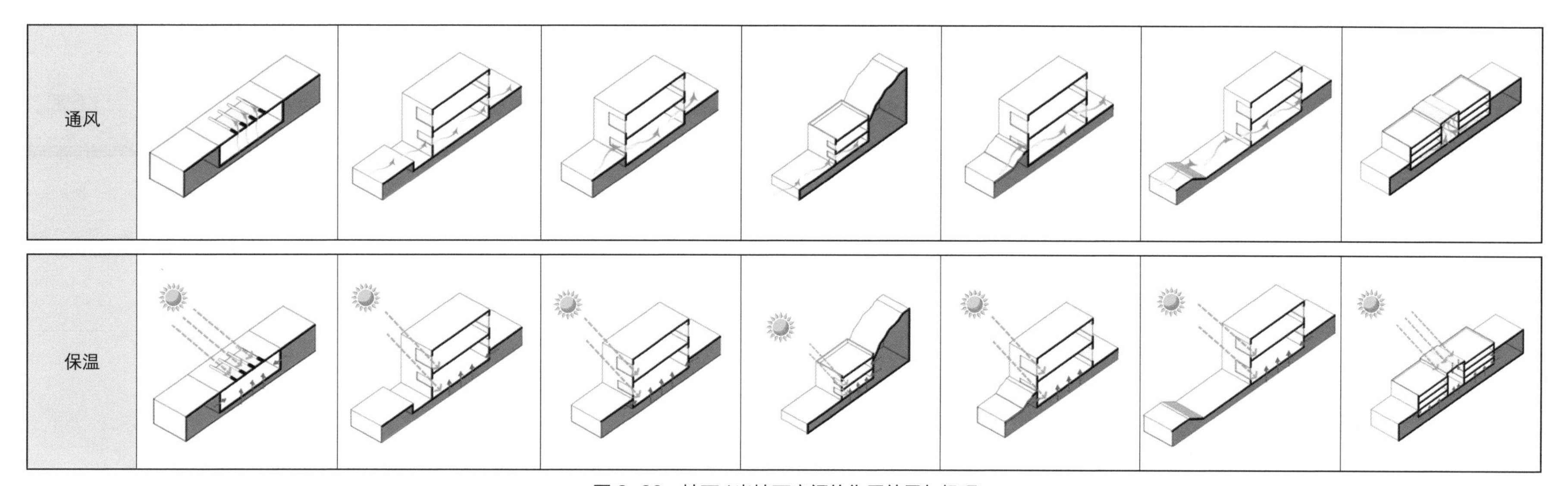

图 2-38　地下 / 半地下空间的作用效果与机理

4）案例（图 2-39~ 图 2-42）

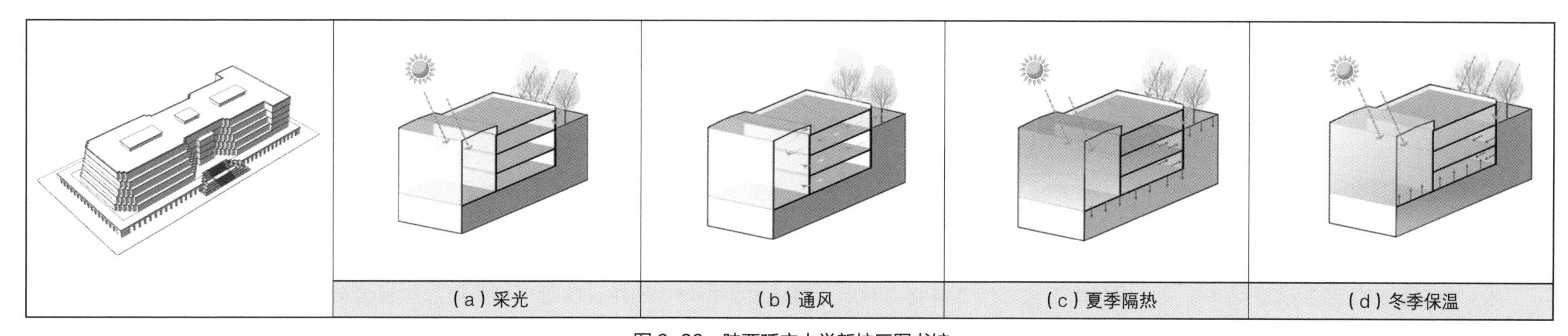

图 2-39　陕西延安大学新校区图书馆

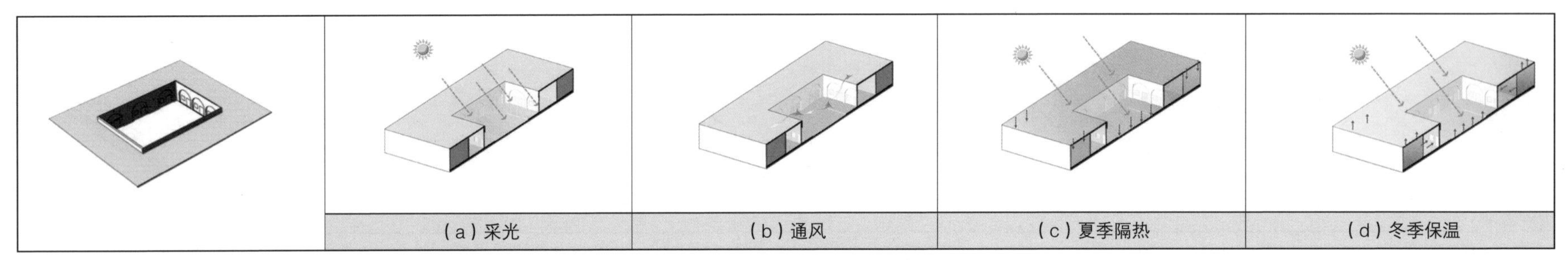

图 2-40　陕西三原柏社地坑院

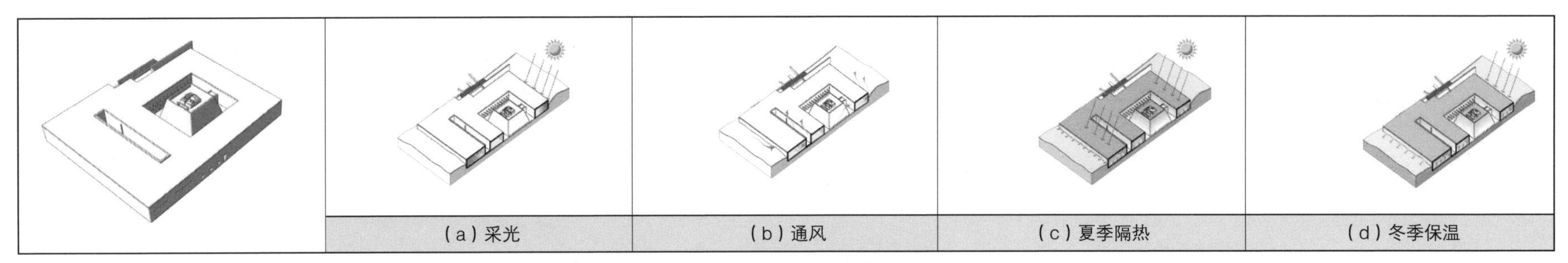

图 2-41　甘肃敦煌玉门关游客服务中心

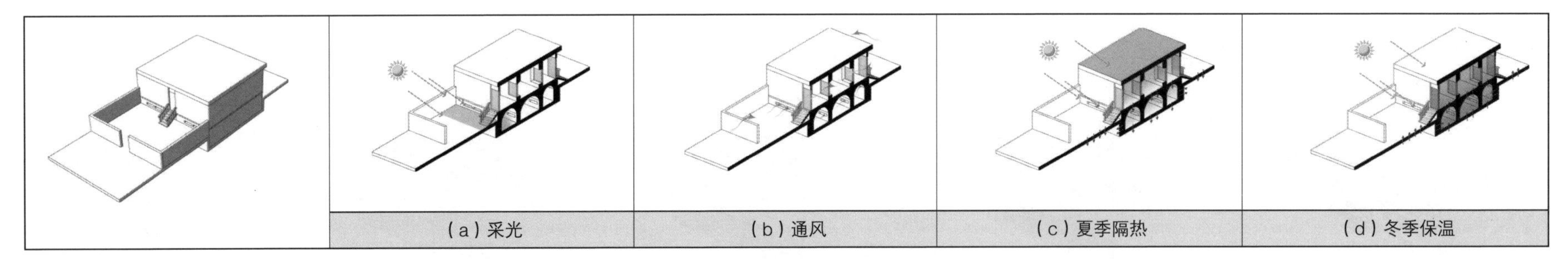

图 2-42　新疆吐鲁番阿以旺民居

西北荒漠区建筑因其防寒保暖需求，采用地下或半地下空间，利用土壤较大的热惰性和较强的蓄热性能可起到保温隔热的效果，亦可利用接地空间与室外的空气温差，形成热压通风。

2.2.5　阳光间 / 阳光厅 / 阳光廊

1）定义

阳光间即面朝南向、窗墙比较大的室内空间，利用温室效应可在冬季蓄积大量热量。在公共建筑中或以厅、廊等形式出现。

2）类型（图 2–43、图 2–44）

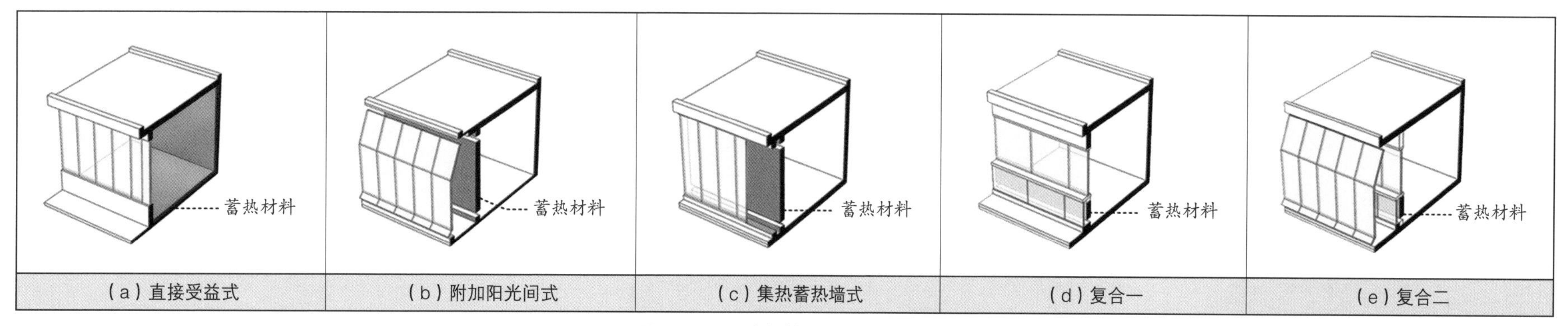

图 2–43　阳光间等按得热方式分类

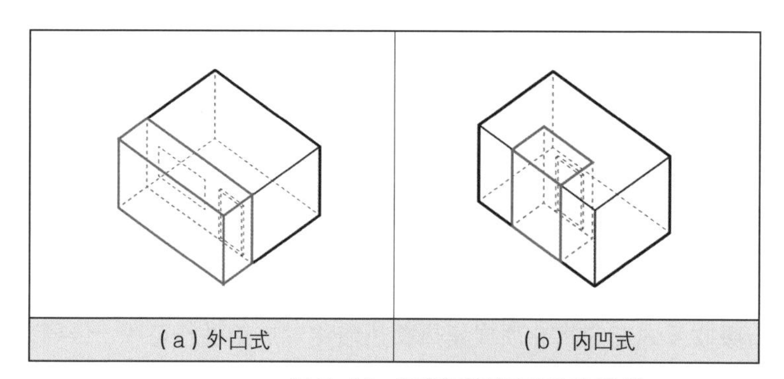

图 2–44　阳光间等按空间组织分类

3）作用效果与机理分析（图 2–45）

附加阳光间是在外部附加的封闭空间，可阻挡外界环境对于室内的直接影响，具有气候缓冲作用；

冬季通过温室效应蓄积太阳能，在阳光间内部的蓄热材料中积蓄大量的热量，提高室内温度；

夏季打开对外界面的风口，促进室内外空气流通，使室温不至于过高。

蓄热

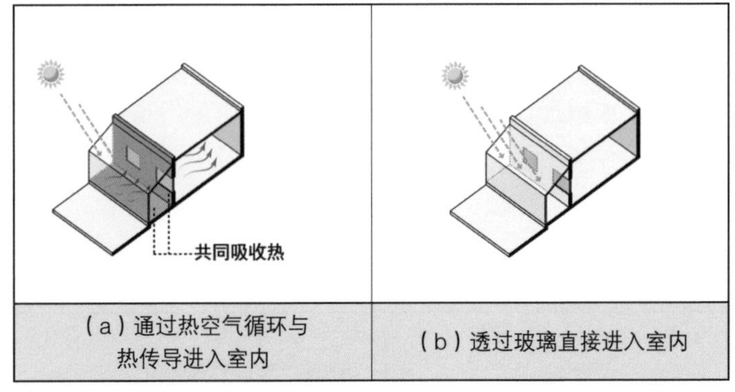

通风

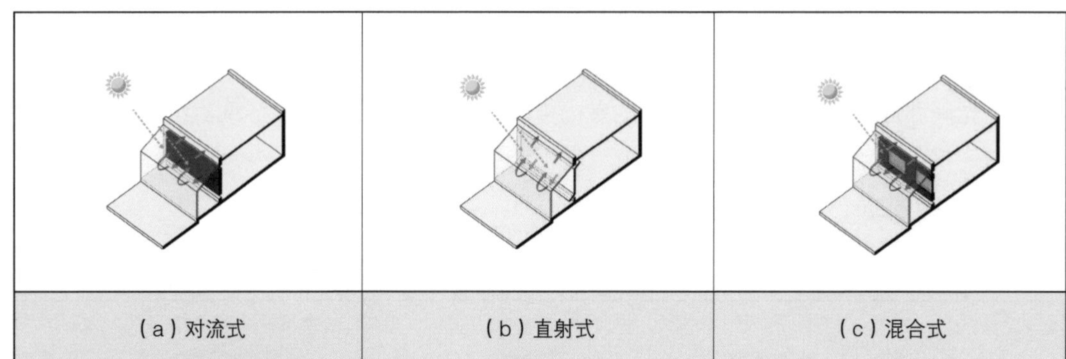

图 2-45　阳光间等的作用效果与机理分析

4）案例（图 2-46~ 图 2-49）

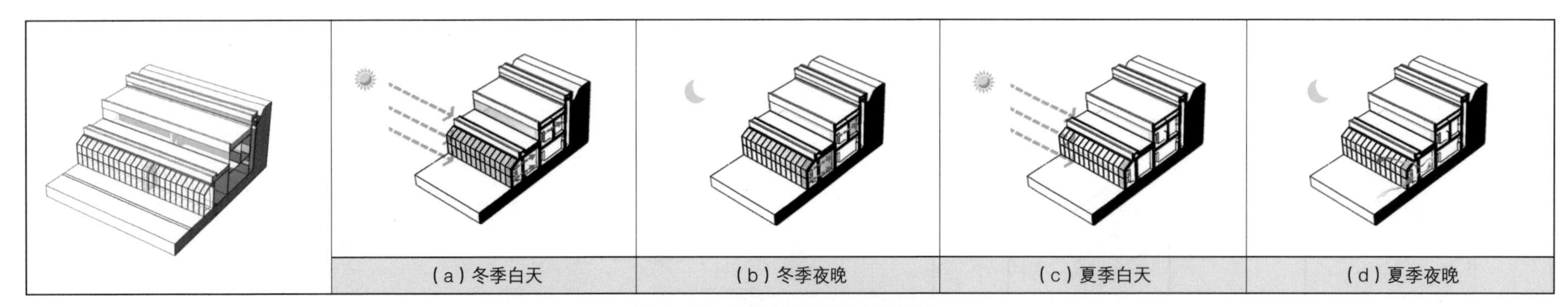

图 2-46　陕西延安新窑洞民居改造

本地区的既有民居改造常见阳光间 / 阳光厅 / 阳光廊的应用，由透光材料对太阳辐射进行吸收及内部空气介质或集热蓄热墙体对热量进行蓄积、传导，以起到被动式采暖的效果。结合不同季节对外界面风口的启闭，以起到夏季通风降温、冬季蓄热保温的作用，满足室内热舒适的要求。

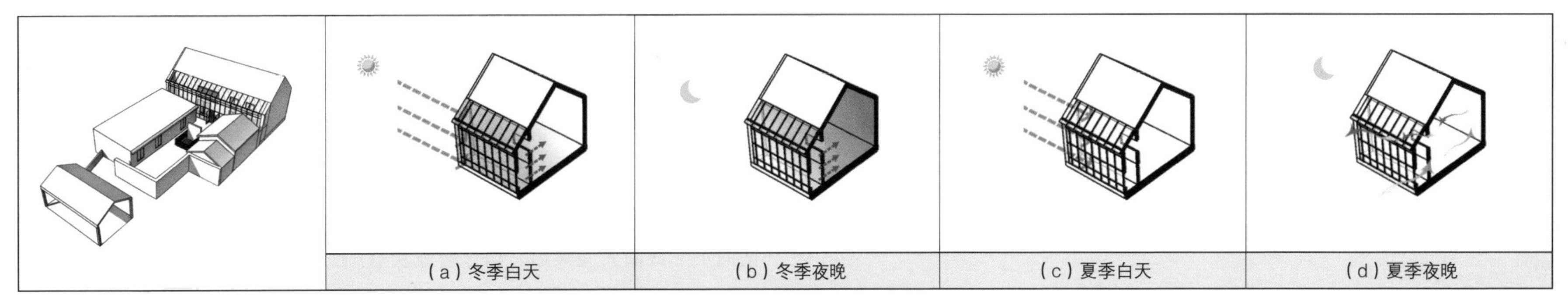

图 2-47　甘肃天水街亭 43 号民居改造

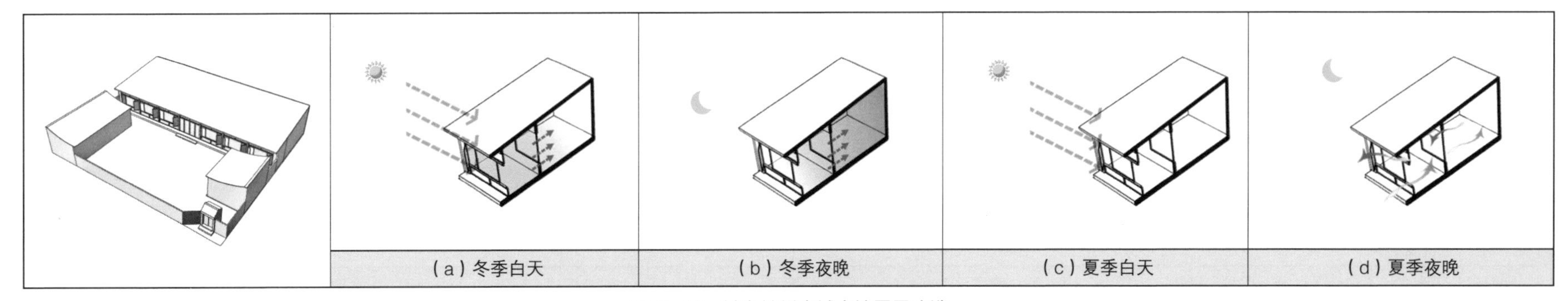

图 2-48　甘肃兰州青城古镇民居改造

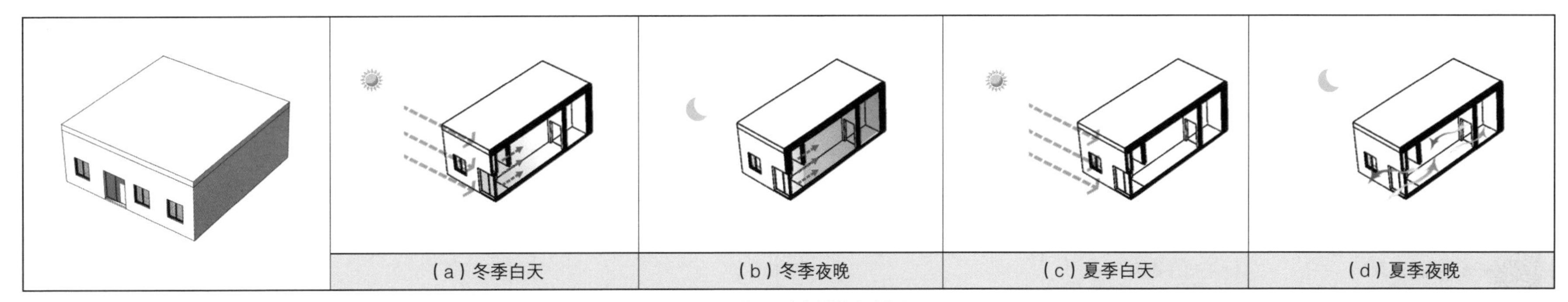

图 2-49　新疆哈密博斯坦村民居

2.2.6 交通与辅助空间

1）定义

交通与辅助空间由于其功能地位次要，可以将其作为建筑对外界不利界面的屏障，或是利用其空间形态特征来发挥气候缓冲的作用，作为气候缓冲空间。

2）类型（图 2–50）

3）作用效果与机理分析（图 2–51）

交通或辅助空间在环境不佳的界面围护建筑的一个面或数个面，可作为建筑应对外界不利环境的屏障；

交通与辅助空间位于北向利于保温，位于东西向可防止东西晒，位于南向可形成阳光间集热，也可形成灰空间遮挡阳光直射；顺应外部风向形成通风廊道，可促进室内自然通风，还可以基于垂直交通的特性——狭长而贯通的竖井，形成热压通风，或是成为导光管道，引入自然光。

按水平形态分类

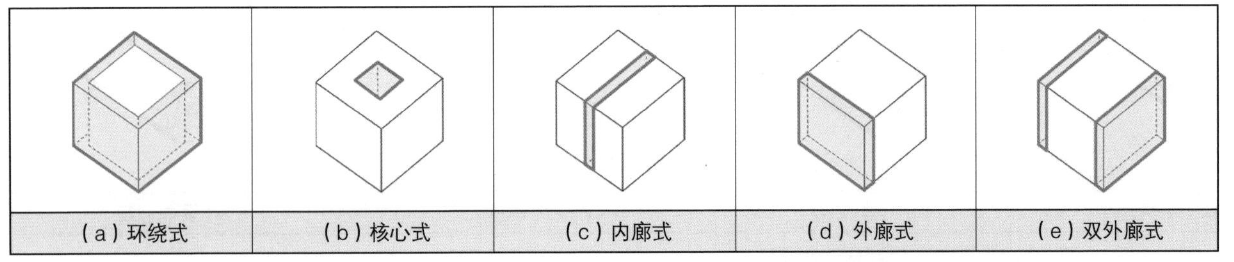

按竖向形态分类

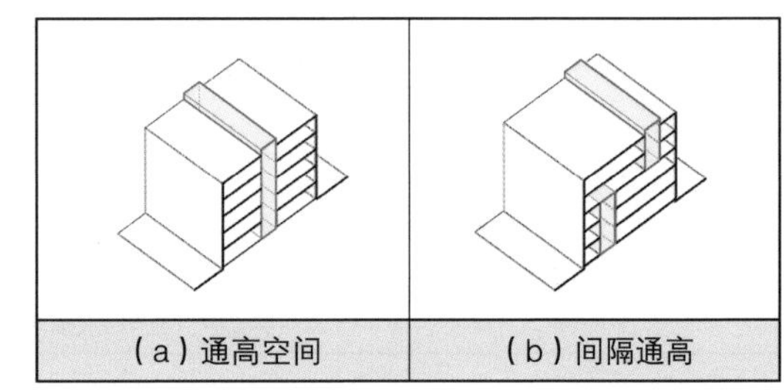

图 2–50 交通与辅助空间的类型

通风

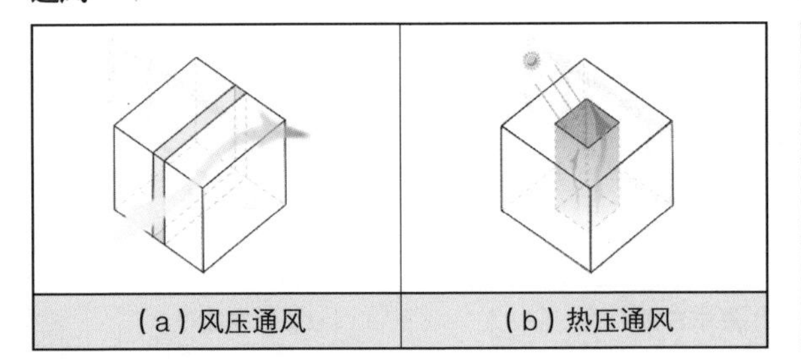

采光

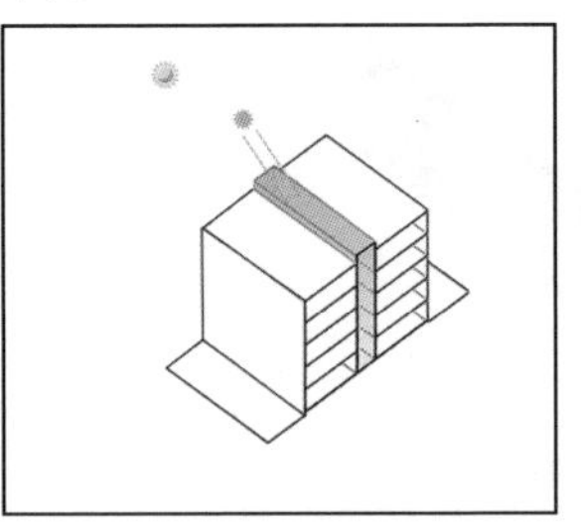

蓄热

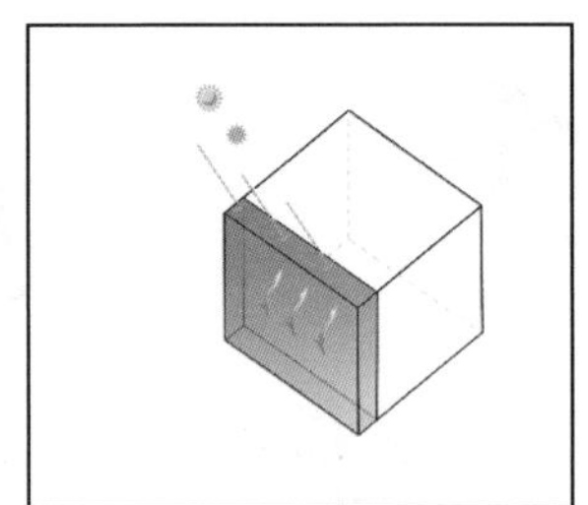

阻挡外界不利环境

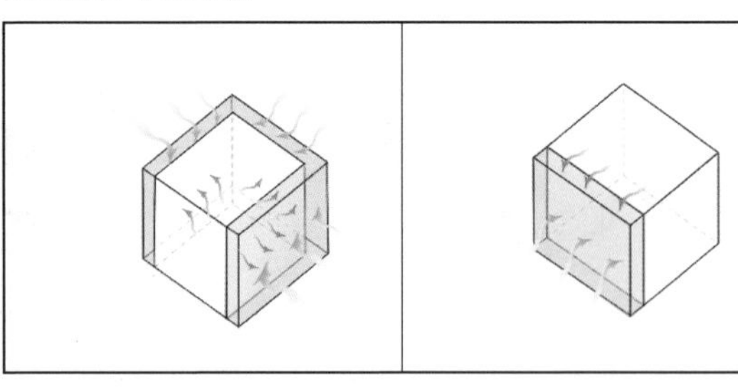

图 2–51 交通与辅助空间的作用效果与机理分析

4）案例（图 2-52~ 图 2-54）

在西北荒漠区建筑中，常见在北向、西向布置交通、辅助空间，以减少北向寒风及西晒的影响，或是利用垂直贯通的交通空间作为通风井、采光井等。

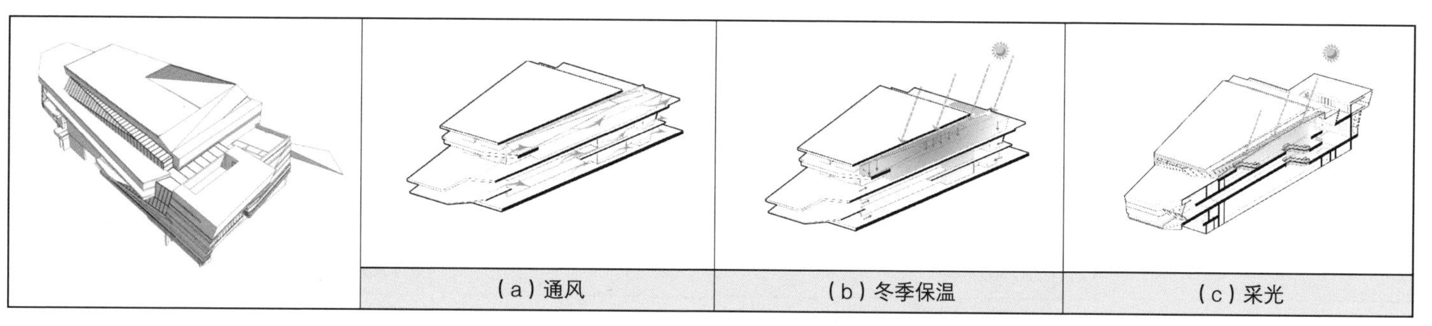

图 2-52　甘肃兰州城市规划展览馆

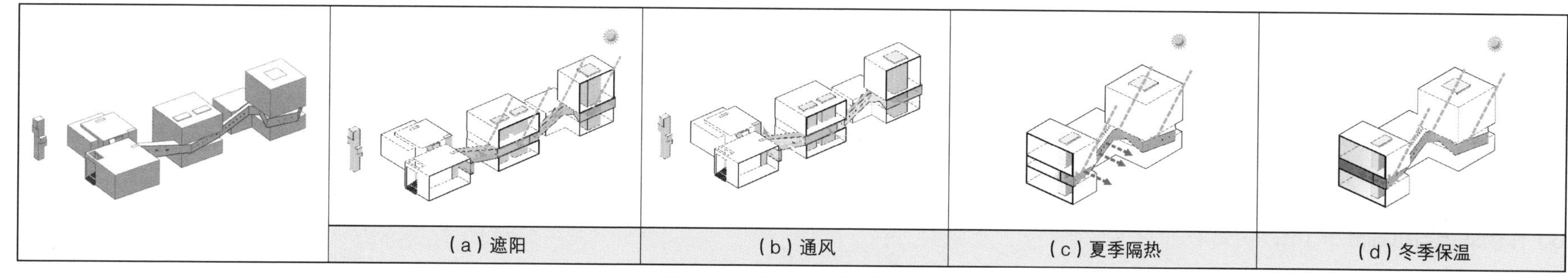

图 2-53　新疆昌吉州文化中心

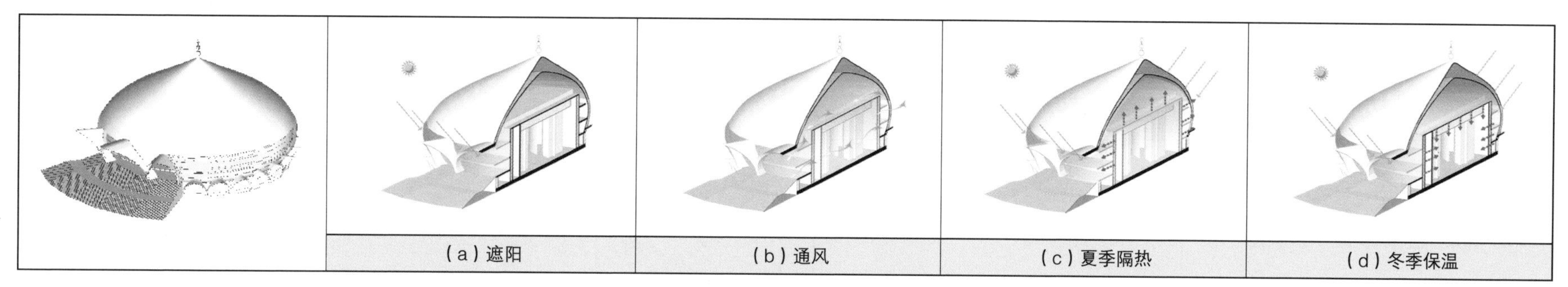

图 2-54　甘肃临夏民族大剧院

2.2.7　门斗空间

1）定义

门斗空间是在建筑物出入口设置的小房间，是起分隔、挡风、御寒等作用的建筑过渡空间。

2）类型（图 2–55）

按平面形态分

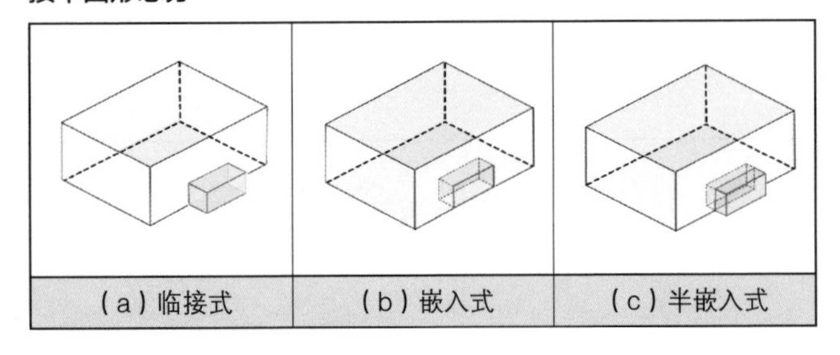

按开门形式分

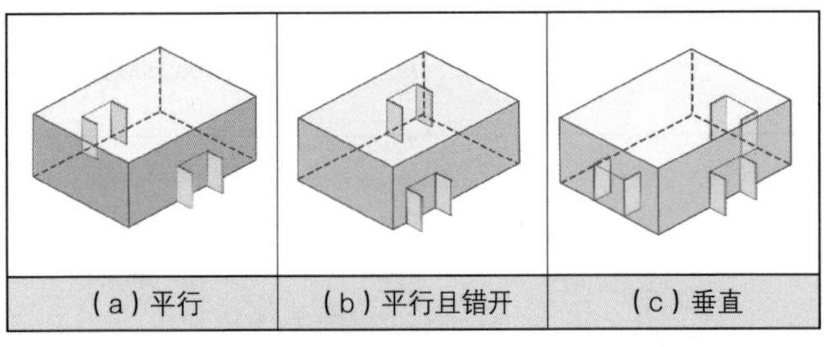

按有无内部隔墙分

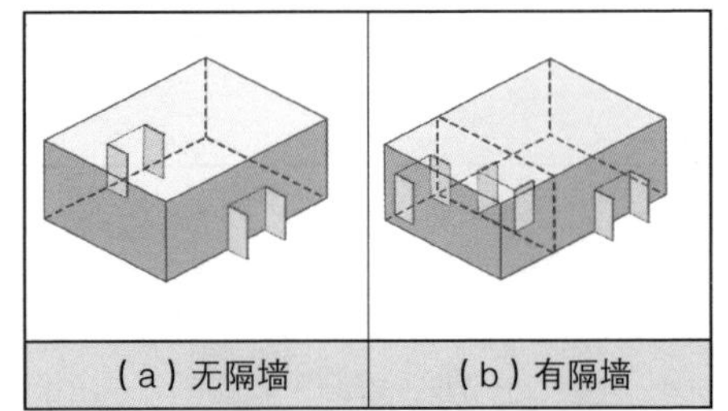

图 2–55　门斗空间的类型

3）作用效果与机理分析（图 2–56）

门斗在建筑入口外增加一层围护结构，可以减少冬季寒冷空气渗透；

门斗内部包含的空气介质会在人流进出时起到缓冲冬季寒风与寒流的作用，使其不影响到建筑内部空间。

风环境缓冲

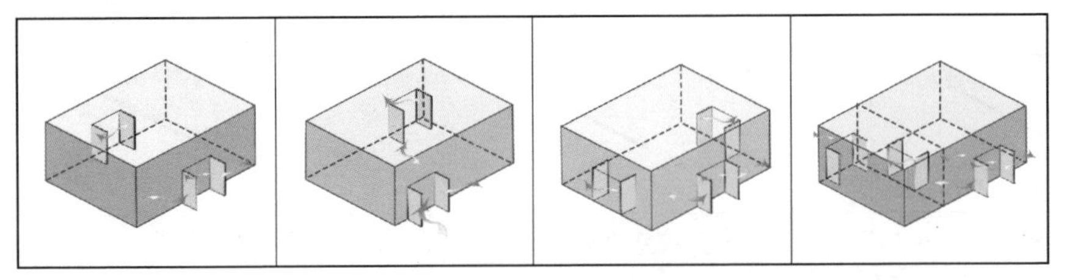

热环境缓冲

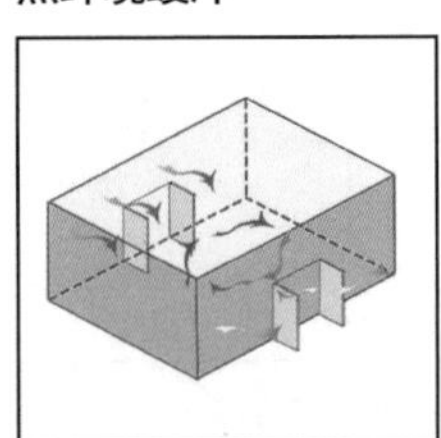

图 2–56　门斗空间的作用效果与机理分析

4）案例（图 2-57~ 图 2-59）

室内外出入口设置门斗是西北荒漠区建筑中较为普遍的空间策略。由门斗对外界面的围护结构和内部包含的空气介质共同阻挡冬季外界不利环境，起到屏蔽寒风和缓冲寒流的作用。

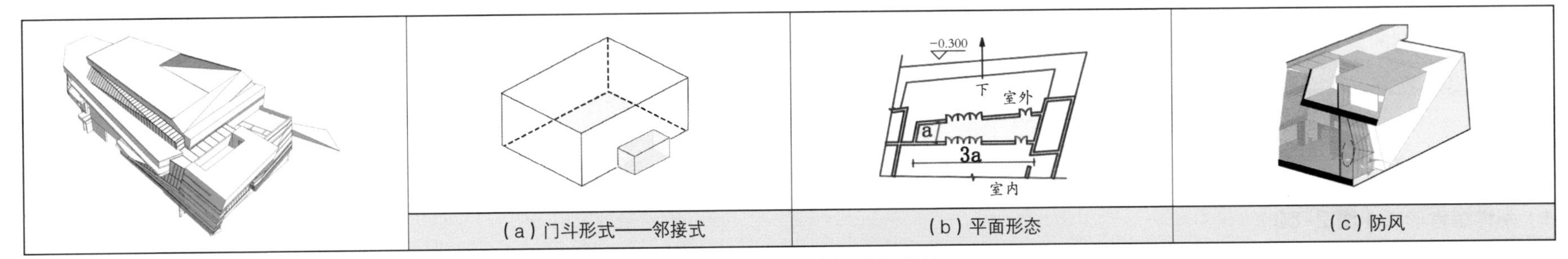

图 2-57　甘肃兰州城市规划展览馆

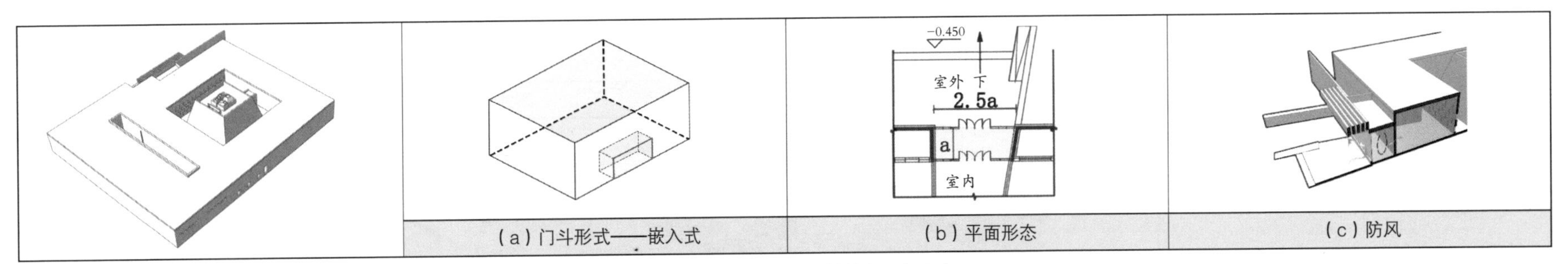

图 2-58　甘肃敦煌玉门关游客服务中心

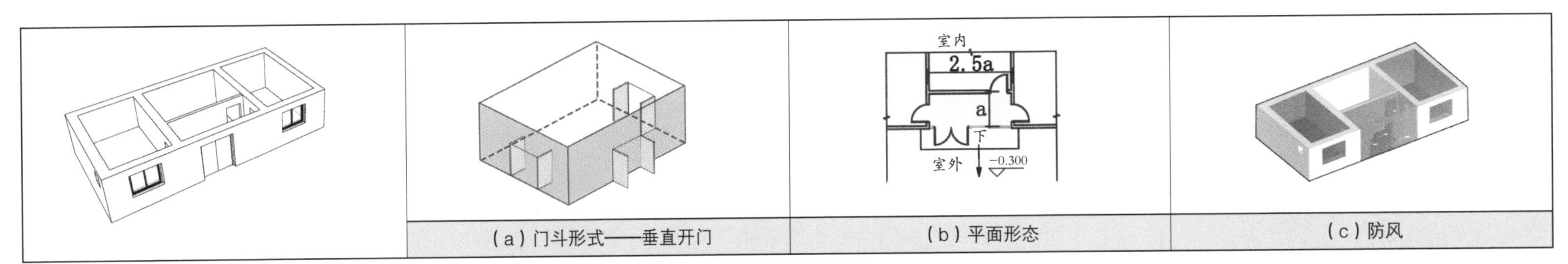

图 2-59　新疆哈密博斯坦村民居

2.3 复合空间策略

2.3.1 原理

气候缓冲空间就是建筑与外界环境之间的一个中介，是交换物质与能量的部分。通过将多种气候缓冲空间组合成复合空间，协同发挥作用，相比单独的气候缓冲空间，能够更有效地提升整个建筑空间的环境适应性，增强建筑应对不利自然环境的能力，维持舒适的建筑室内环境。

2.3.2 案例

1）两种组合形式（图 2–60）

图例说明：

- 院落空间
- 中庭空间
- 灰空间
- 地下 / 半地下空间
- 门斗空间
- 阳光间 / 阳光厅 / 阳光廊
- 交通与辅助空间

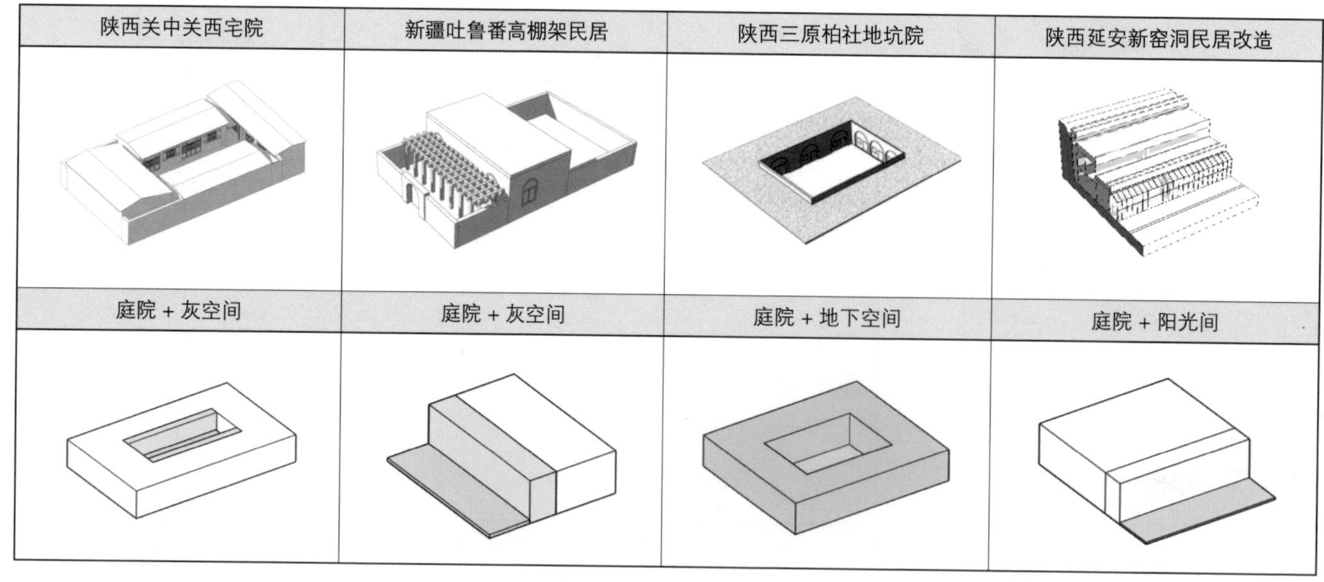

图 2–60　复合空间一

2）三种及以上的组合形式（图 2-61）

图例说明：

院落空间

中庭空间

灰空间

地下 / 半地下空间

门斗空间

阳光间 / 阳光厅 / 阳光廊

交通与辅助空间

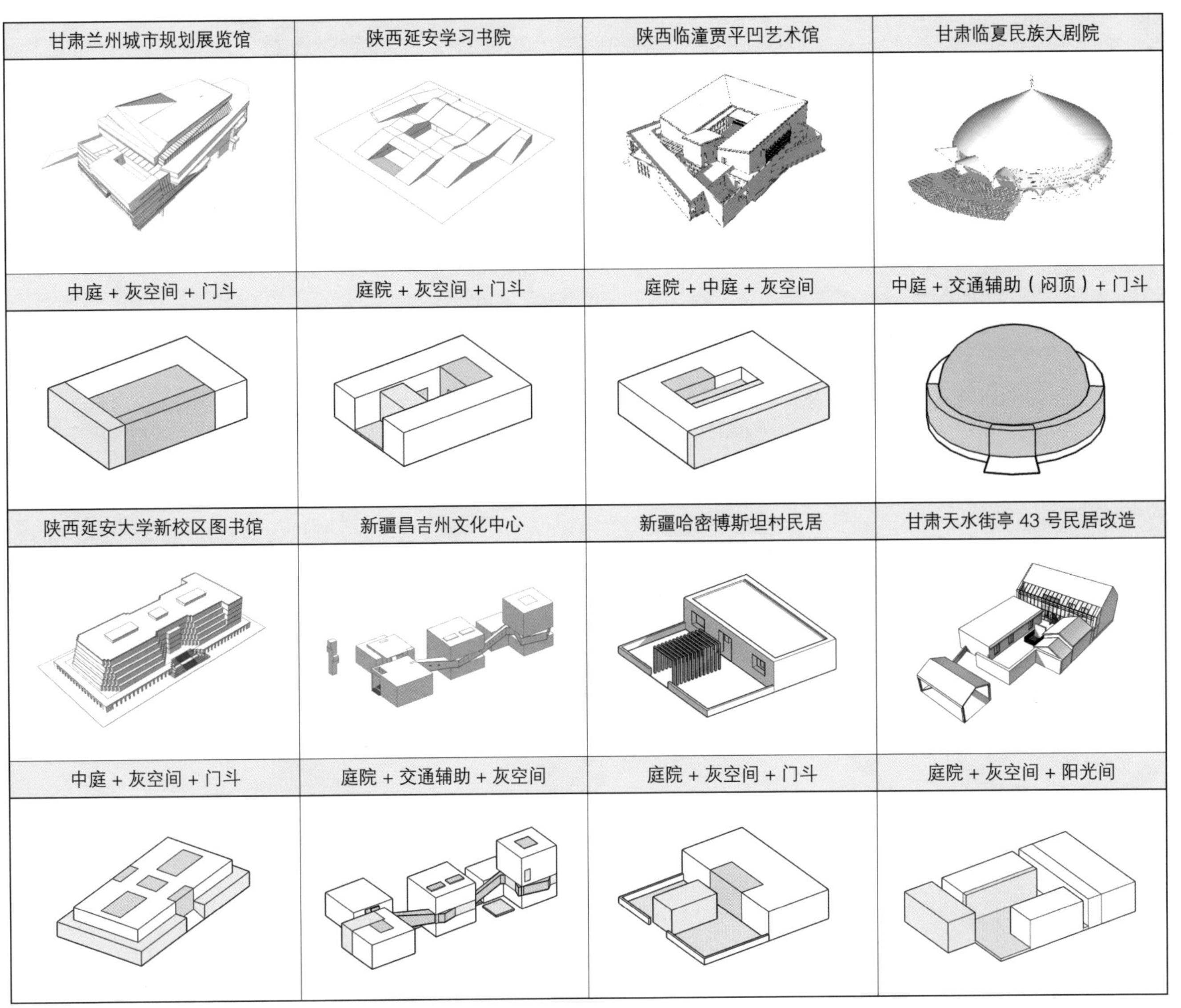

图 2-61　复合空间二

西北荒漠区民居建筑一般由两种类型的气候缓冲空间组成，而公共建筑则由三种及以上空间组成。多种不同类型的气候缓冲空间协同作用，有效提高了空间气候适应性。

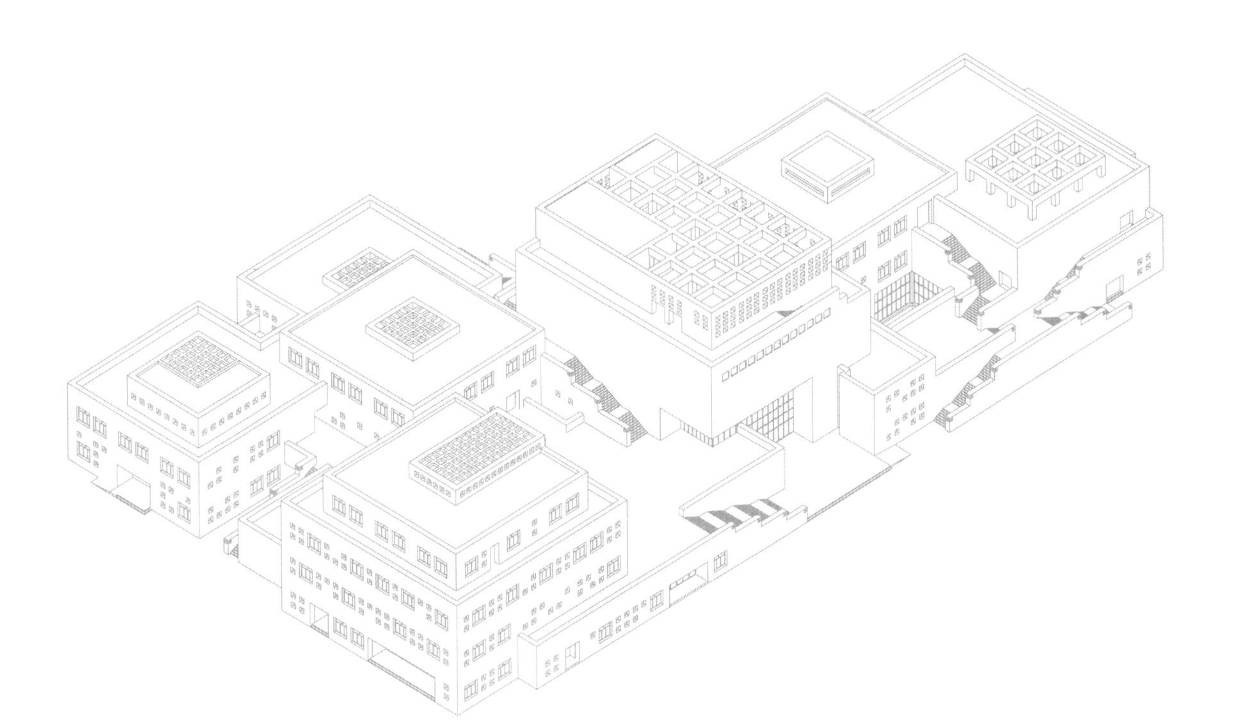

第3章

“本土化”的材料构造

本章在分析建筑材料构造与西北荒漠区保温隔热方式的适配机理基础上，从墙体、屋面、外门窗方面分类梳理该地区被广泛应用的保温、隔热等建筑节能措施，包括传统材料的构造优化与高性能建筑材料的节能构造设计方法，并通过对该地区大量当代公共建筑实践的研究，归纳地域性建筑材料和节能构造的组合特征，为建立西北荒漠区“文绿一体”多层级、一体化营建技术体系提供技术支撑。

3.1 墙体

3.1.1 墙体保温措施

防止室内热损失的主要措施是提高墙体的热阻，即降低外墙的传热系数。按照保温层材料类型可以分为两种：

（1）单一材料保温构造；

（2）复合材料保温构造。

常见的单一材料保温墙体有加气混凝土保温墙体、多孔砖墙体、空心砌块墙体等。复合材料保温墙体有内保温墙体、外保温墙体及夹芯保温墙体，其相关特点分析如表 3-1 所示。

常用外墙外保温类型及优缺点 表 3-1

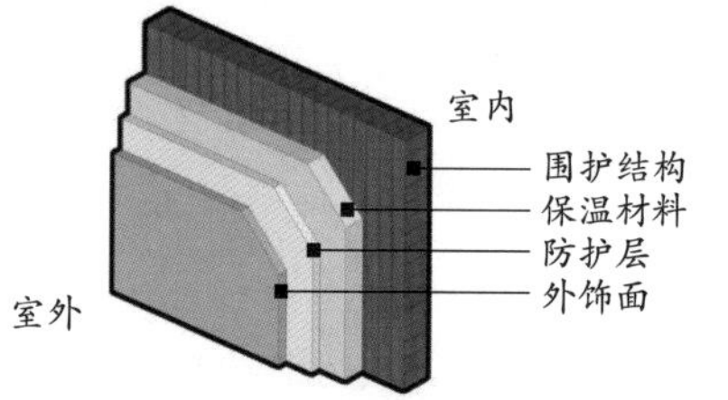 室内 围护结构 保温材料 防护层 外饰面 室外	有效保护主体结构，避免“热桥”现象以及墙体内部结露的问题，节能效果更好，性价比高	施工工艺较为复杂，成本较高，墙体饰面材料易裂开、脱落
外墙外保温系统	优点	缺点
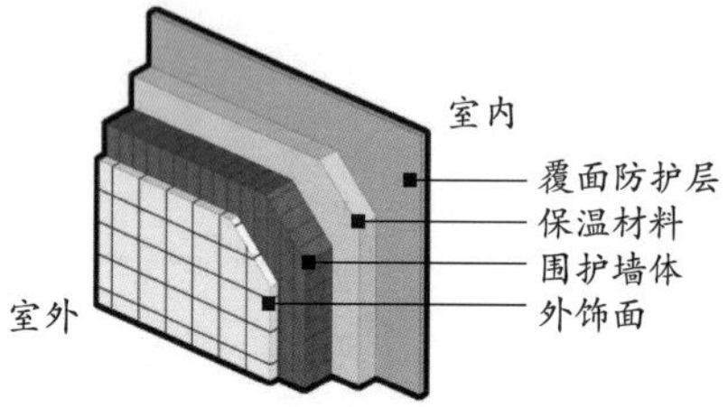 室内 覆面防护层 保温材料 围护墙体 外饰面 室外	适用于各种墙体材料，便于施工，成本较低	保温层与墙体间温差大，保温层易出现裂缝，易形成冷凝水，影响主体结构寿命
外墙内保温系统	优点	缺点
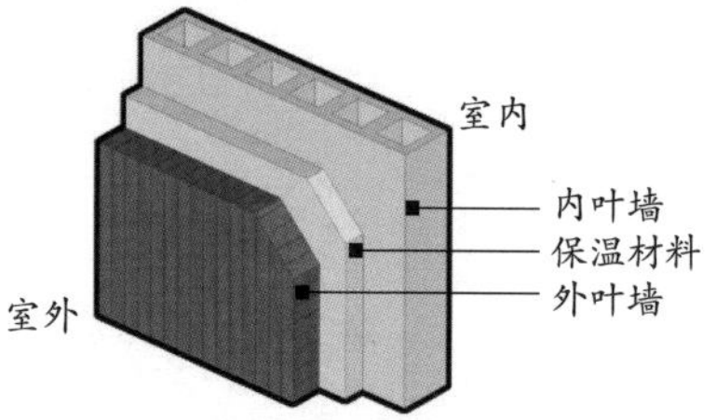 室内 内叶墙 保温材料 外叶墙 室外	有效保护保温材料，节能效果良好	构造复杂，施工难度相对较大，内部气密性不强，易形成空气对流
夹芯保温系统	优点	缺点

随着节能标准的提高，单设保温层的复合墙体由于采用了新型高效保温材料而具有更优良的热工性能，且结构层、保温层都可以充分发挥各自材料的特点和优点，既不使墙体过厚又能满足保温节能的要求。

对于西北荒漠区而言，外墙外保温系统性价比最高，适用范围广，是住房和城乡建设部在国内重点推广的建筑保温技术。

3.1.2　外墙外保温构造设计

优点：

（1）外保温可以有效避免热桥问题和墙体内部结露问题；

（2）保温有利于建筑的冬暖夏凉；

（3）通过外保温提高外墙内表面温度；

（4）保护主体结构，延长建筑物的寿命；

（5）便于旧建筑节能改造，增加房屋使用面积等。

外保温构造通用做法：将聚苯板粘贴、钉挂在外墙外表面，覆以玻纤网布后用聚合物水泥砂浆罩面，或将岩棉板粘贴并钉挂在外墙外表面后，覆以钢丝网做聚合物水泥砂浆罩面，也可以把玻璃棉毡钉挂在墙外再覆以外挂板（图 3-1）。固定件宜采用尼龙或不锈钢钉，以避免锈蚀。

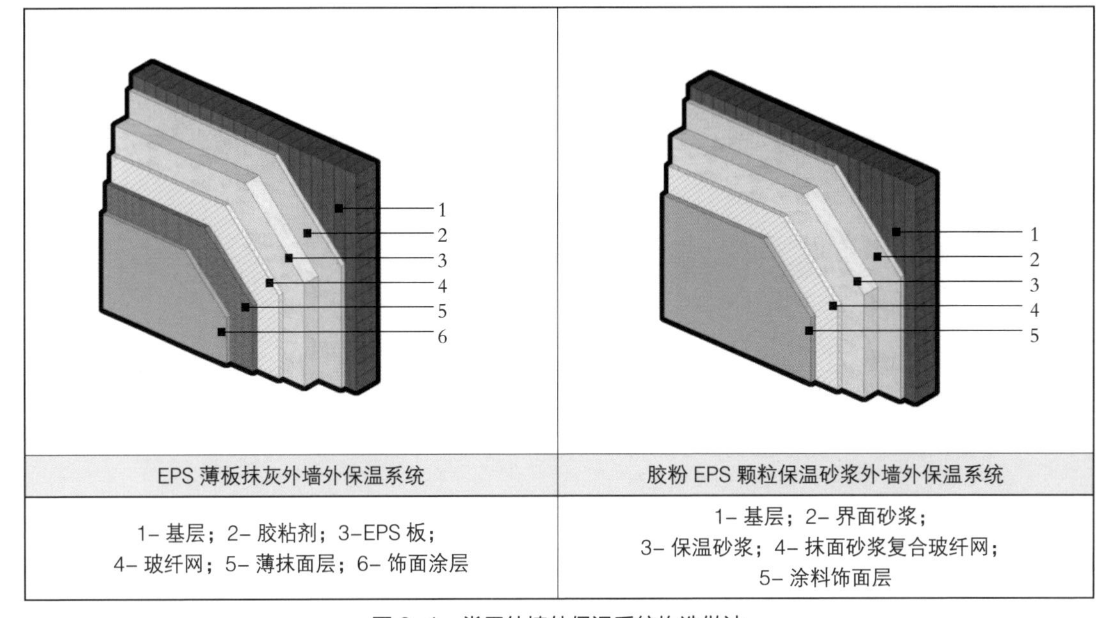

图 3-1　常用外墙外保温系统构造做法

3.1.3 外墙外保温材料与材料构造组合对比

不同的轻质保温材料，其性能以及造价也不同，运用比较广泛的有四种，即岩棉或玻璃棉板、模塑聚苯乙烯泡沫塑料板（EPS 板）、挤塑聚苯板（XPS 板）以及硬泡聚氨酯板（PUR 板）。相关性能特点及主要参数如表 3–2 所示。

保温材料类型及其性能特点、主要参数　　表 3–2

保温材料名称	性能特点	价格（元 /m^2）	主要技术参数	
			密度 kg/m^3	导热系数 W/（m^2·K）
岩棉、玻璃棉板	保温性能好，降噪、耐火，但水蒸气渗透系数高	60~150	80~250	≤ 0.045
模塑聚苯乙烯泡沫塑料板（EPS 板）	质量轻、导热系数小、吸水率低、耐老化、耐低温	80~300	18~22	≤ 0.041
挤塑聚苯板（XPS 板）	保温效果比 EPS 板好，价格相对 EPS 板较高	425~520	25~32	≤ 0.030
硬泡聚氨酯板（PUR 板）	保温隔热性能好，防火、阻燃，抗冻融、抗开裂，环保性能好，价格高于其他保温材料	1050~1450	30~40	≤ 0.020

根据图集《公共建筑节能构造——寒冷地区和严寒地区》06J908—1，对于比较典型的 KP1 多孔砖外墙、混凝土空心砌块墙、轻集料混凝土墙、加气混凝土砌块，与相应的不同厚度的常用轻质保温材料的搭配组合，其传热系数的变化如图 3–2~ 图 3–5 所示。

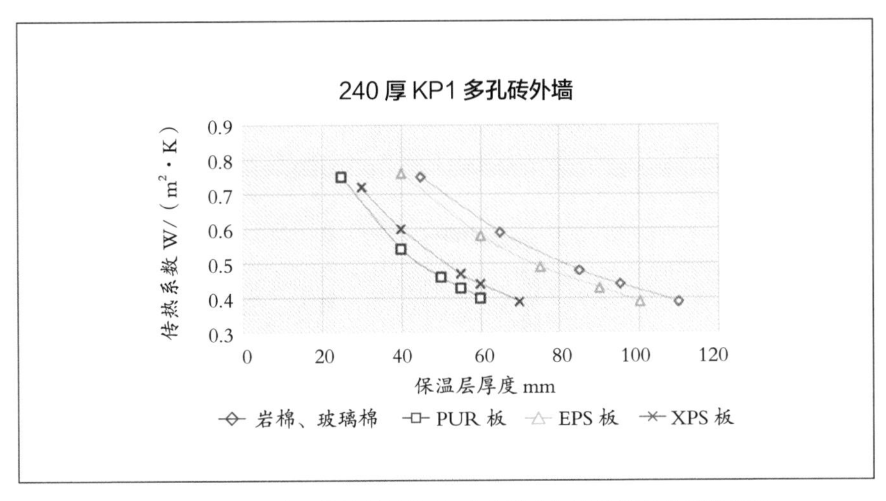

图 3–2 不同厚度、保温材料的 KP1 多孔砖复合外墙传热系数变化

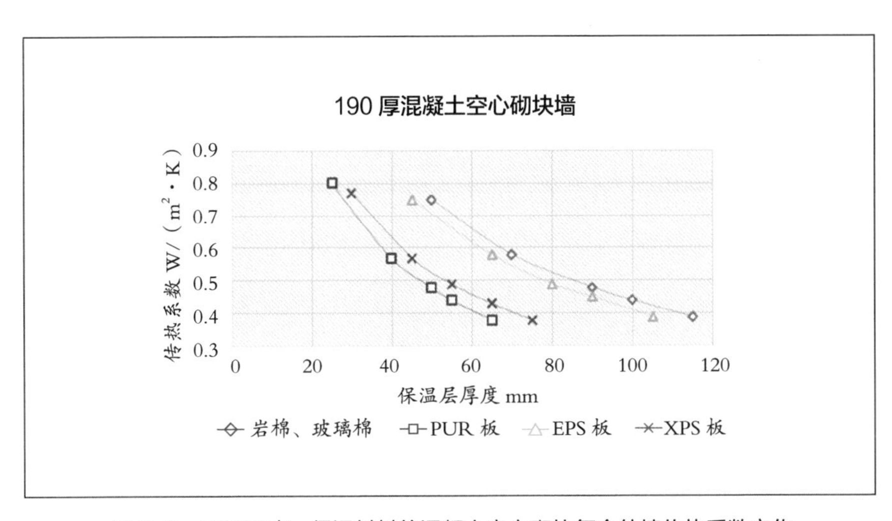

图 3–3 不同厚度、保温材料的混凝土空心砌块复合外墙传热系数变化

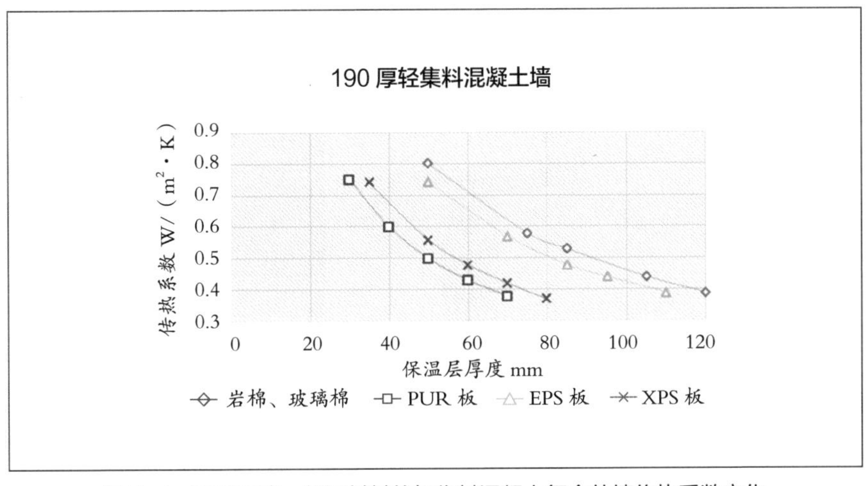

图 3–4 不同厚度、保温材料的轻集料混凝土复合外墙传热系数变化

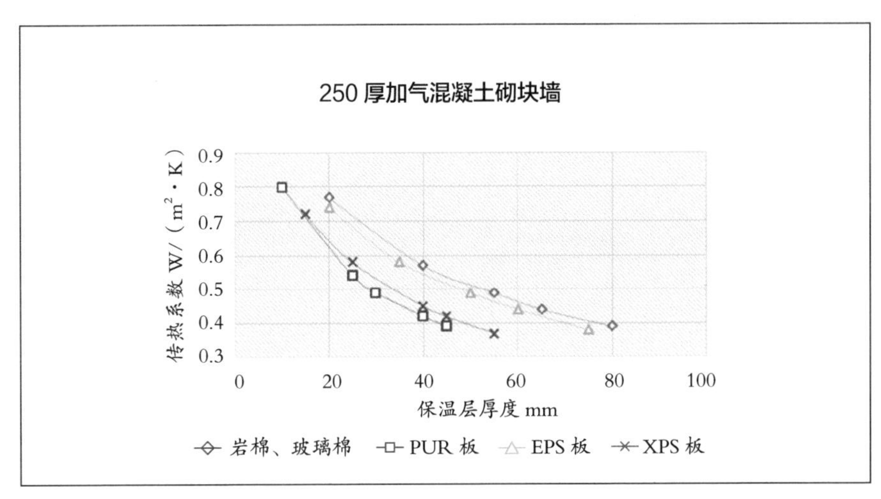

图 3–5 不同厚度、保温材料的加气混凝土复合外墙传热系数变化

3.1.4 墙体构造案例（图 3-6~ 图 3-26）

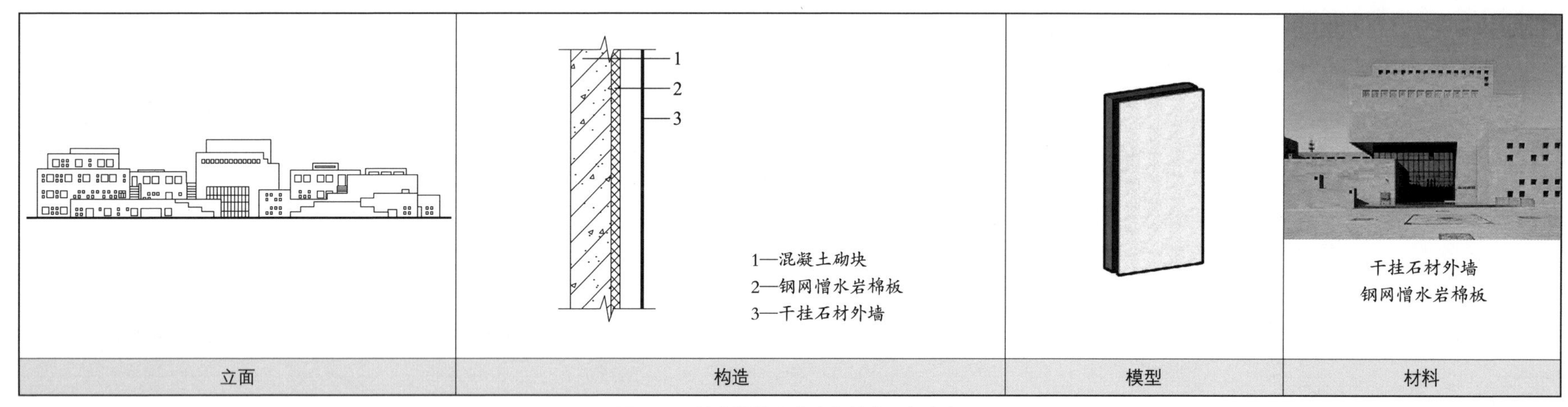

图 3-6 甘肃敦煌公共文化综合服务中心

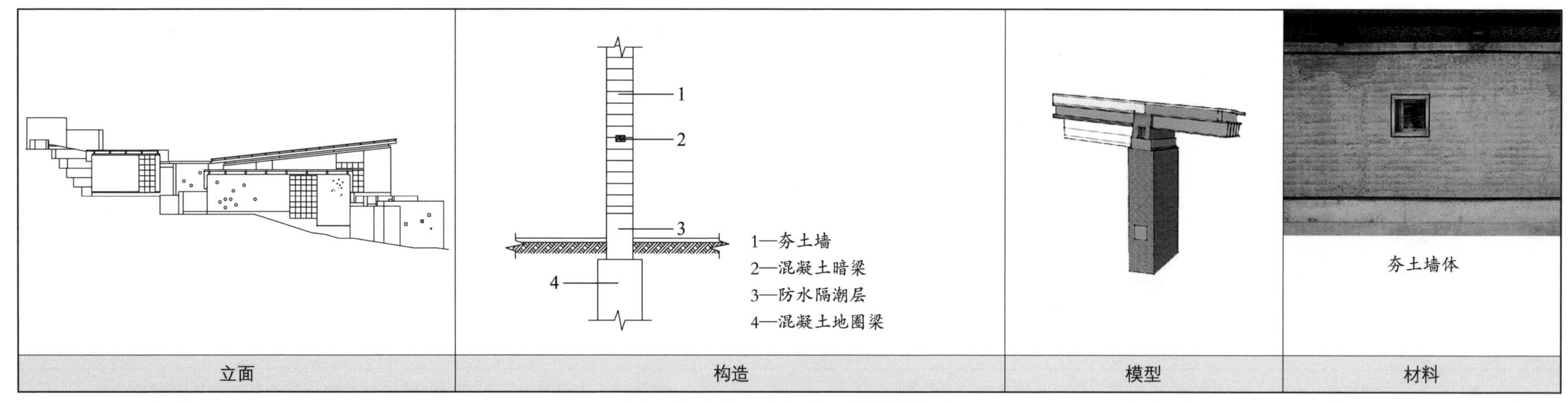

图 3-7 甘肃会宁马岔村村民活动中心

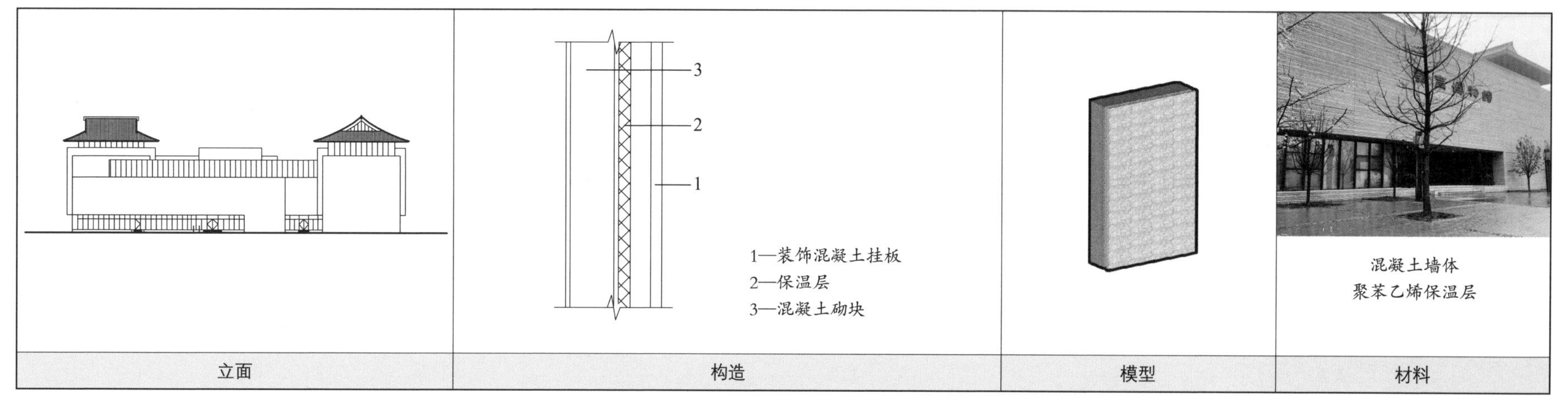

图 3-8 陕西西安陕西师范大学教育博物馆

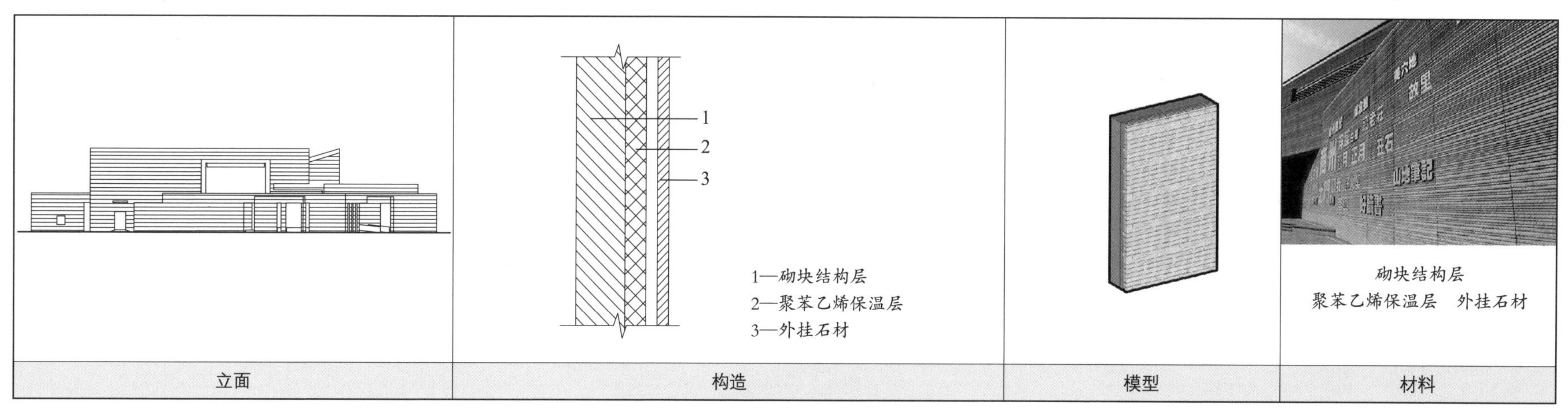

图 3-9 陕西临潼贾平凹文化艺术馆

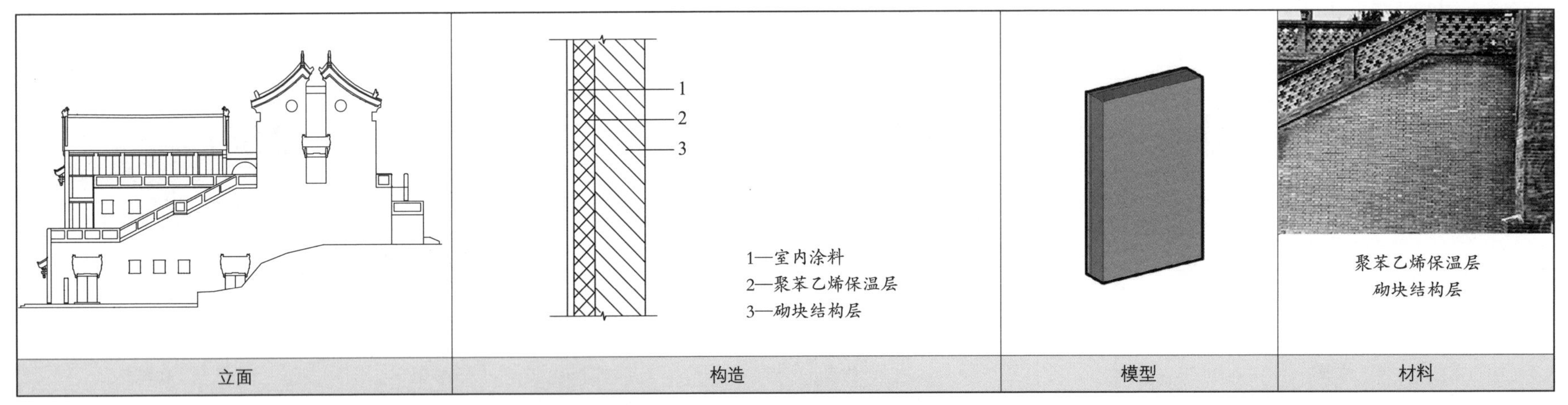

图 3-10　陕西西安凤凰池商业会所

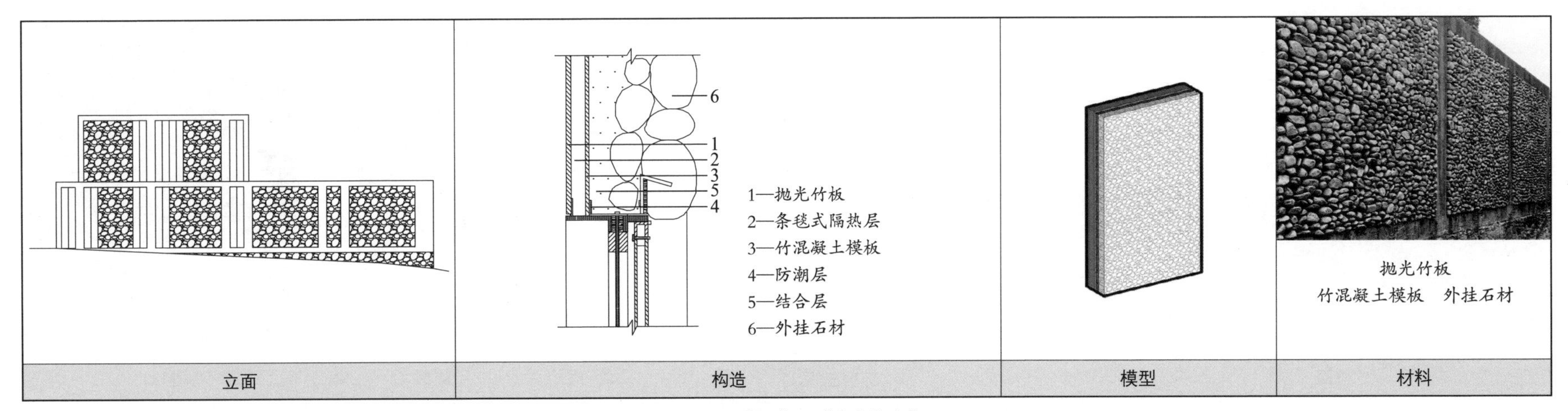

图 3-11　陕西蓝田“父亲的宅”

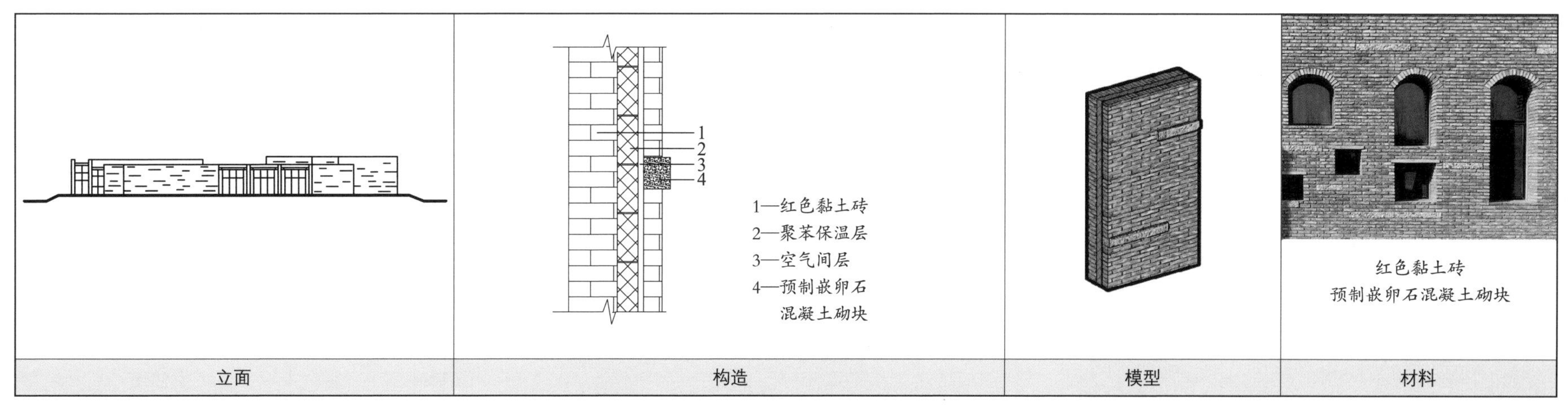

图 3-12　内蒙古乌海黄河渔类增殖站及展示中心

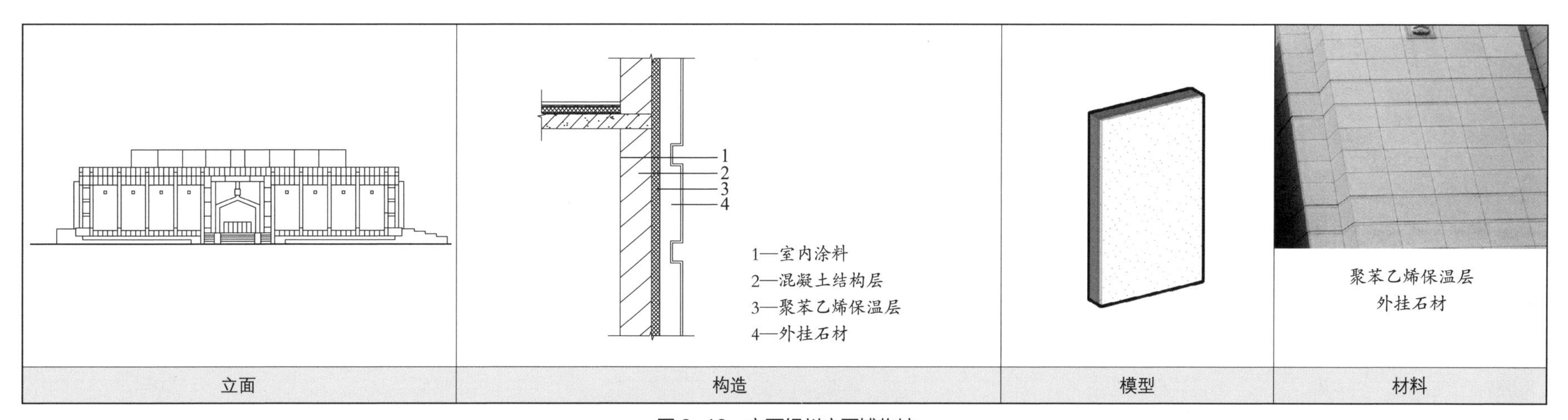

图 3-13　宁夏银川宁夏博物馆

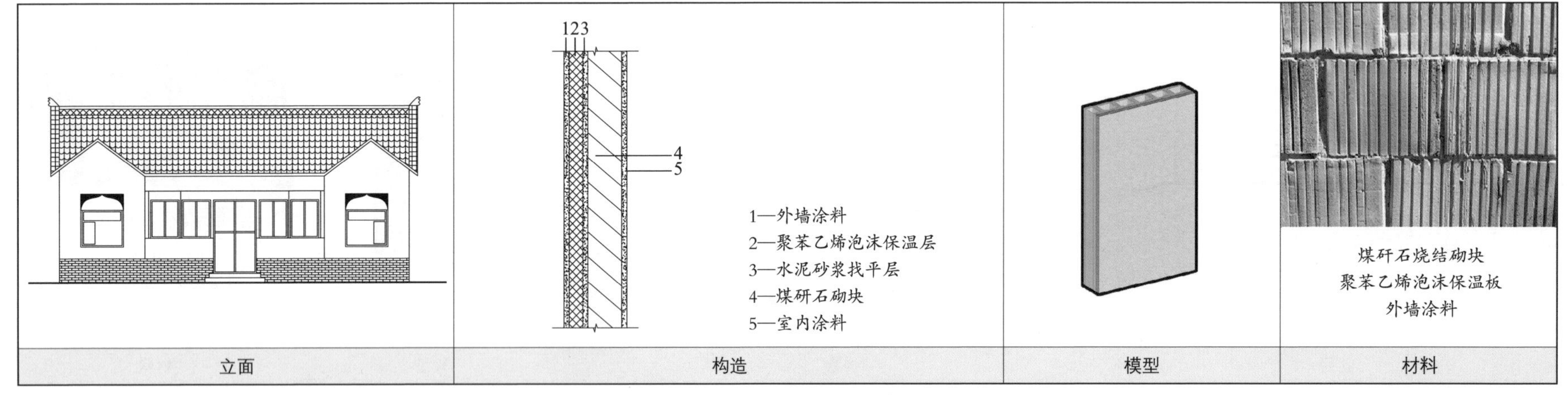

图 3-14 宁夏银川海淘村新民居

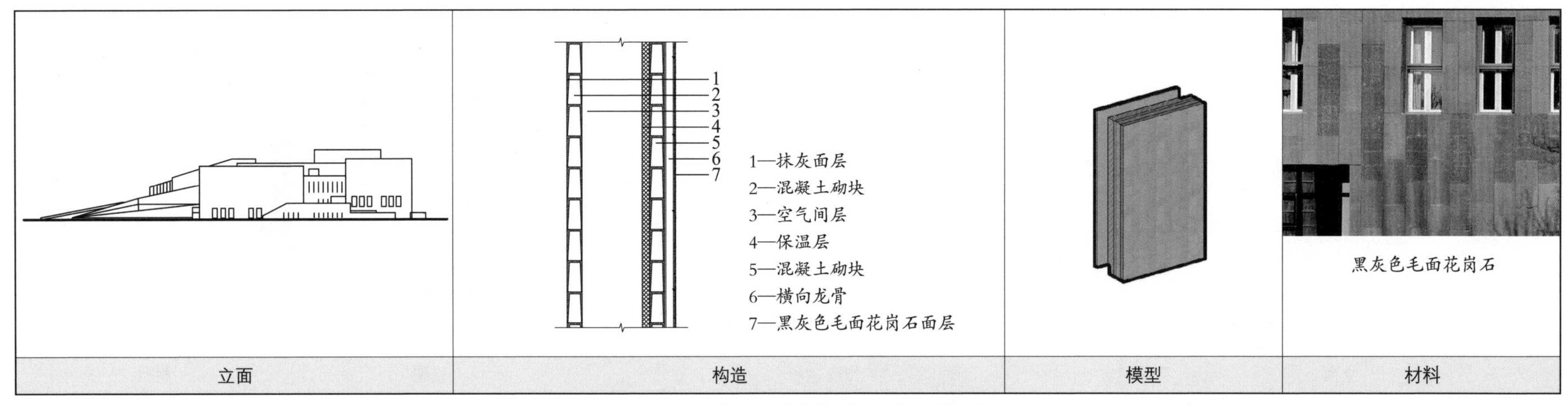

图 3-15 内蒙古呼和浩特斯琴塔娜艺术博物馆

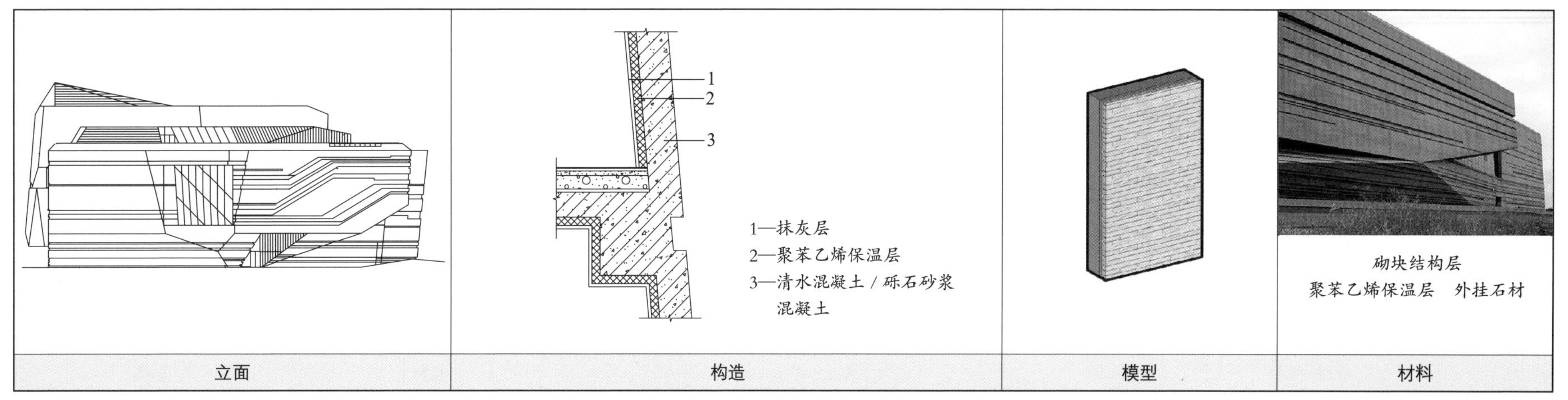

图 3-16　甘肃兰州城市规划展览馆

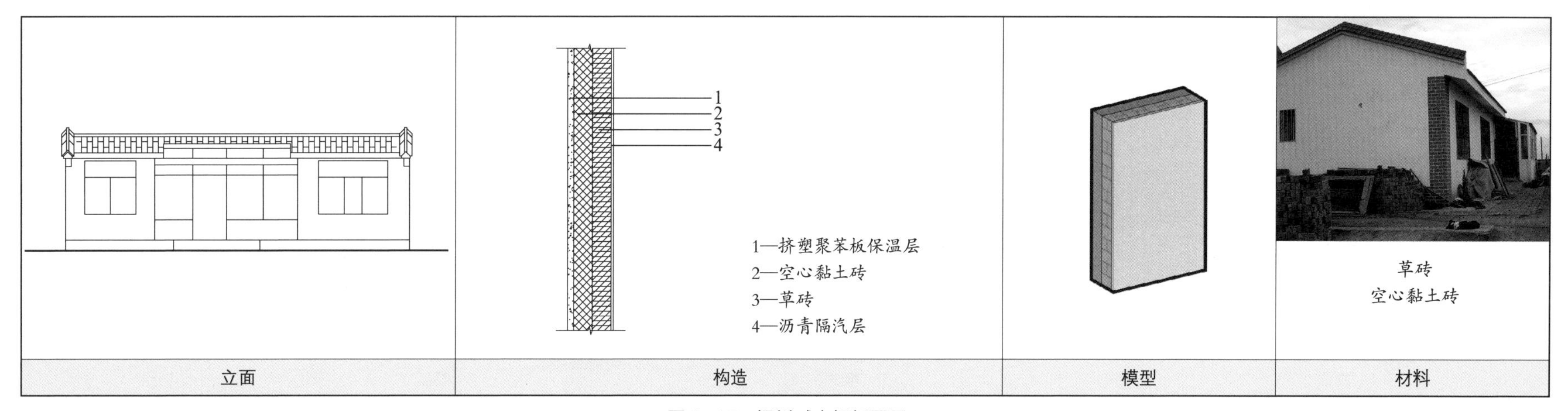

图 3-17　银川碱富桥新民居

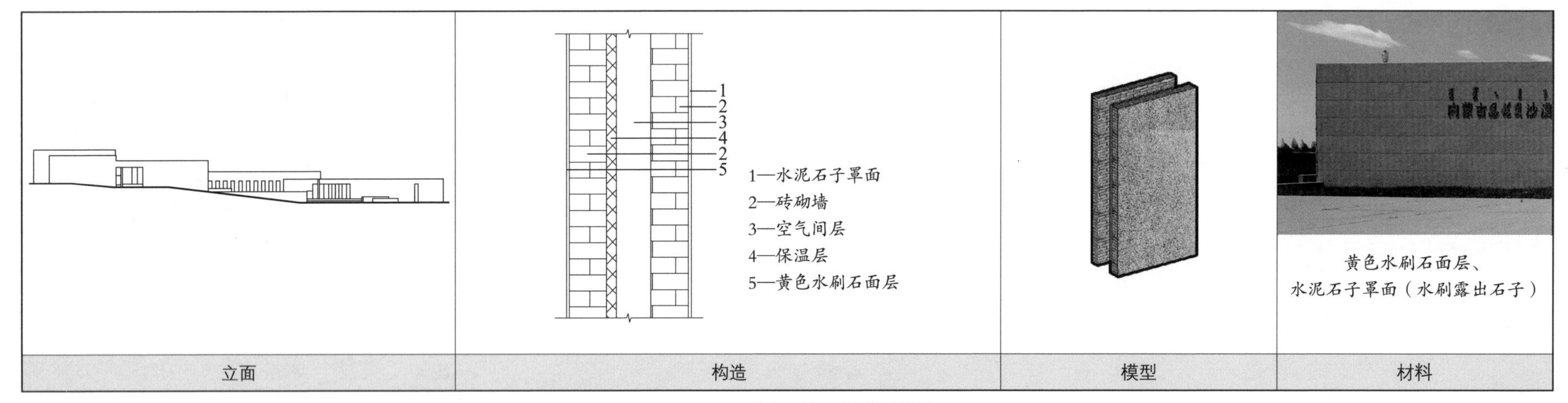

图 3-18　内蒙古恩格贝沙漠科学馆

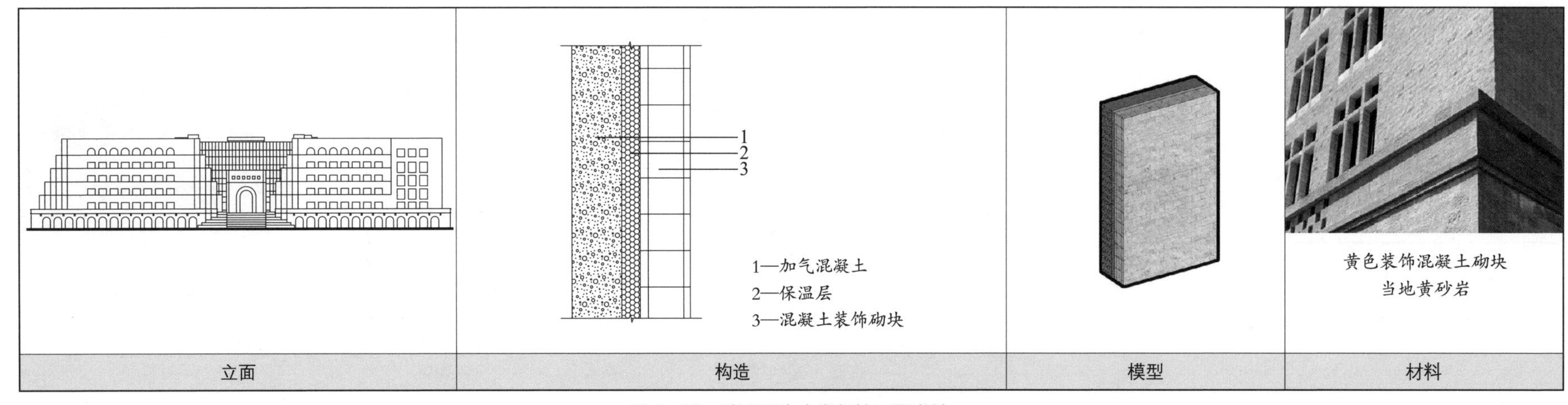

图 3-19　陕西延安大学新校区图书馆

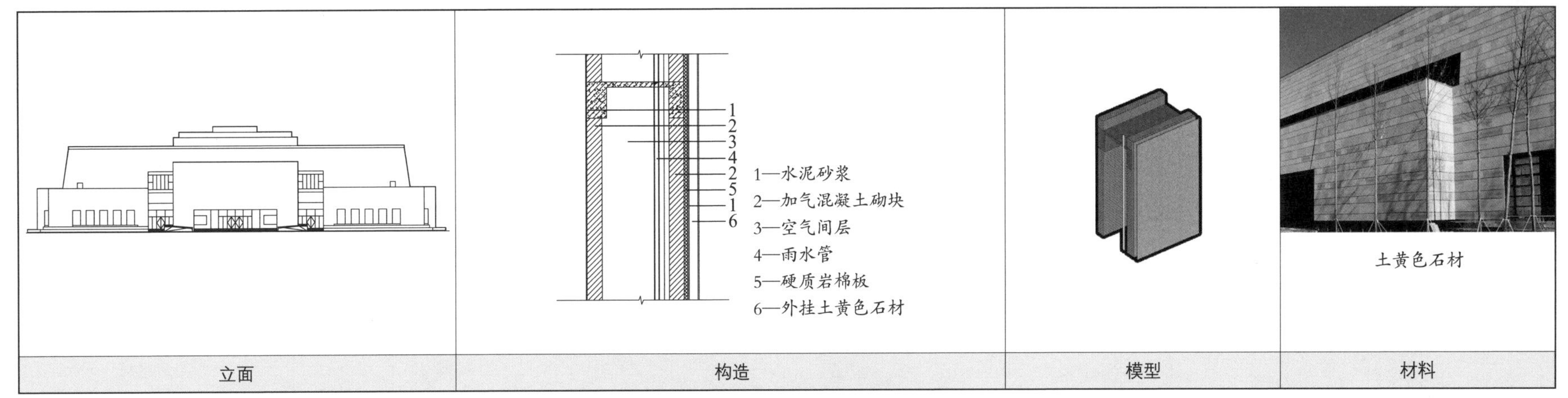

图 3-20 青海海东河湟民俗文化博物馆

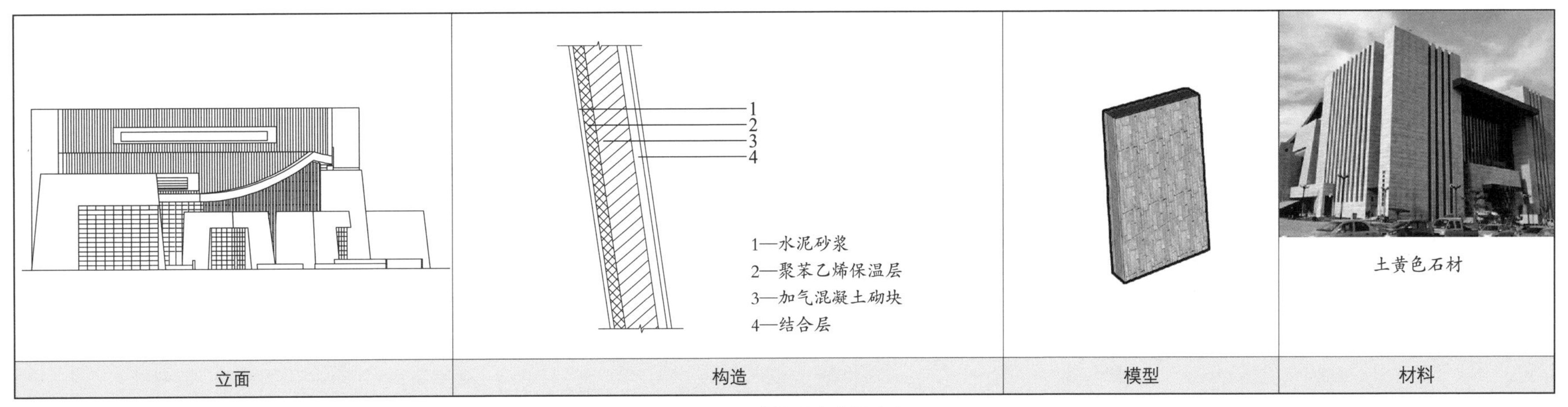

图 3-21 青海西宁市民中心

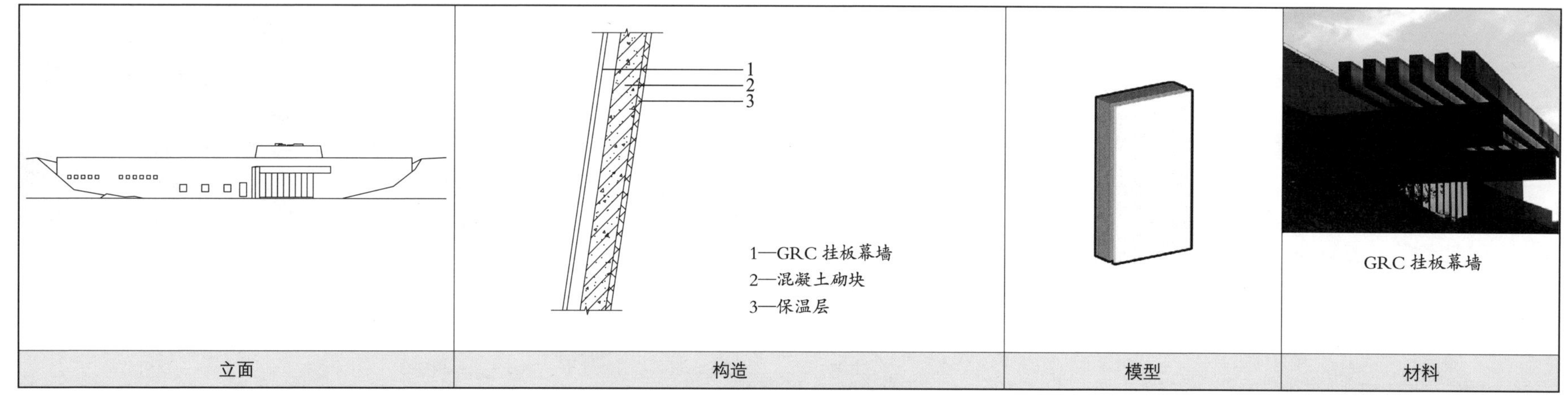

图 3-22 甘肃敦煌玉门关游客服务中心

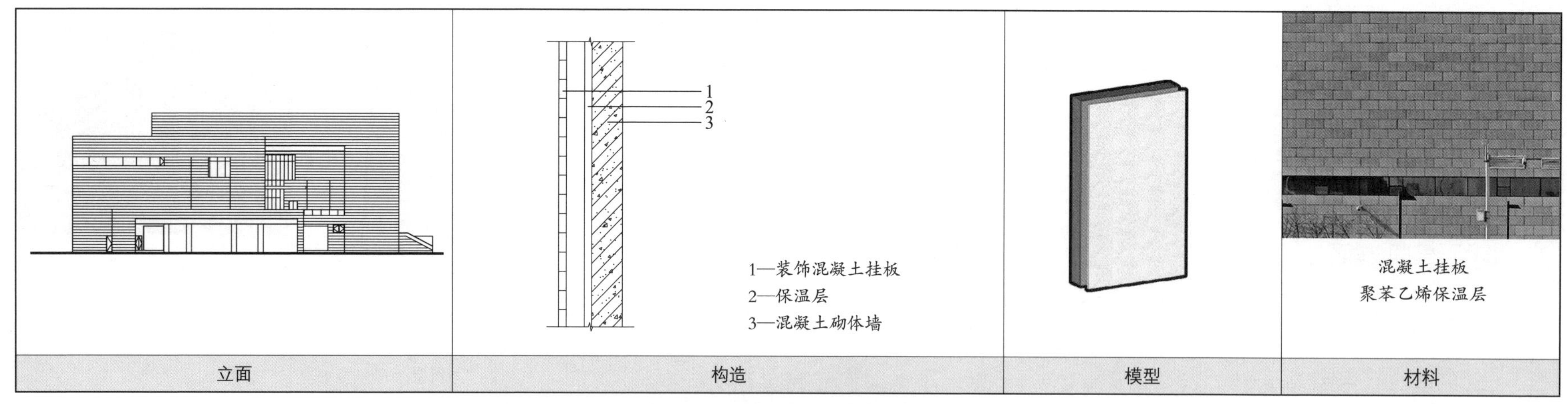

图 3-23 新疆昌吉州文化中心

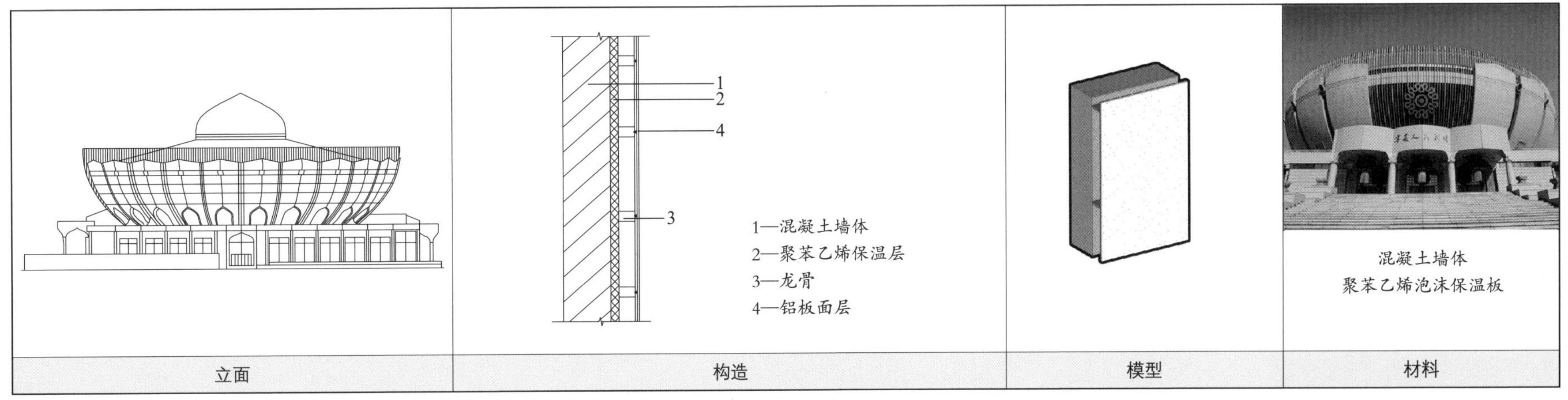

图 3-24　宁夏银川宁夏大剧院

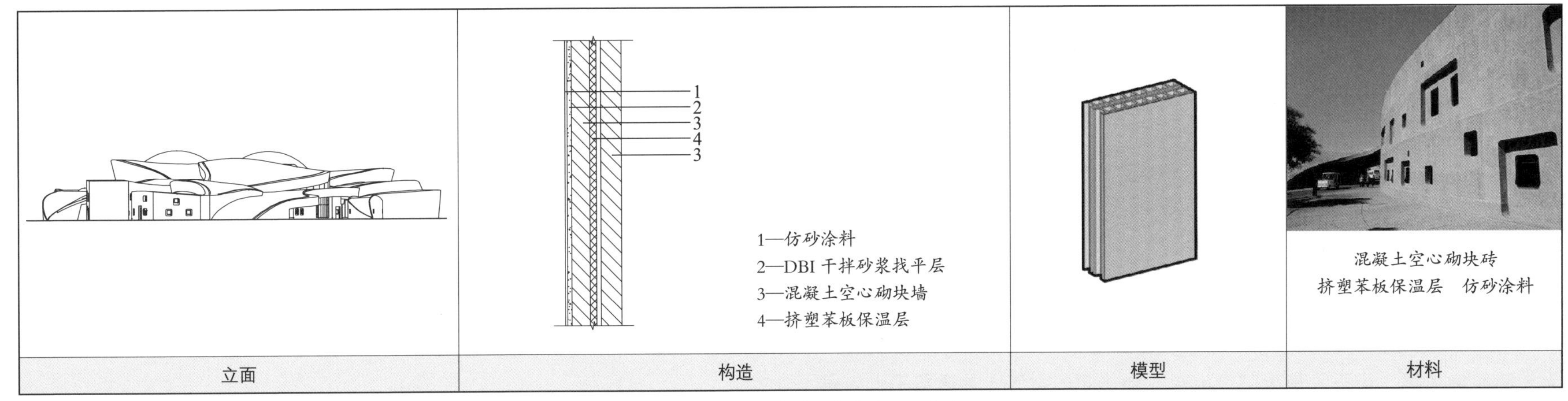

图 3-25　甘肃敦煌莫高窟数字展示中心

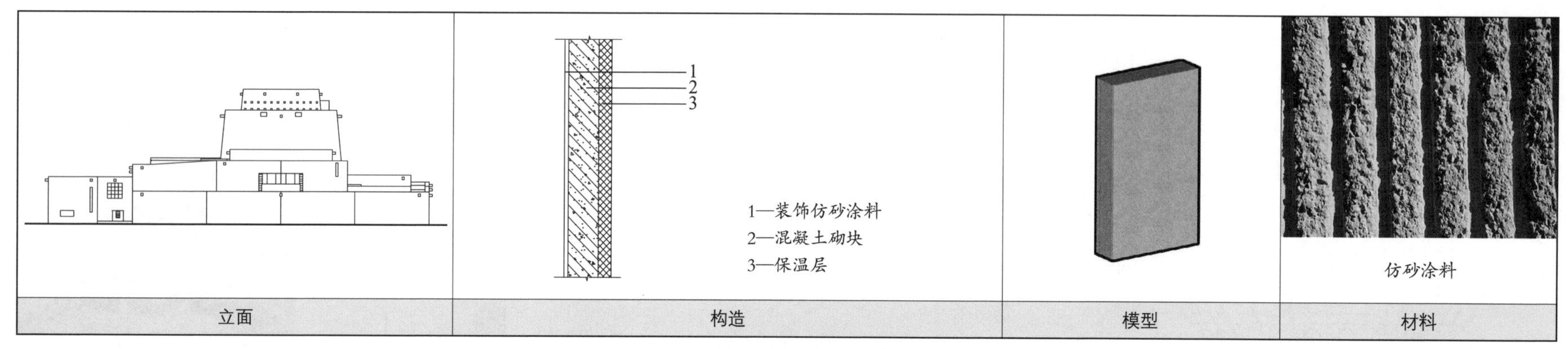

图 3-26　甘肃敦煌市博物馆

3.2　屋面

3.2.1　屋面结构节能

1）倒置式屋面

倒置式屋面是将憎水性保温材料设置在防水层上的构造形式。与普通正置式保温屋面相比，倒置式屋面优点有：构造施工简单，更加经济；防水层受到保护，避免热应力、紫外线及其他因素对防水层的破坏。同时憎水性保温材料切割加工简便，施工快捷，且屋顶建成后检修更换方便，符合建筑施工技术的发展趋势，如图 3-27 所示。

2）双层集热屋面

双层集热屋面是一种新型空气集热屋面，如图 3-28 所示，上层表面为太阳能集热器，用于收集太阳辐射热，加热间层空气，其适用于太阳辐射强度较大的西北地区。

3）双层复合保温式屋面

双层复合保温屋面在吊顶层内形成封闭空间，通过屋面与吊棚分设保温层，构成一体化屋面双层复合保温结构如图 3-29 所示。

4）聚氨酯一体化屋面

聚氨酯保温防水一体化屋面是目前最优良、最经济的屋面保温防水体系。聚氨酯硬泡材料具备耐久、防水、保温、环保、经济等多项优势。同时使得屋顶质量更轻，减小了屋面荷载，聚氨酯硬泡体可以代替传统做法中的防水层、保温层及其中间的找平层。

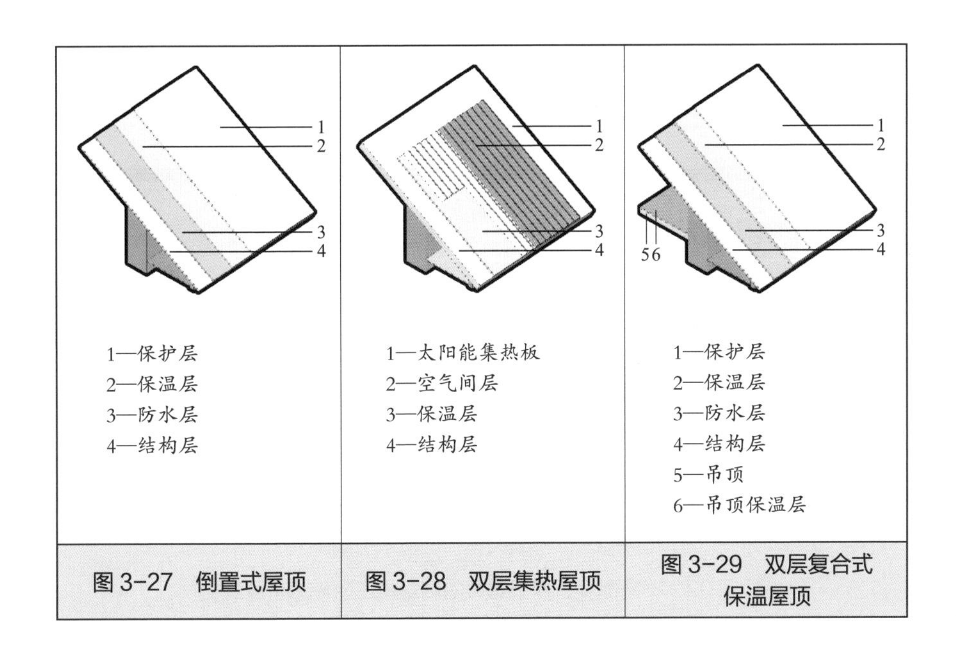

图 3-27　倒置式屋顶　　图 3-28　双层集热屋顶　　图 3-29　双层复合式保温屋顶

3.2.2　屋面保温构造设计

1）保温材料

保温材料一般为轻质多孔材料或纤维材料，其导热系数不大于 0.25W/（m^2・K）。按其成分分为有机材料和无机材料两种，按其形态分为：松散保温材料、整体保温材料、板状保温材料。

2）屋面保温隔热构造

（1）正置式保温屋面

正置式屋面作为适宜各类气候分区的普通屋面结构，如图 3-30（a）所示。其保温材料宜选用吸水率低且具有一定强度的材料，如 EPS 板、XPS 板、泡沫玻璃等。为避免防水层与大气环境直接接触，需在防水层上加做保护层。

（2）倒置式保温屋面

倒置式屋面将保温层做在防水层上，对防水层起防护作用，使其不易受到外界损伤，如图 3-30（b）。屋面坡度不宜大于 3%。保温材料应采用吸湿性小的憎水材料，如聚苯乙烯泡沫塑料板、聚氨酯泡沫塑料板等。

（3）金属屋面

金属屋面采用金属板材作为屋盖材料，将结构层和防水层合二为一，如图 3-30（c）。屋面构造应考虑保温，避免出现热桥。填充保温材料主要采用岩棉、超细玻璃棉、聚苯板等绝热材料。

（4）聚氨酯喷涂屋面

硬泡聚氨酯材料可以一材多用，不仅具备防水、隔声功能，且保温性能优良，如图 3-30（d）。使用聚氨酯作为喷涂材料时，外表面应设保护层，可使用细石混凝土或反辐射涂层进行保护，防止聚氨酯老化。

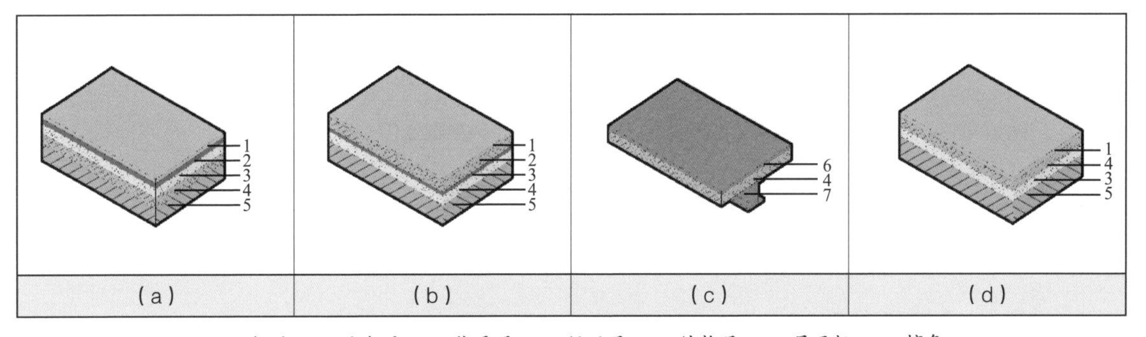

1—保护层；2—防水层；3—找平层；4—保温层；5—结构层；6—屋面板；7—檩条

图 3-30　屋面保温隔热构造

3）屋面保温材料组合性能对比

根据图集《公共建筑节能构造——严寒和寒冷地区》06J908—1，对于较典型的保温屋面结构：正置式（上人）屋面、倒置式屋面、坡屋面与不同厚度的保温材料搭配组合，其传热系数的变化如图 3-31~ 图 3-33 所示。

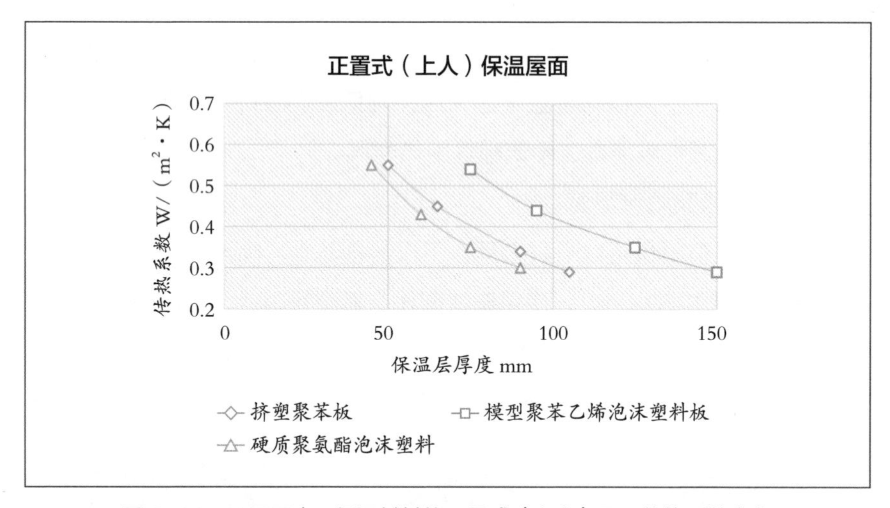

图 3-31　不同厚度、保温材料的正置式（上人）屋面传热系数变化

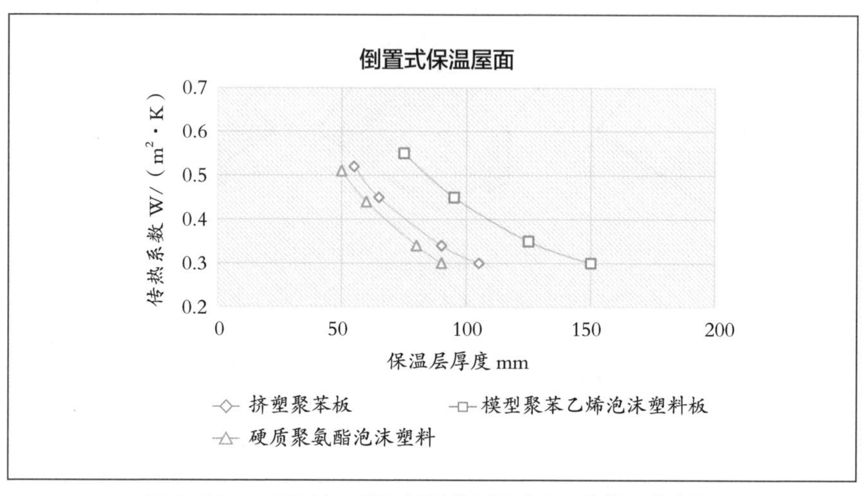

图 3-32　不同厚度、保温材料的倒置式屋面传热系数变化

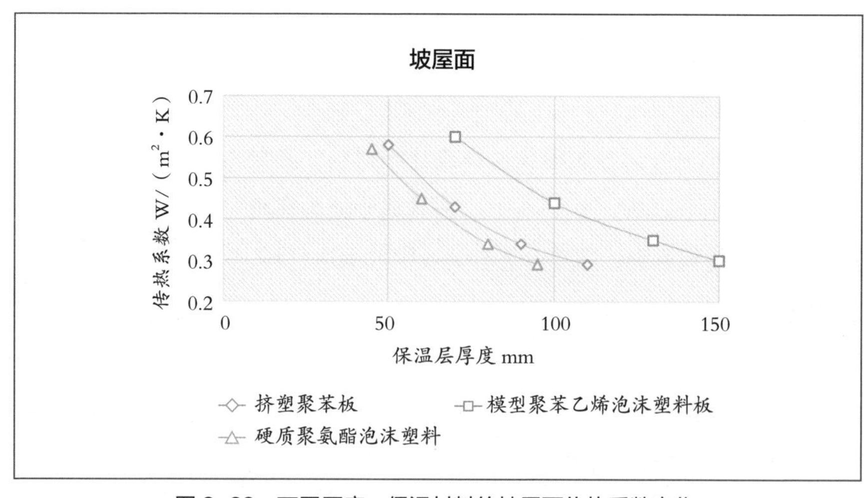

图 3-33　不同厚度、保温材料的坡屋面传热系数变化

3.2.3 屋面隔热构造设计

屋面隔热构造通常有架空屋面通风隔热层、利用吊顶棚内空间的通风间层、种植屋面等方式，其中架空屋面不宜在西北荒漠区采用。

1）吊顶棚通风隔热屋面

吊顶棚通风隔热层在平屋顶与坡屋顶上均可采用。其优点是结构层上可直接做防水层，缺点是防水层与结构层均易变形。

2）种植屋面

种植屋面在平屋面与坡屋面上均可采用。屋面坡度较大时其排水层、种植介质应考虑防滑。坡度 20% 以上屋面可做梯田式。种植土厚度宜为 300mm，可视作保温层，不必另设保温层。在西北干旱少雨地区种植屋面宜选用较耐旱植物。夏季植物需依赖人工浇灌，而冬季植物枯死故停止灌溉。

3.2.4 屋面构造案例（图 3–34~ 图 3–58）

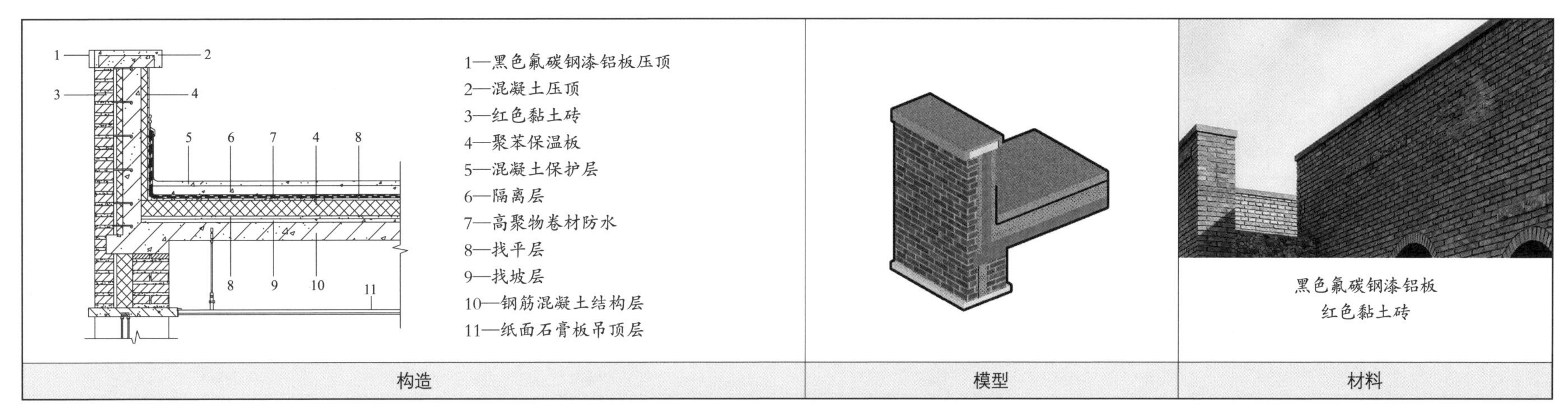

图 3–34 内蒙古乌海市黄河渔类增殖站及展示中心

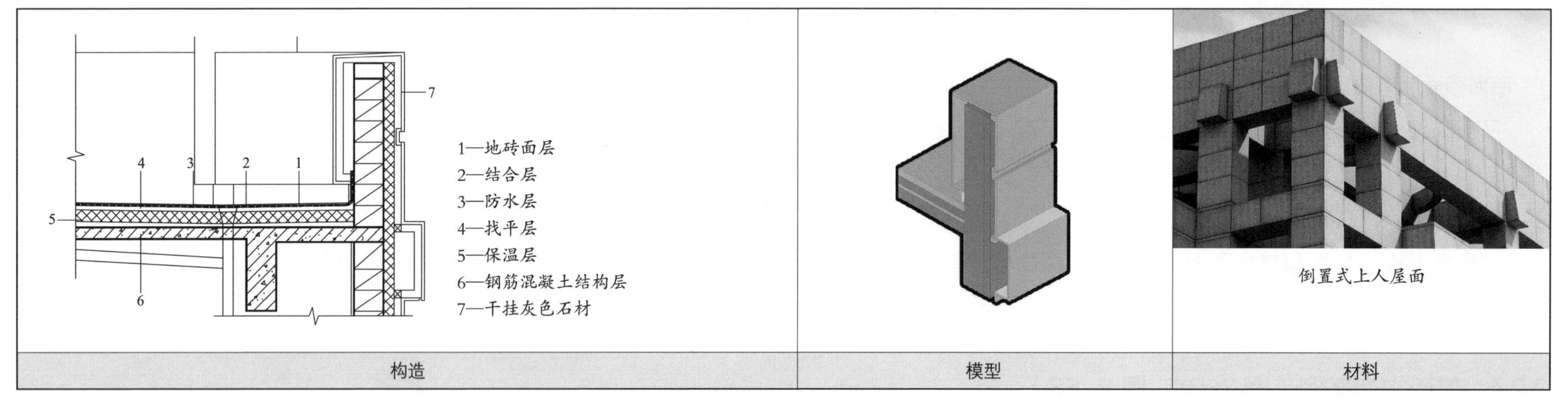

图 3-35　宁夏银川宁夏博物馆

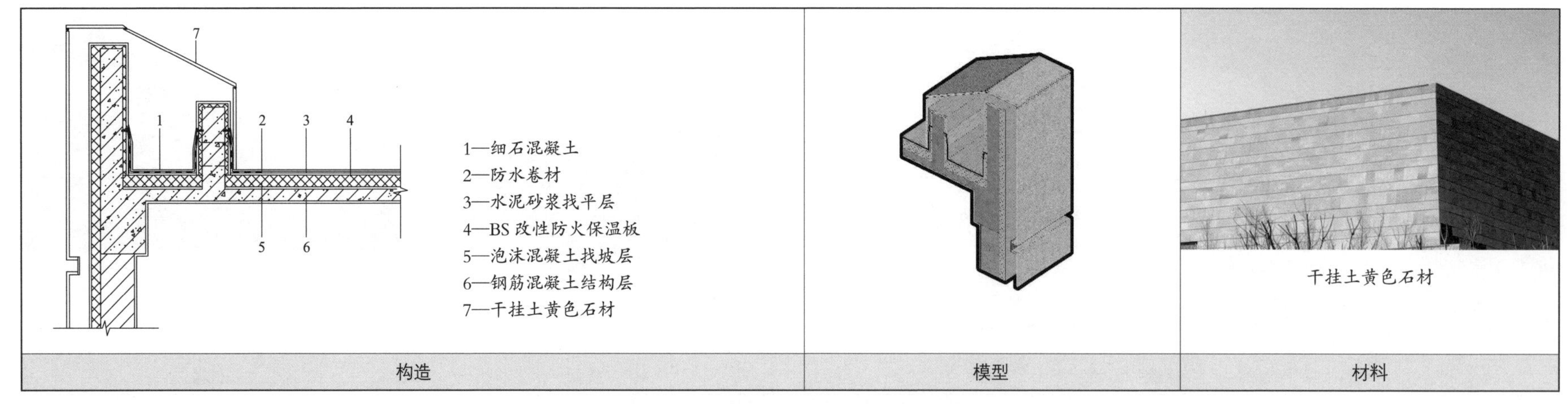

图 3-36　青海海东河湟民俗文化博物馆

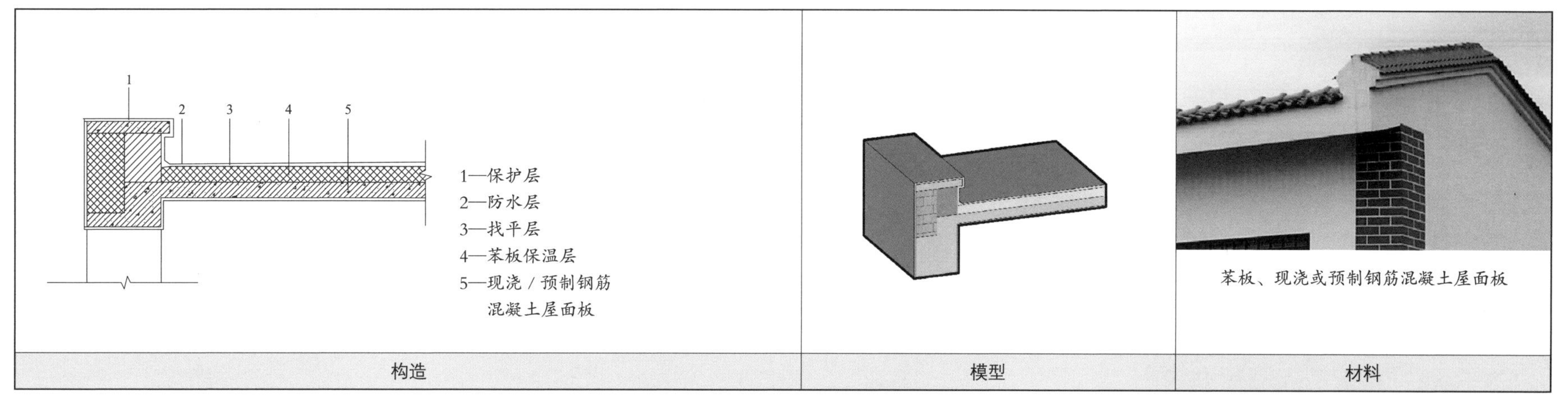

图3-37 宁夏银川碱富桥新民居

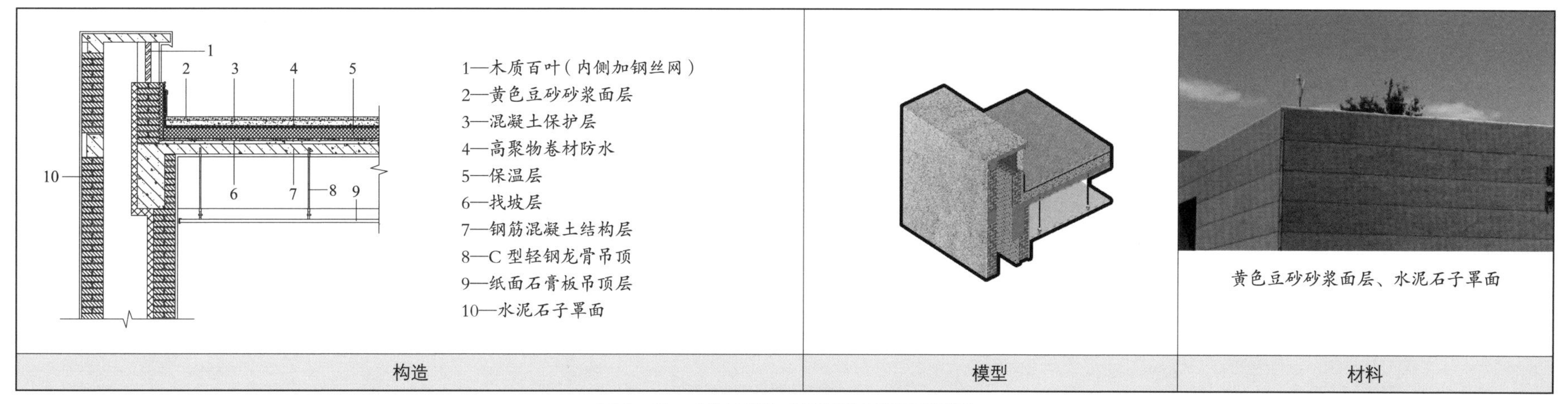

图3-38 内蒙古鄂尔多斯恩格贝沙漠科学馆

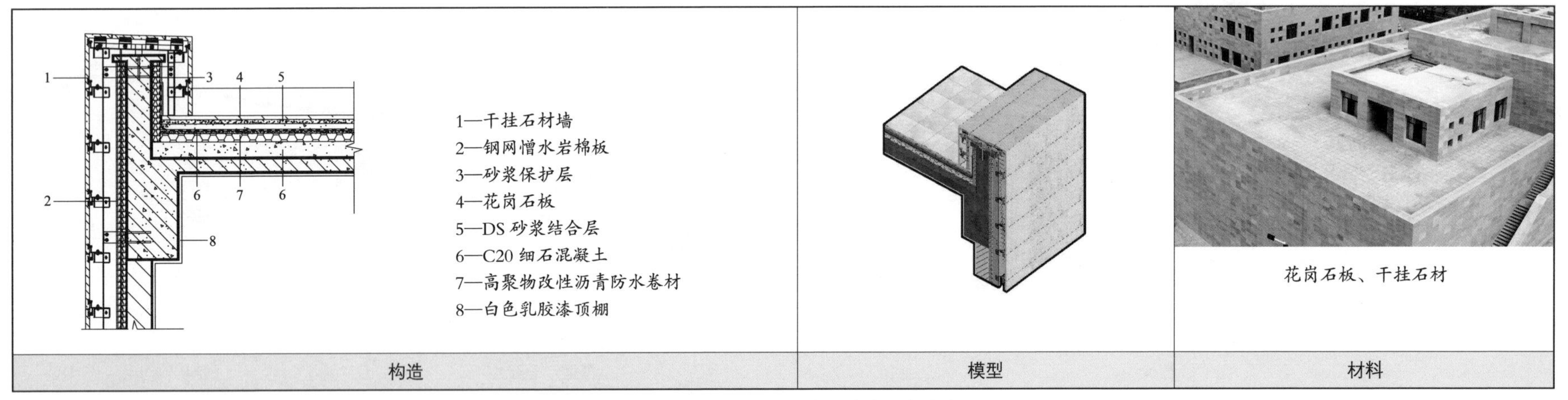

图 3-39　甘肃敦煌公共文化综合服务中心

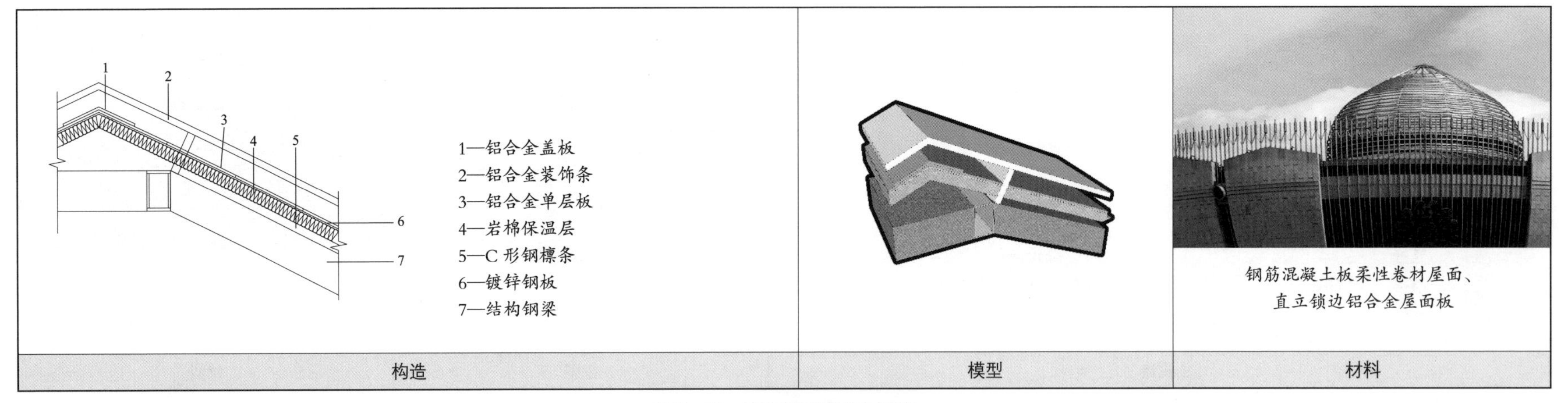

图 3-40　宁夏银川宁夏大剧院

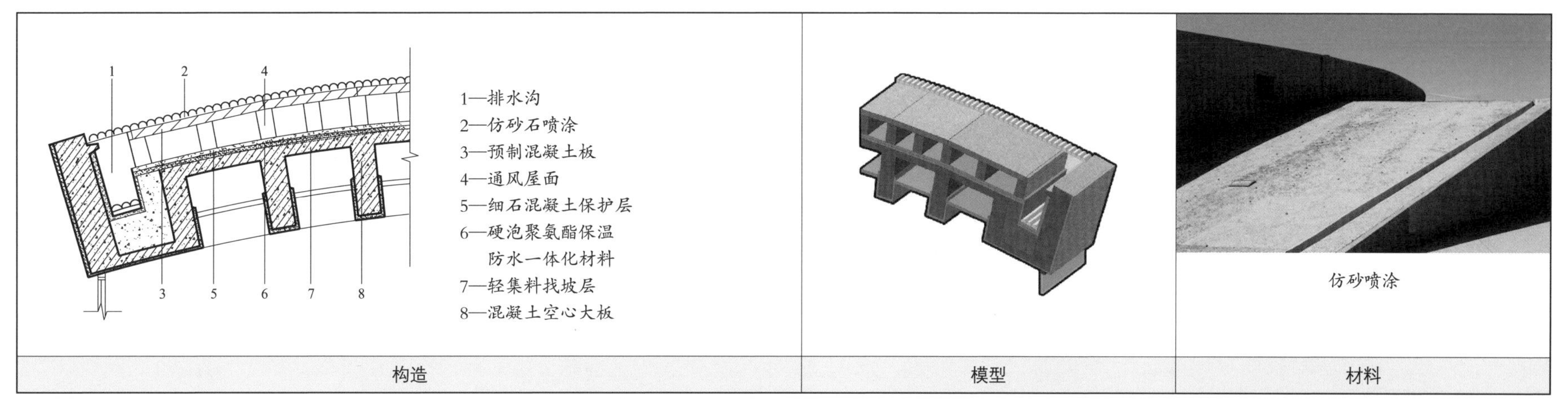

图3-41 甘肃敦煌莫高窟数字展示中心

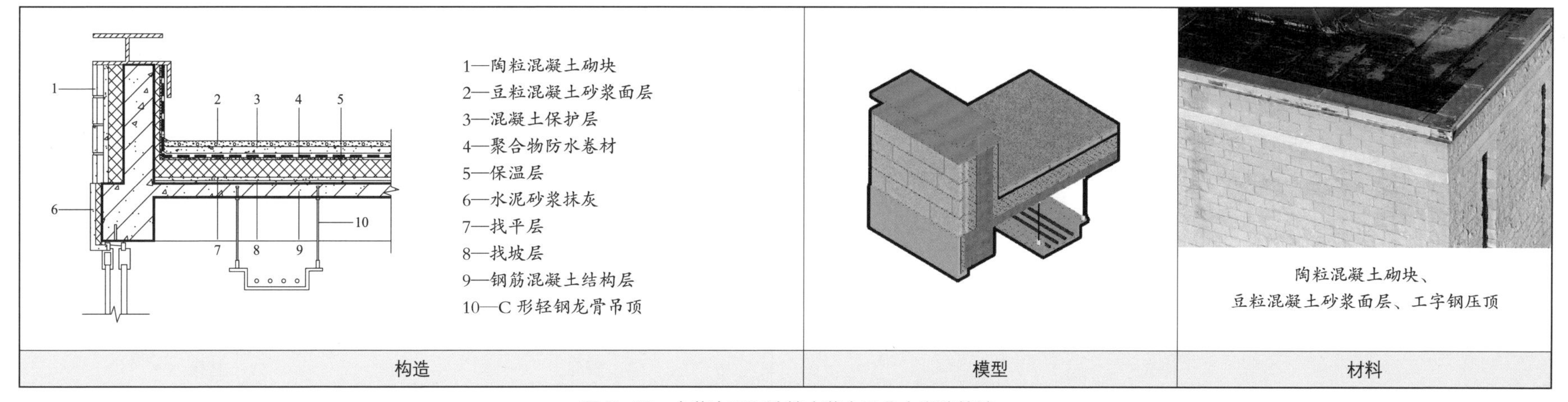

图3-42 内蒙古呼和浩特内蒙古工业大学建筑馆

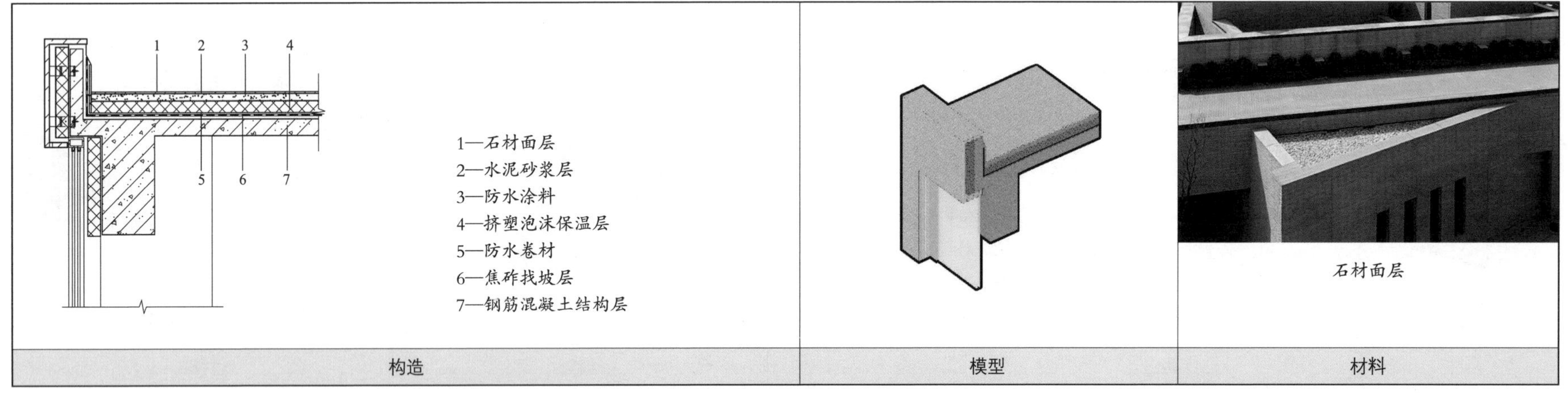

图 3-43 陕西临潼贾平凹文化艺术馆（一）

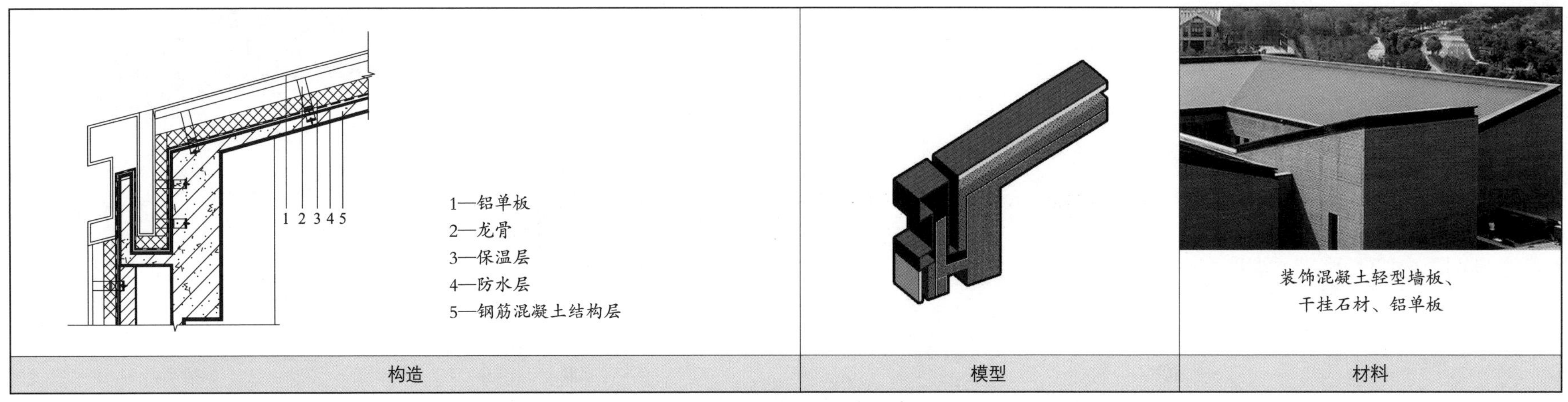

图 3-44 陕西临潼贾平凹文化艺术馆（二）

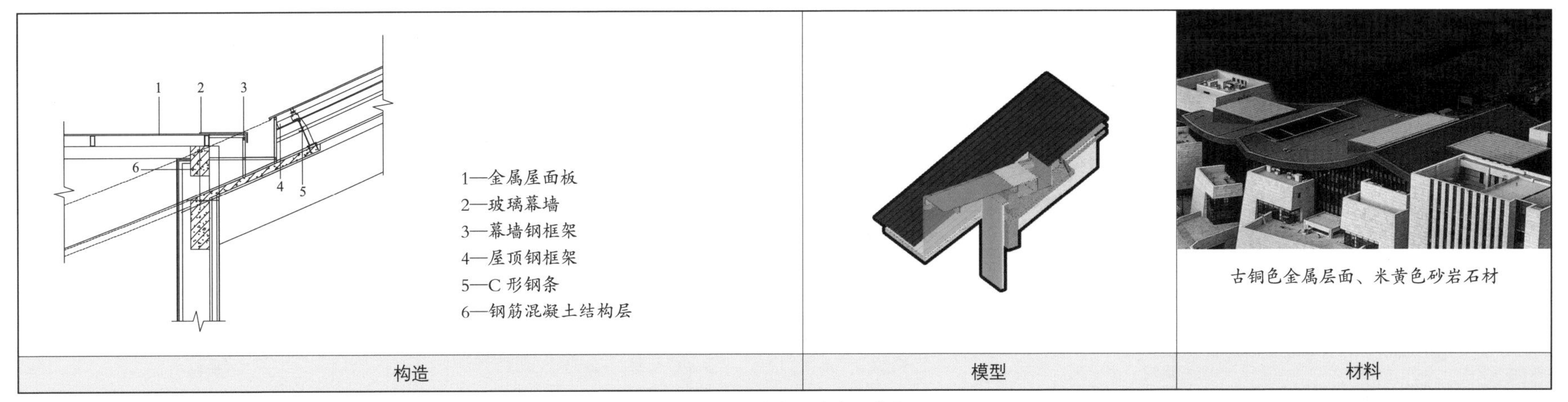

图 3-45 青海西宁市民中心

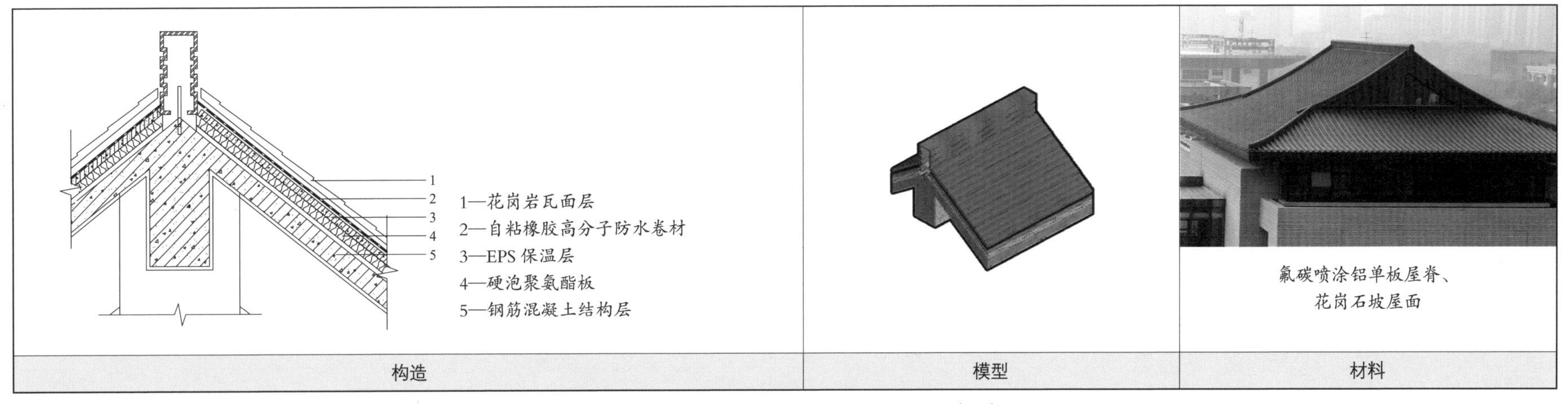

图 3-46 陕西西安陕西师范大学教育博物馆（一）

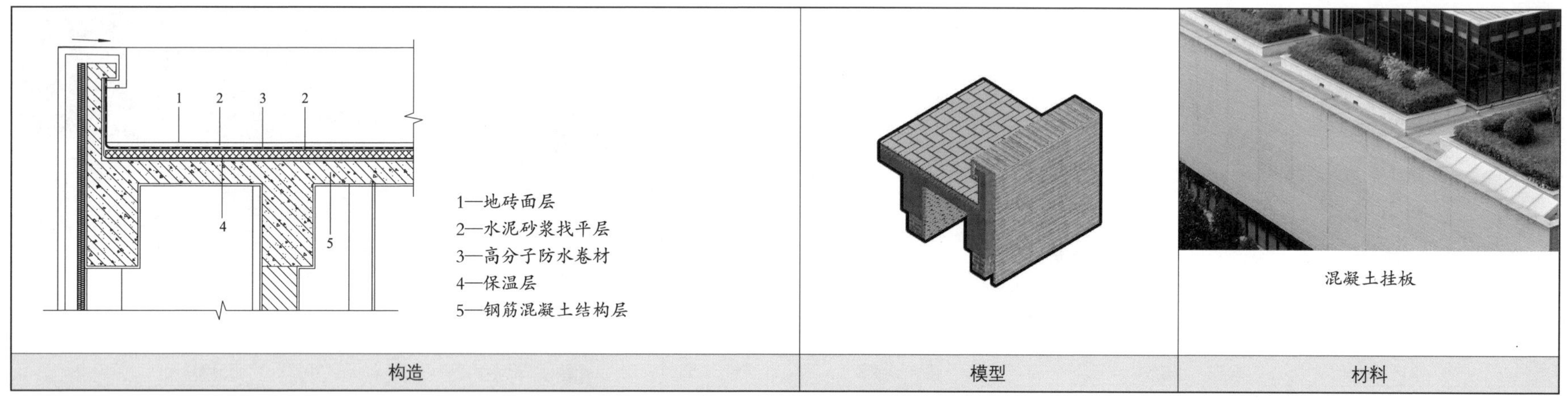

图 3-47　陕西西安陕西师范大学教育博物馆（二）

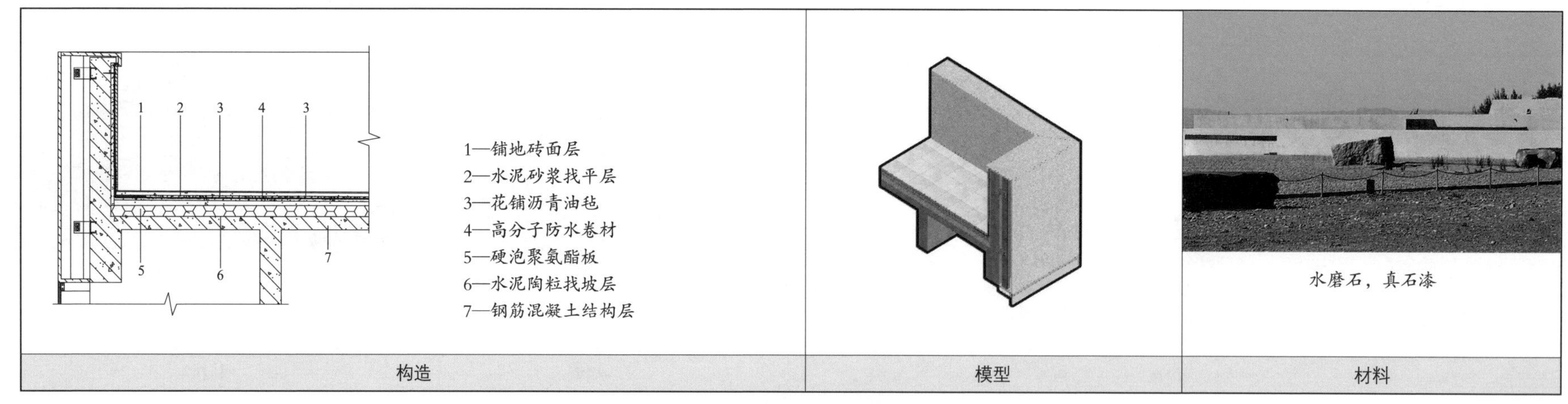

图 3-48　甘肃敦煌玉门关游客服务中心

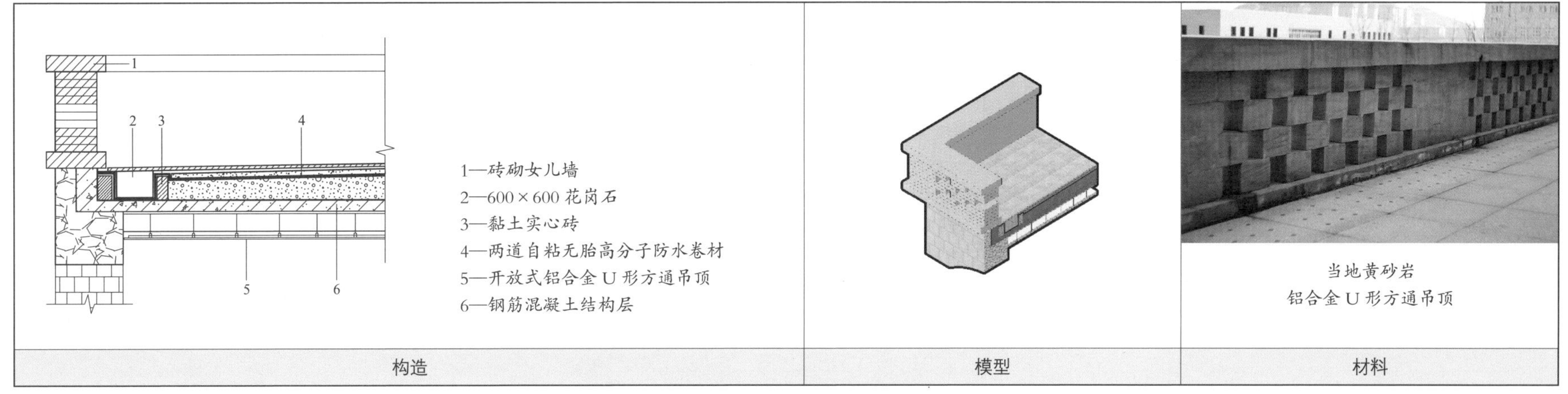

图3-49 陕西延安大学新校区图书馆（一）

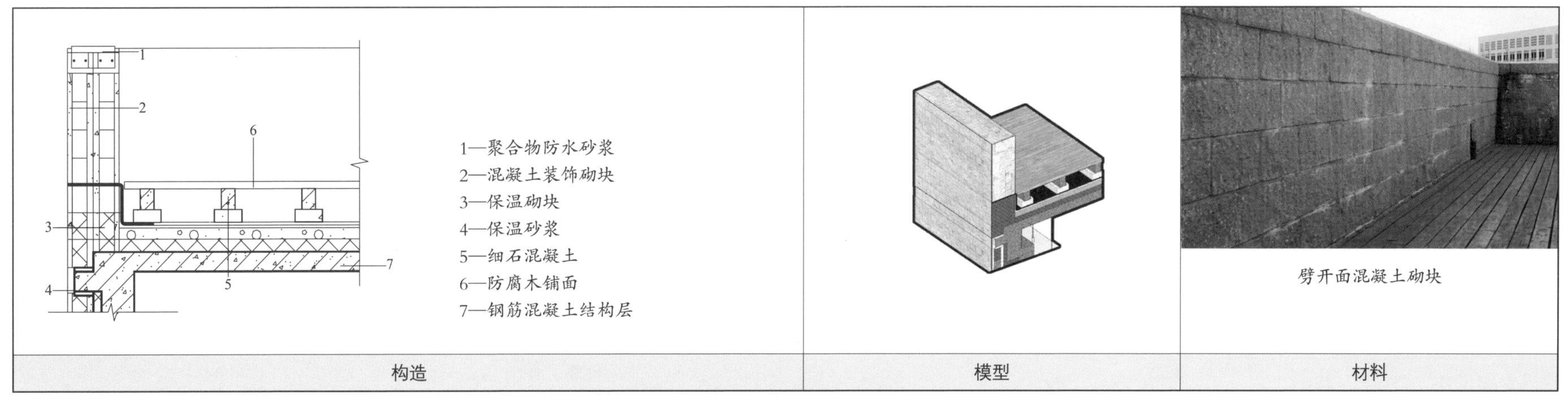

图3-50 陕西延安大学新校区图书馆（二）

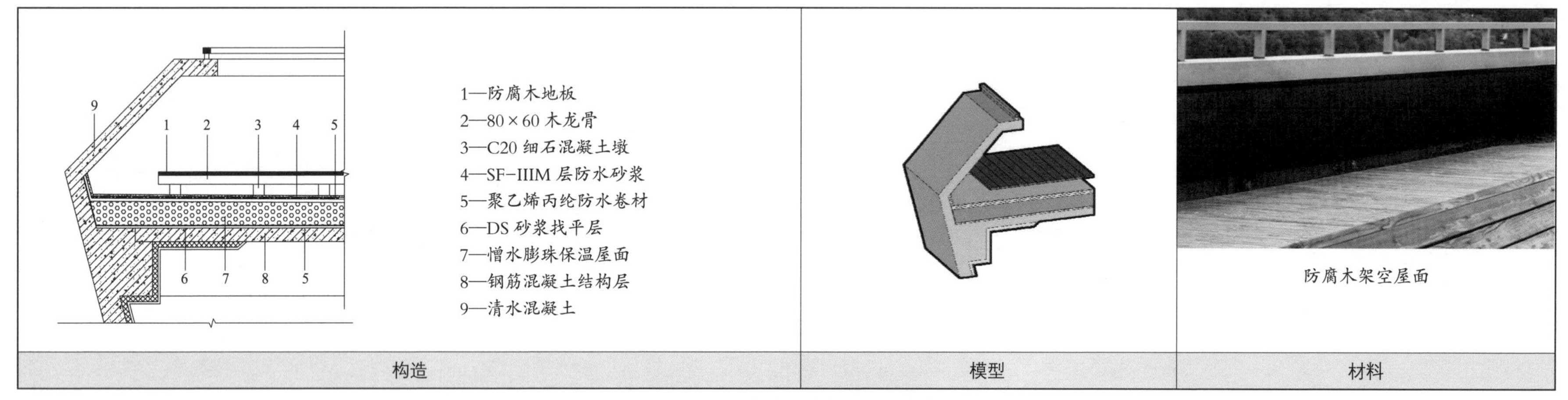

图 3-51　甘肃兰州城市规划展览馆

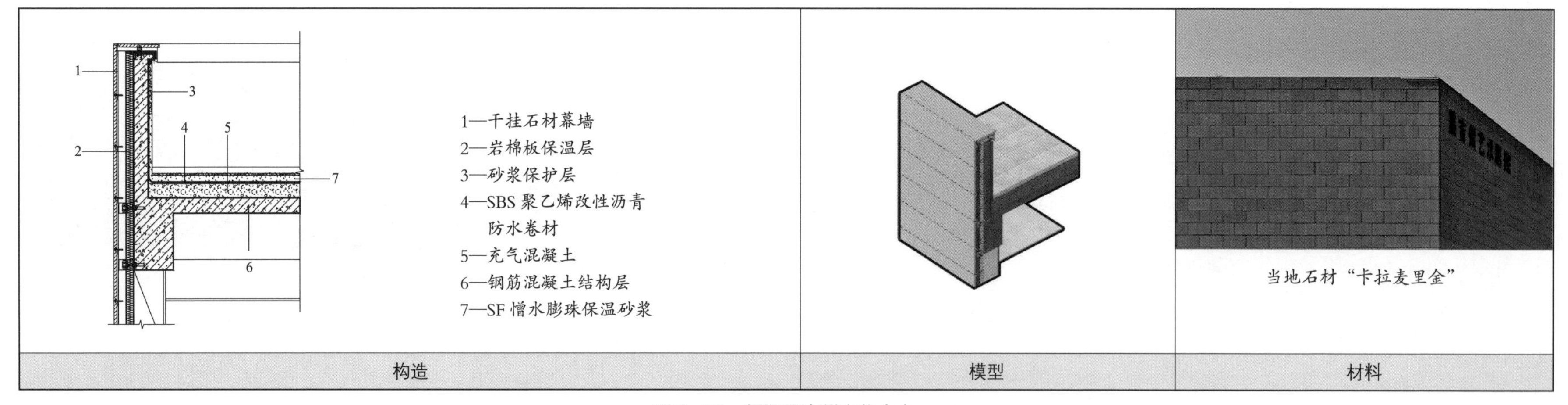

图 3-52　新疆昌吉州文化中心

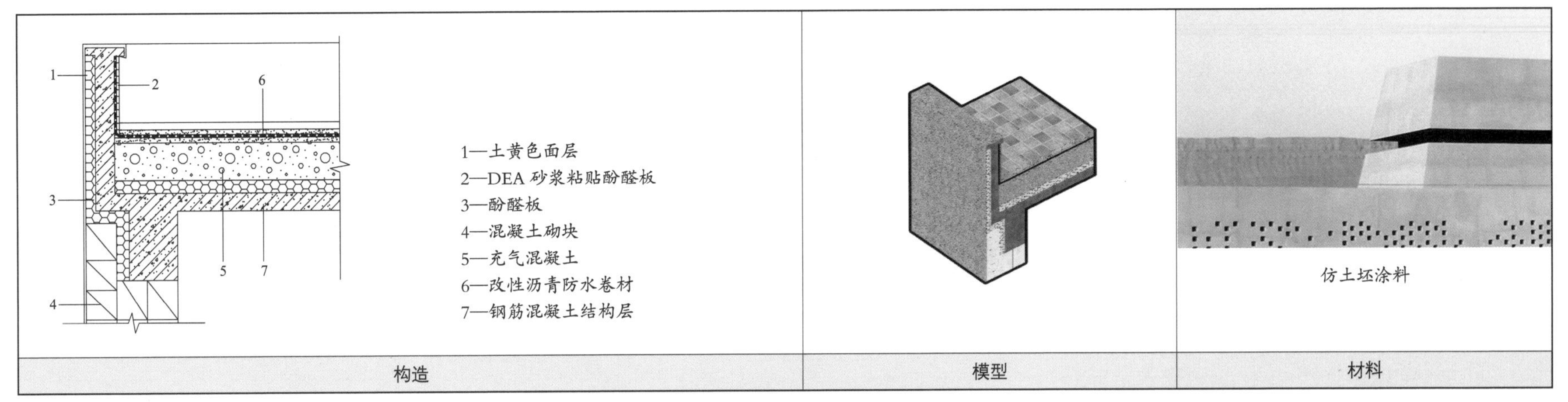

图3-53 新疆吐鲁番高昌故城游客服务中心

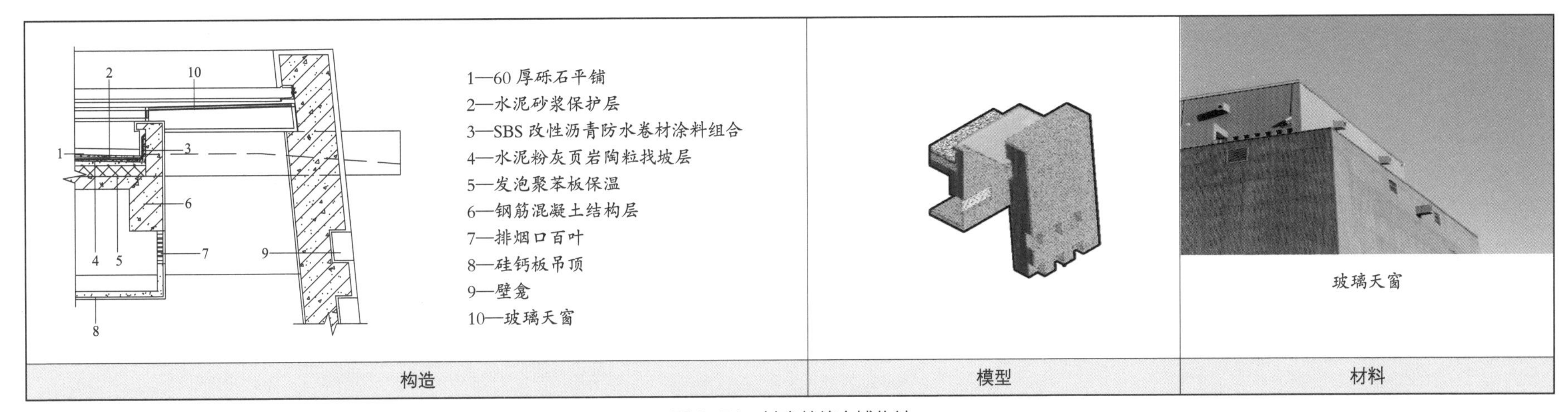

图3-54 甘肃敦煌市博物馆

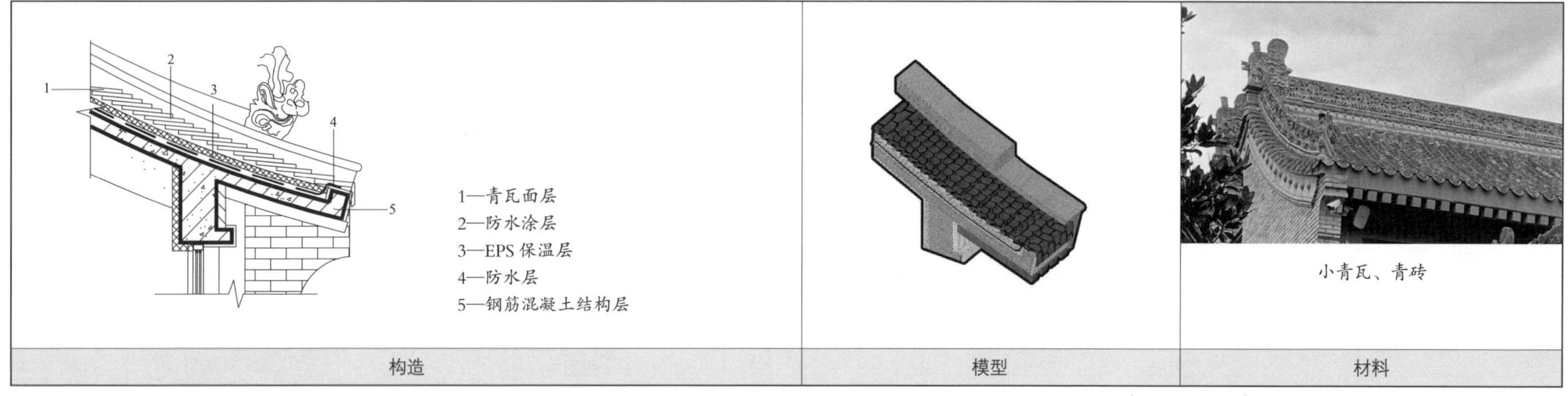

图 3-55　陕西西安凤凰池商业会所

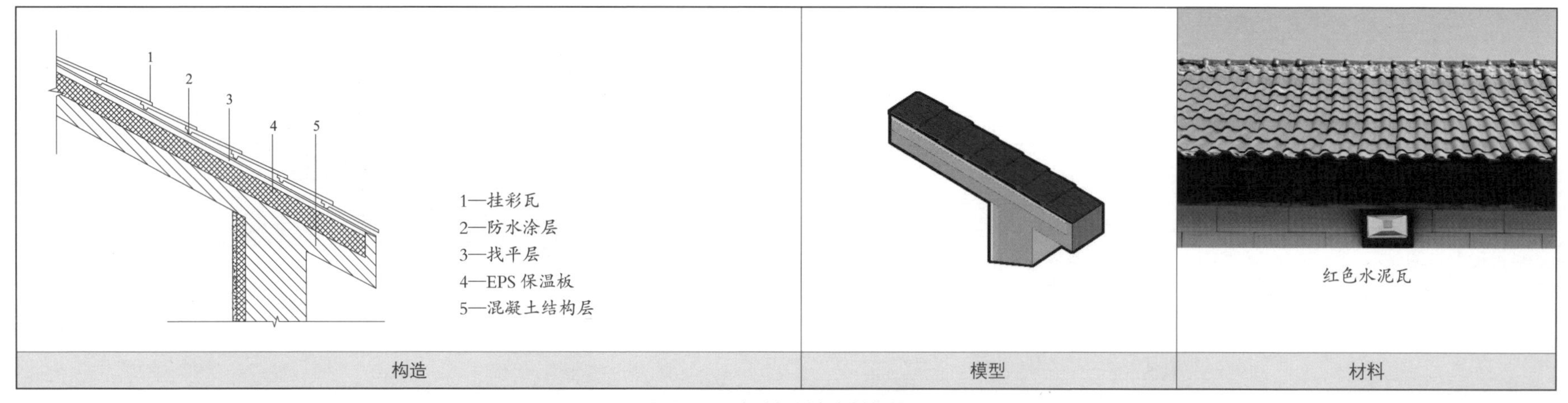

图 3-56　宁夏银川海淘村新民居

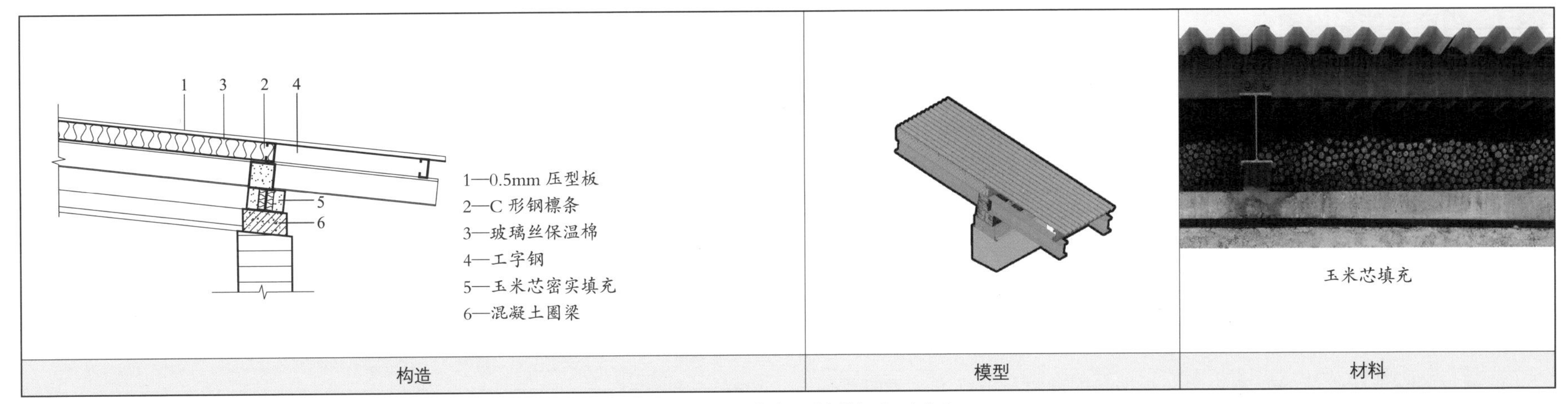

图 3-57 甘肃会宁马岔村村民活动中心

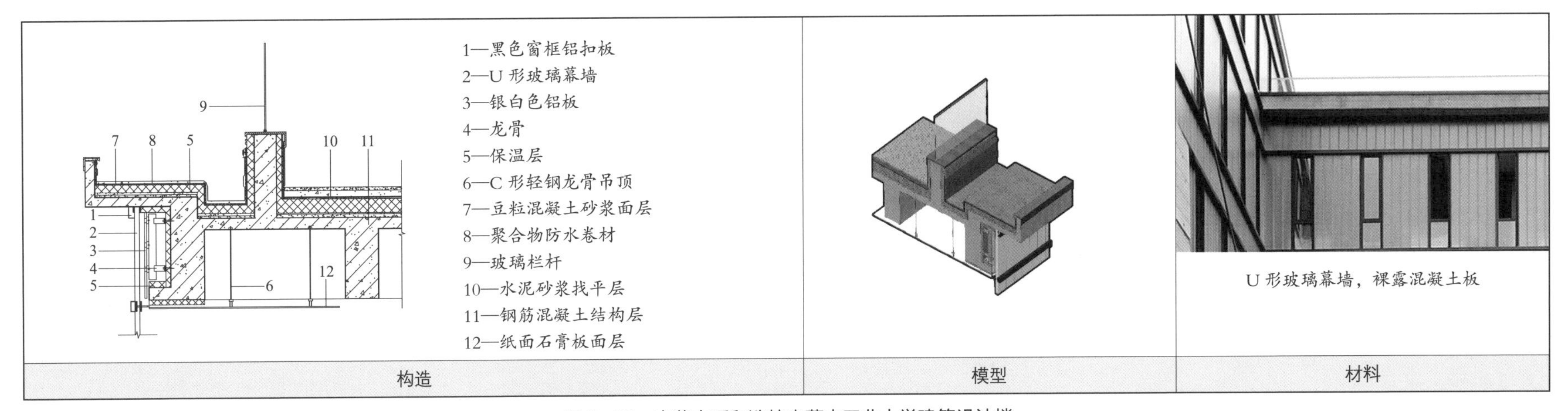

图 3-58 内蒙古呼和浩特内蒙古工业大学建筑设计楼

3.3 门窗

3.3.1 门窗节能影响因素

1）窗型

窗型是指窗的开启方式，常见窗型有：固定窗、平开窗、推拉窗、上悬窗、中悬窗、下悬窗。其中，固定窗气密性好，节能效果佳；平开窗与悬窗关上后密封效果好，节能效果较好；推拉窗由于窗框滑轨处与窗扇有较大空隙，气密性较差，节能效果差。

2）玻璃

玻璃对门窗节能性能的影响较大。根据我国建材行业标准《建筑用保温隔热玻璃技术条件》JC/T 2034-2015，按照性能将玻璃分为保温型玻璃（BW）、隔热型玻璃（GR）以及保温隔热型玻璃（BG）。其中，保温性能是通过玻璃内的中空、真空构造实现；隔热性能是在玻璃制备工艺上运用镀膜技术（通常为银膜）实现；两者的结合即为保温隔热玻璃。常用门窗玻璃有普通玻璃、低辐射镀膜（Low-E）玻璃、普通中空玻璃、充惰性气体中空玻璃和真空玻璃。传热系数如表 3-3 所示。

常用门窗玻璃传热系数　　表 3-3

玻璃种类	5mm 普通玻璃	4mmLow-E 玻璃	普通中空玻璃 5+12A+5	充氩气中空玻璃 5+12A+5	真空玻璃
传热系数 W/（m^2·K）	6.1	3.9	3.0	2.2	2.66

3）窗框

作为窗户重要组成部分，窗框材料的保温性能也应提高，以降低传热系数。常用窗框材料有木材、PVC 塑钢及铝合金三种，三种材料可以相互结合，形成复合窗框材料。窗框材料传热系数与特性如表 3-4 所示。

窗框材料选择　　表 3-4

窗框材料	传热系数 W/（m^2·K）	价格	受气候影响程度	舒适度	耐久性	适用性
木窗框	2.37	低	大	较好	易腐蚀	不适宜
普通铝合金	6.21	高	大	一般	不易变形	不适宜
断热铝合金	3.72	较高	较小	较好	不易变形	适宜
PVC 塑钢窗	1.91	较低	小	好	易变形	部分适宜

4）外窗遮阳

遮阳可限制直射太阳辐射进入室内，改善室内光、热环境。遮阳形式主要分为自遮阳和构件遮阳。自遮阳通过门窗自身凹凸实现；构件遮阳分为内遮阳、外遮阳，建议采用外遮阳。

3.3.2 西北荒漠区外窗节能设计

1）降低传热系数

西北荒漠区在窗框材料选择上以塑钢、铝合金为佳，采用塑钢门窗或断桥式铝合金门窗，同时适合选用双腔和三腔结构型腔。窗户应采用双层窗、单框双玻窗或中空玻璃窗，以降低窗户传热系数。

2）提高窗的气密性

西北荒漠区的外窗气密性等级应符合国家标准。宜采用平开窗，在保证换气次数的情况下，外窗应以固定扇为主，开启扇为辅。窗框与窗间墙间应填充保温性能良好的材料。

3）增加夜间保温措施

西北多数地区冬季昼夜温差较大，夜间窗户的损耗热量远大于白天。面积较大的窗户需增加一定的夜间保温措施，比如使用具有保温特性的窗帘阻挡辐射热散失，有助于夜晚室内保温。

3.3.3 外门设计与节能

外门指建筑的户门与阳台门，户门和阳台门下芯板部位都应采取保温隔热措施。户门由于防盗、保温等多功能需求，一般采用金属门板，板间填充保温材料。且在西北荒漠区宜设门斗或采取其他措施以减少冬季冷风渗透。

3.3.4 门窗构造案例（图 3–59~ 图 3–66）

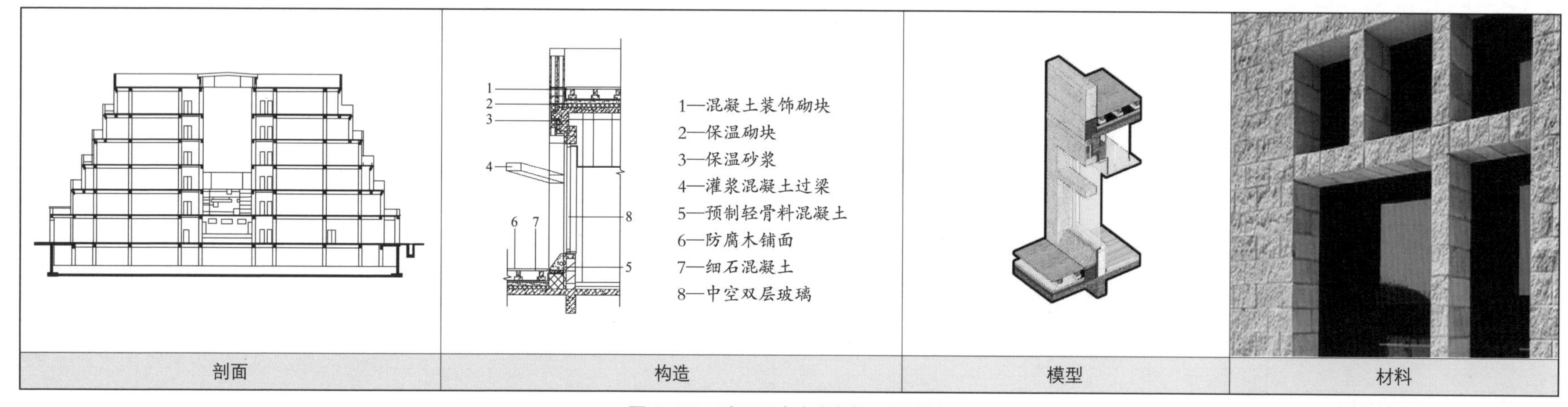

图 3–59 陕西延安大学新校区图书馆

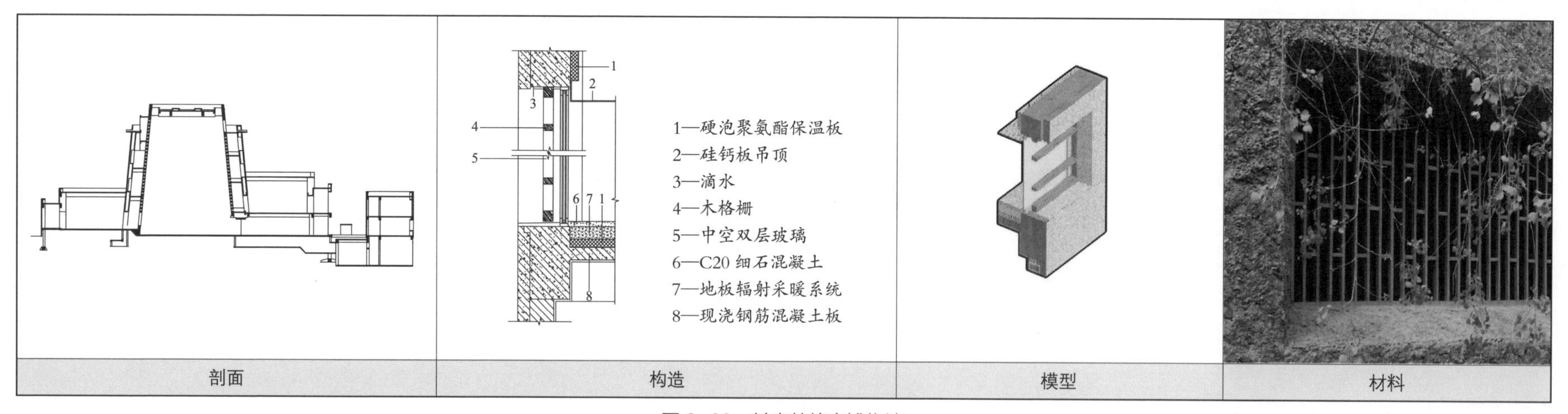

图 3–60 甘肃敦煌市博物馆

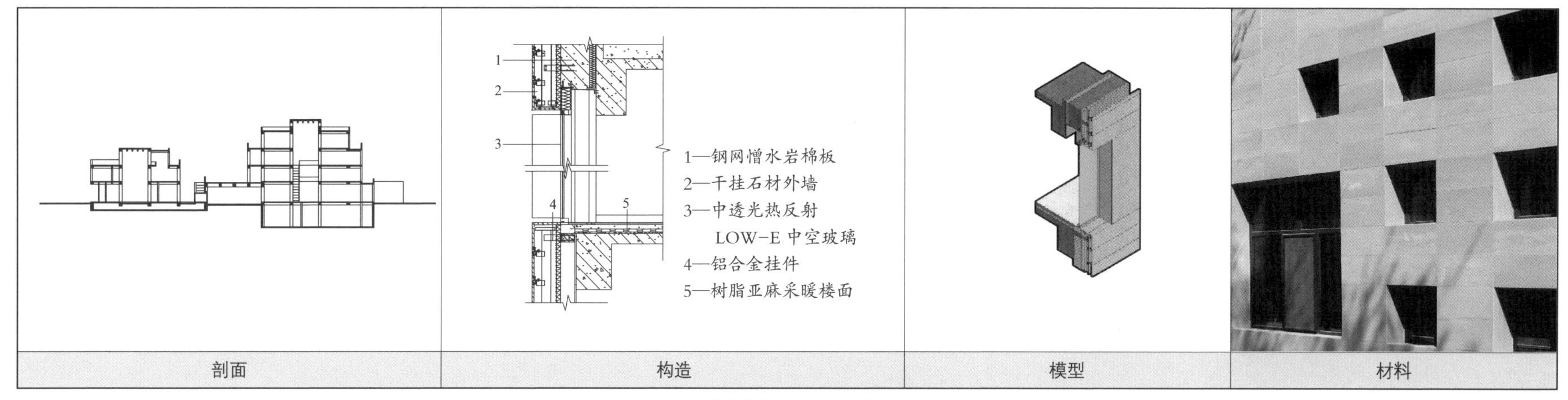

图 3-61 甘肃敦煌公共文化综合服务中心

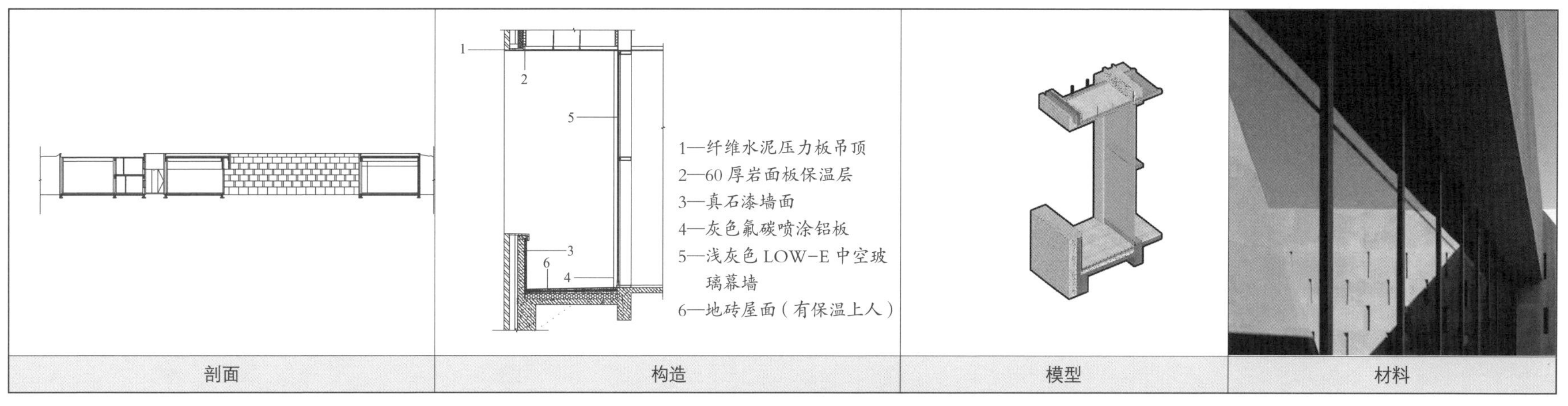

图 3-62 甘肃敦煌玉门关游客服务中心

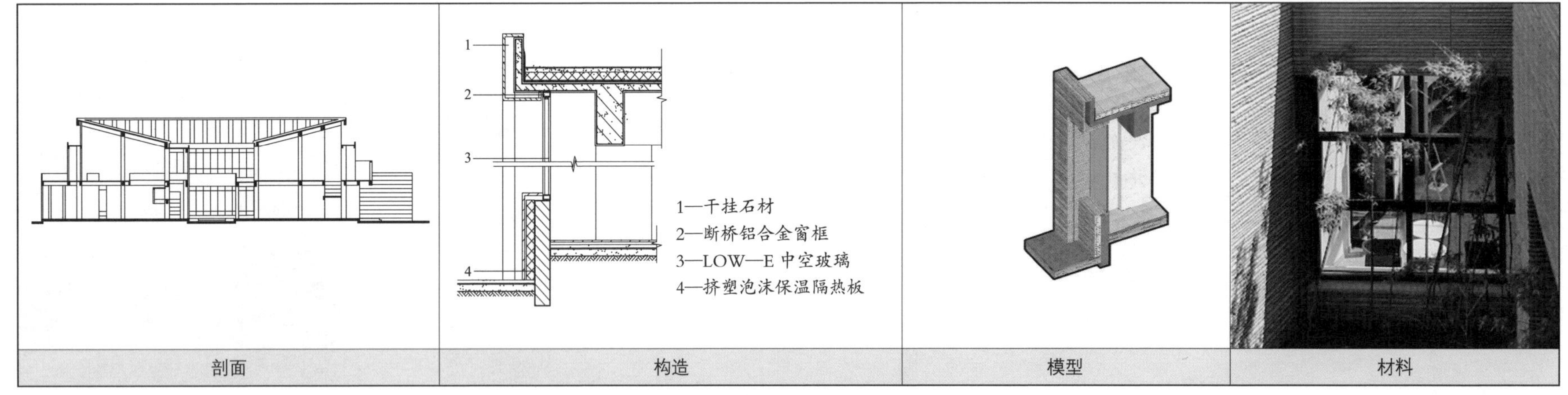

图 3-63　陕西临潼贾平凹文化艺术馆

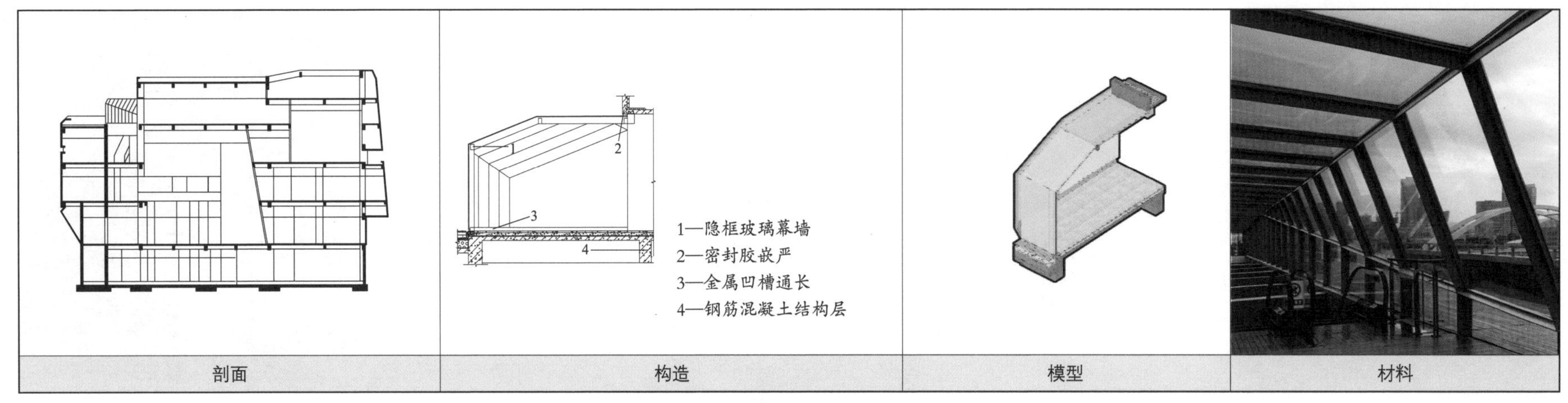

图 3-64　甘肃兰州城市规划展览馆

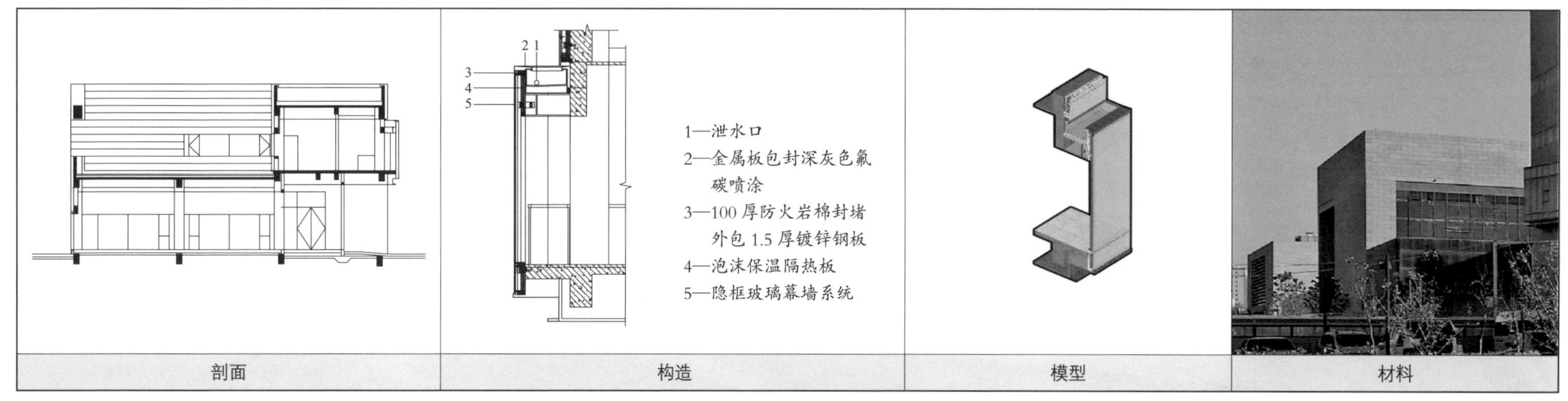

图 3-65 新疆昌吉州文化中心

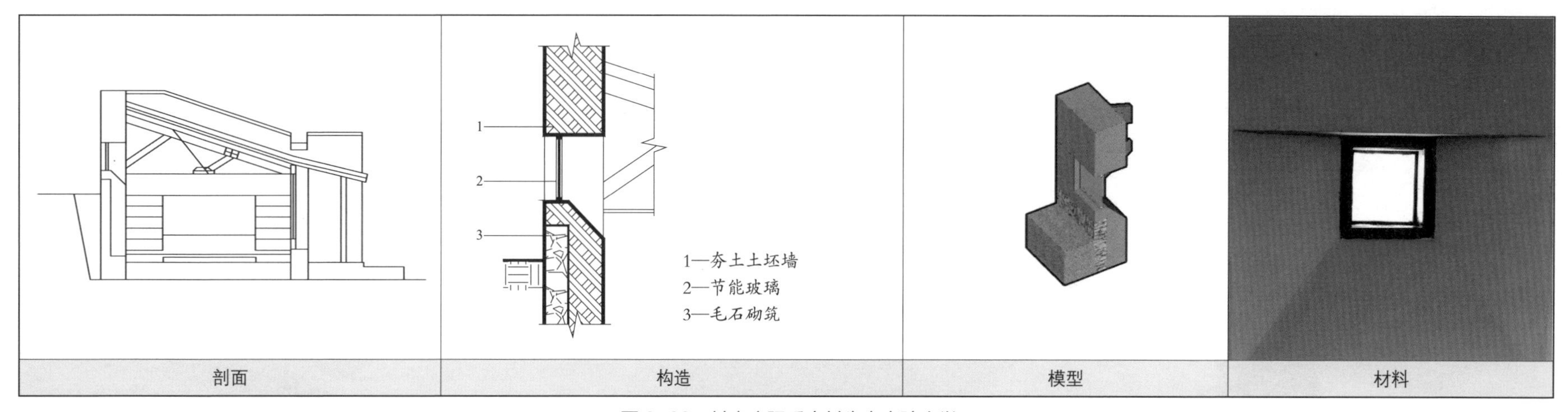

图 3-66 甘肃庆阳毛寺村生态实验小学

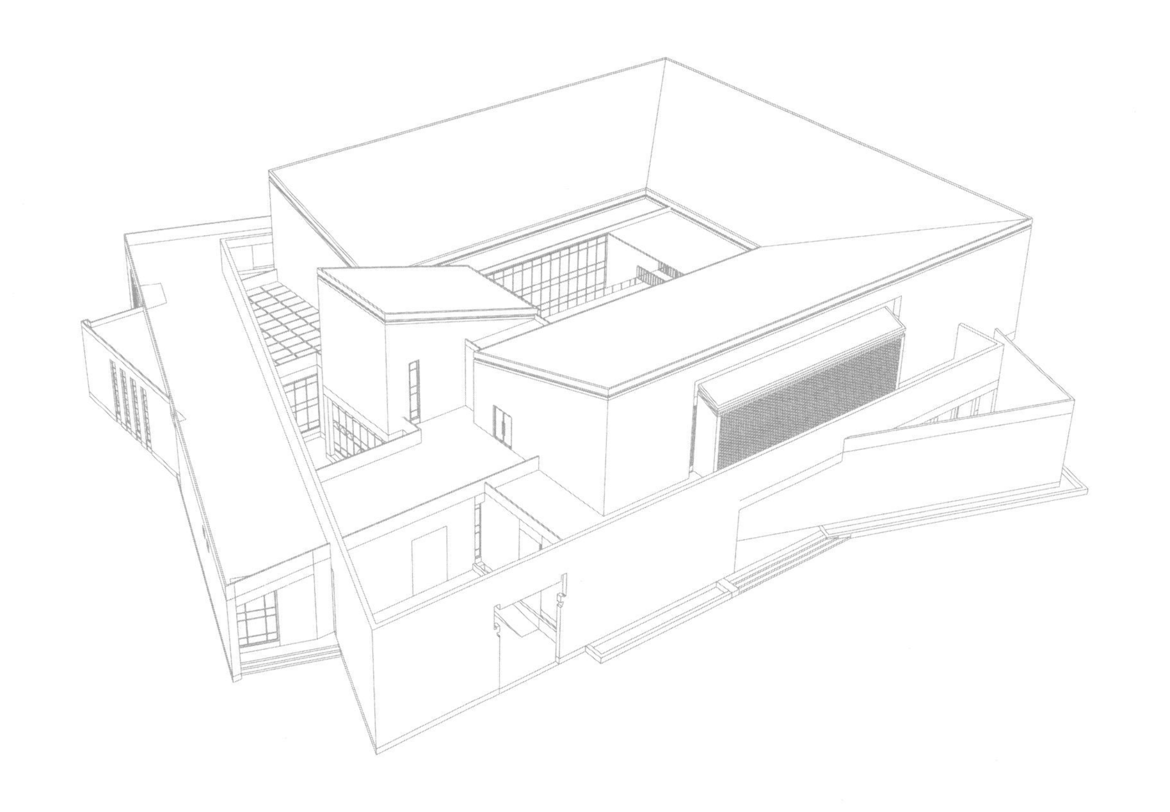

第 4 章

“本土化”的部品部件

本章通过调研、搜集，整理了西北荒漠区建筑营建中兼具地域特色与良好绿色性能表现的建筑材料部品部件，包括外围护、内装、室外排水的部品部件，针对部品与建筑结合的特点，介绍了单元部件组成、工作原理、物理性能以及运作方式，以期为西北荒漠区地域绿色建筑设计与营建提供参考。

4.1 外围护部品部件

4.1.1 光伏幕墙、光伏屋面

1）部品介绍（图 4-1）

光伏幕墙集合了光伏发电技术和幕墙技术，是一种高科技产品，代表着国际上建筑太阳能一体化技术的最新发展方向。

光伏幕墙除发电这项主要功能外，还具有明显的隔热、隔声、安全、装饰等功能，特别是太阳能电池发电不会排放温室气体或有害气体，也无噪声，是一种清洁能源，环境友好。

光伏屋面将高透光玻璃与发电材料结合，是兼具建材属性与发电属性的一种新型产品，可代替各种传统屋面瓦，更符合现代建筑审美需求。

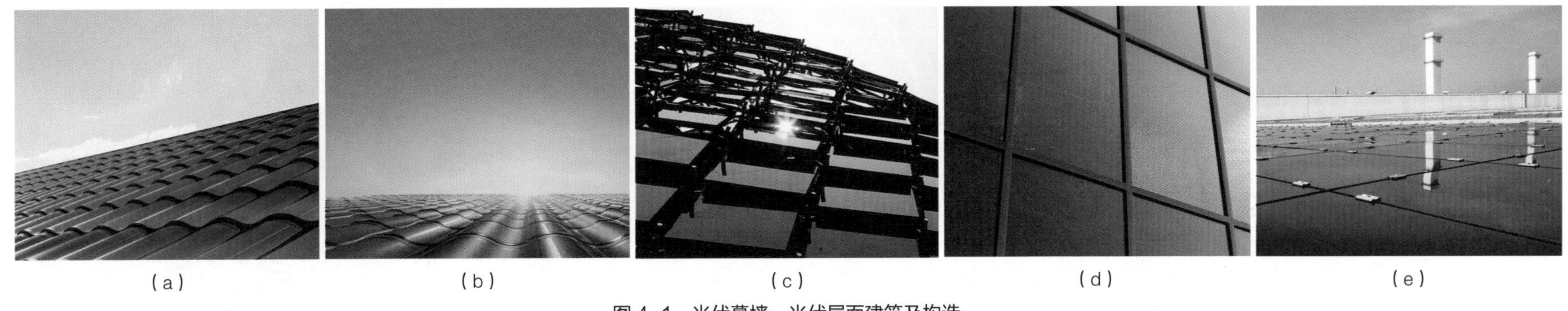

（a）（b）（c）（d）（e）

图 4-1 光伏幕墙、光伏屋面建筑及构造

2）部品优势

（1）节约用地，便于安装；（2）节约能源，净化空气；

（3）减少投资，供电可靠；（4）批量生产，降低成本。

3）部品特点

（1）节约能源——光伏幕墙作为建筑外围护体系，可直接吸收太阳能，有效减缓墙面及屋面温度上升，避免墙面和屋面的温度过高，减轻建筑空调负荷，降低空调能耗。

（2）保护环境——光伏幕墙通过太阳能进行发电，不需燃料，不产生废气，无余热，无废渣，无噪声污染。

（3）新型实用——可有效解决西北荒漠区电力紧张地区及无电少电地区的建筑用电需求，舒缓用电高峰期建筑用电压力；原地发电、原地实用，减少电流运输过程产生的费用和能耗；与建筑结构一体化设计，避免单独放置光电阵板占用建筑空间，并省去单独为光电设备提供支撑的建筑结构，同时作为建筑外装饰材料，减少建筑物的整体造价。

（4）特殊效果——光伏幕墙本身具有很强的装饰效果。玻璃中间采用各种光伏组件，色彩多样，使建筑具有丰富的艺术表现力，同时光电模板背面可搭配多种颜色，可灵活适应不同的建筑设计需求。

4）部品结构（图4-2）

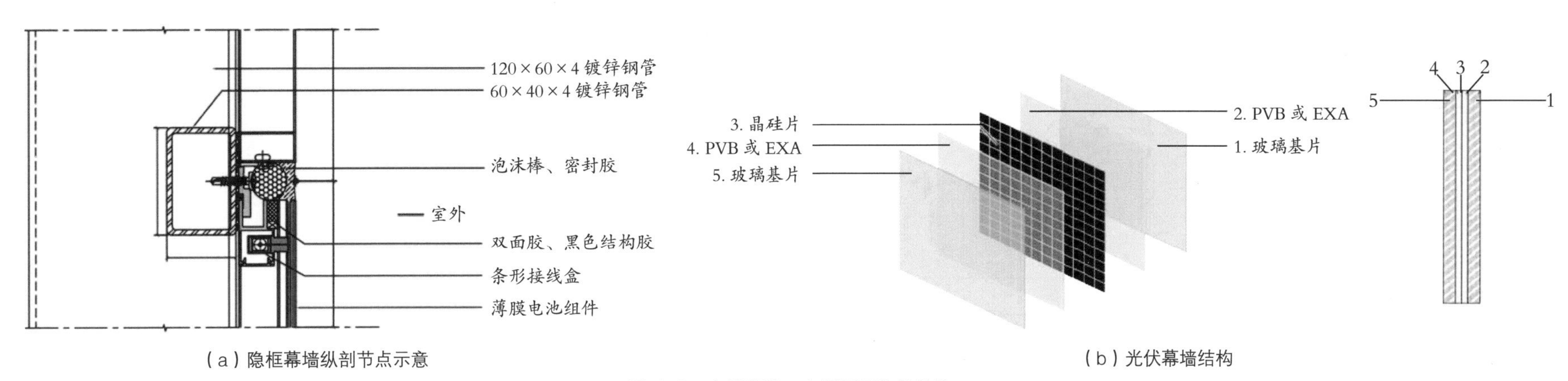

（a）隐框幕墙纵剖节点示意　　（b）光伏幕墙结构

图4-2 光伏幕墙、光伏屋面构件结构

5）部品分类

太阳能电池根据其特性分为单晶硅电池、多晶硅电池、非晶硅电池，其物理性能不同，外表形状、颜色等都有很大差异，晶硅电池转换率在 20%~22% 之间，转换效率高，成本低。非晶硅电池的转换率在 15%~18% 之间，且可以根据建筑尺寸、形状及颜色需求进行一定范围的定制，适用于弱光发电场所（图 4-3）。

图 4-3　用于光伏幕墙及屋面的太阳能电池类型示意

光电模板背面还可以提供多种底衬颜色备选，以适应不同的建筑风格，从而为现代建筑提供一种新的美学装饰效果。背板玻璃图案效果满足不同建筑风格和透光的要求（图 4-4）。

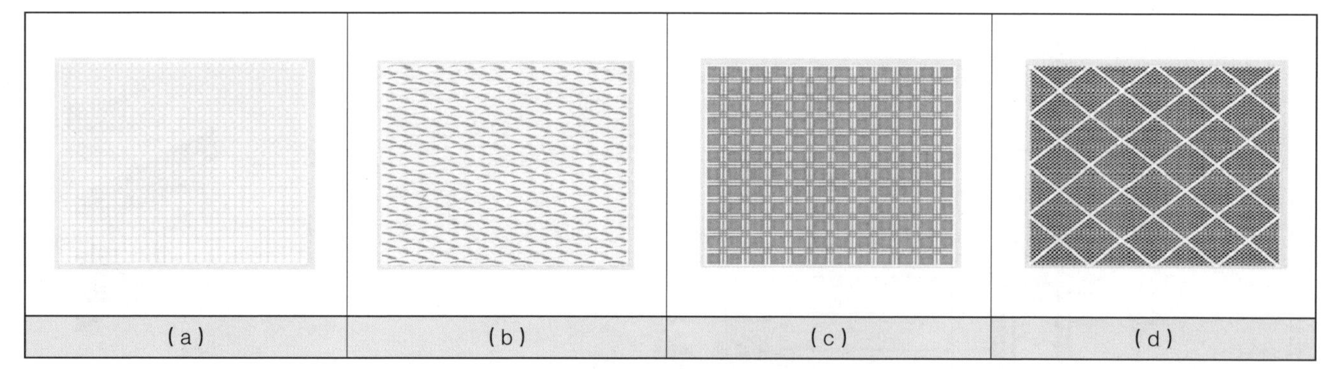

图 4-4　不同光电模板底衬颜色及图案效果示意

6）工程案例

新疆吐鲁番新能源微电网示范区中心控制楼（图 4-5）

项目地点：新疆吐鲁番新能源微电网示范区

本案例中，在综合运用主动太阳能系统节能的同时，通过光伏幕墙与建筑主体的一体化设计，额外实现了遮阳、通风、隔热等被动节能目标。具体方式为：光伏幕墙与建筑外墙间设计太阳能通风系统可带走光伏幕墙及室内产生的热量；光伏幕墙开启一定数量的孔洞，实现导风和挡风效果，光伏幕墙采用外凸设计，可遮挡阳光对底层外窗的照射，实现自遮阳；光伏屋顶可有效调节室内中庭的光照度，避免照度不足或过高。

（b）东南透视

（a）入口透视

（c）西北透视

图 4-5　新疆吐鲁番新能源微电网示范区中心控制楼

陕西石峁遗址办公区（图 4-6）

项目地点：陕西省榆林市神木县高家堡镇石峁村

汉能汉瓦是柔性薄膜太阳能发电芯片与传统屋面瓦的形态结合，形成可发电的光伏构件，不仅外形传承了中国传统建筑之美，符合遗址建筑定位，更具有现代科技“薄膜太阳能发电”之芯，能够解决当地电力不稳定的问题。作为全新的绿色建材产品，它完全能够实现建筑用电的自给自足。此项目作为汉瓦离网系统的标志性应用，用不完的电会被及时储存起来，在天气不好的情况下同样能够保证充足电力。此外，汉能汉瓦具备隔热、保温、防火、防渗水、抗冰雹等特性，使用寿命可达到传统屋顶材料的两到三倍。

（a）外观

（b）入口

（c）周边环境

图 4-6　陕西石峁遗址办公区

4.1.2 呼吸式幕墙

1）部品介绍

呼吸式幕墙，又称双层幕墙、热通道幕墙等，1990 年代在欧洲出现（图 4-7）。它由内、外两道幕墙组成，内、外层结构之间分离出一个介于室内和室外之间的中间层，形成一种通道，空气从玻璃幕墙下部的进风口进入通道，从上部出风口排出通道。空气在通道流动，使热量在通道传递，这个中间层称为热通道，因而在国际上一般又称为热通道幕墙。

呼吸式幕墙与传统幕墙相比最大的特点是在内外两层幕墙之间形成一个通风换气层，由于此换气层中空气的流通或循环的作用，内层幕墙的温度接近室内温度，减小了温差，因而它比传统的幕墙采暖时节约能源 42%~52%，制冷时节约能源 38%~60%。另外由于双层幕墙的使用，整个幕墙的隔声效果得到了很大的提高。

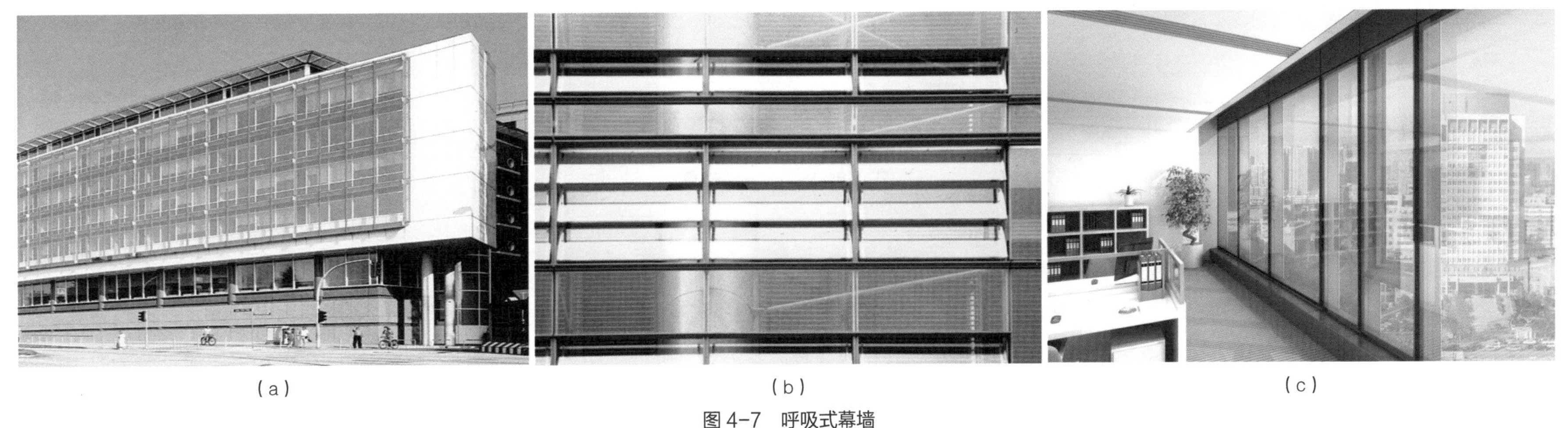

（a） （b） （c）

图 4-7 呼吸式幕墙

2）部品优势

（1）改善室内光环境；（2）隔声降噪；（3）积极利用光能；（4）安全性高；（5）良好的内饰效果；（6）整体性强。

3）部品分类

根据通风层结构的不同可分为“敞开式外循环体系”和“封闭式内循环体系”两种类型（图 4-8）。

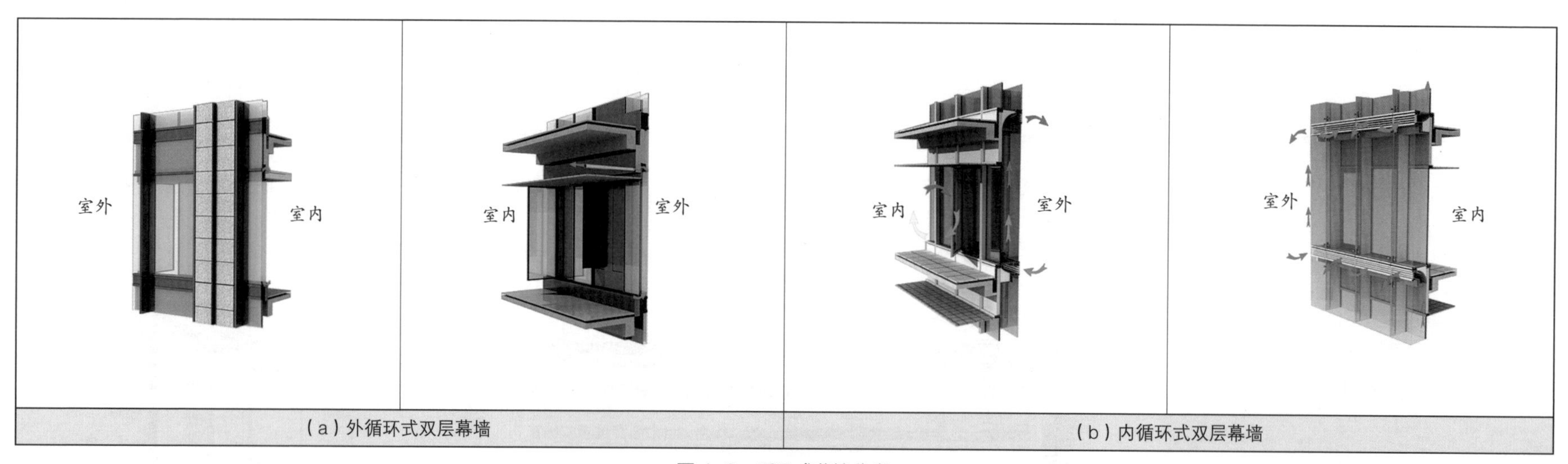

图 4-8　呼吸式幕墙分类

4）部品原理

冬季保温工作原理：进入冬季，关闭呼吸幕墙的出气口，使缓冲区形成温室。白天太阳照射使温室内空气蓄热，温度升高导致内层幕墙的外片玻璃温度升高，从而减小内层幕墙内外的温差，有效阻止室内热量向外扩散。夜间室外温度降低，由缓冲区内蓄热空气向外层幕墙补偿热量，而室内热量得到相应保持，因而白天和夜间均可实现保温功能。夏季隔热工作原理：进入夏季，打开出气口，利用空气流动热压原理和烟囱效应，使“双层皮”玻璃幕墙由进气口吸入空气进入缓冲区，在缓冲区内气体受热，产生由下向上的热运动，由出气口把“双层皮”玻璃幕墙内的热气体排到外面，从而降低内层幕墙温度，起到隔热作用。

根据《建筑幕墙》GB/T 21086 的定义，智能型呼吸式幕墙是由外层幕墙、热通道和内层幕墙（或门、窗）构成，且在热通道内可以形成空气有序流动的建筑幕墙（图 4-9）。

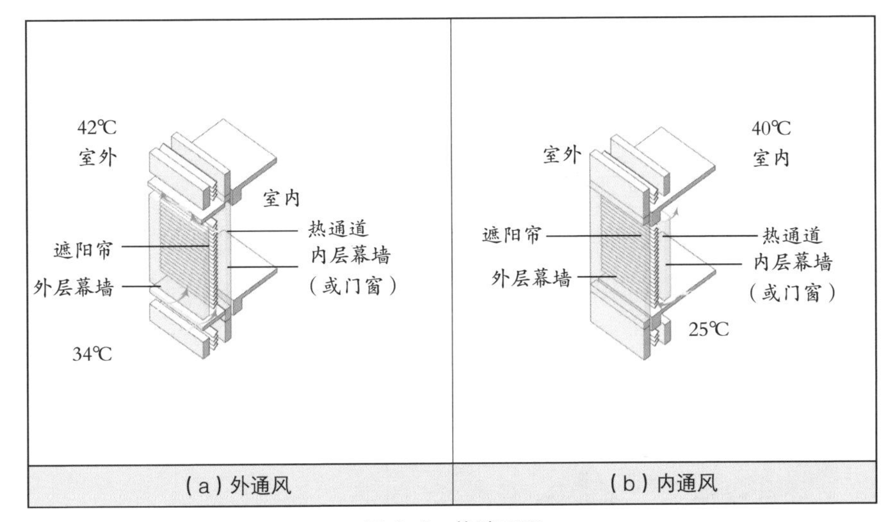

42℃
室外
室内
遮阳帘
热通道
内层幕墙
（或门窗）
外层幕墙
34℃
（a）外通风
室外
40℃
室内
遮阳帘
热通道
内层幕墙
（或门窗）
外层幕墙
25℃
（b）内通风

图 4-9 构建原理

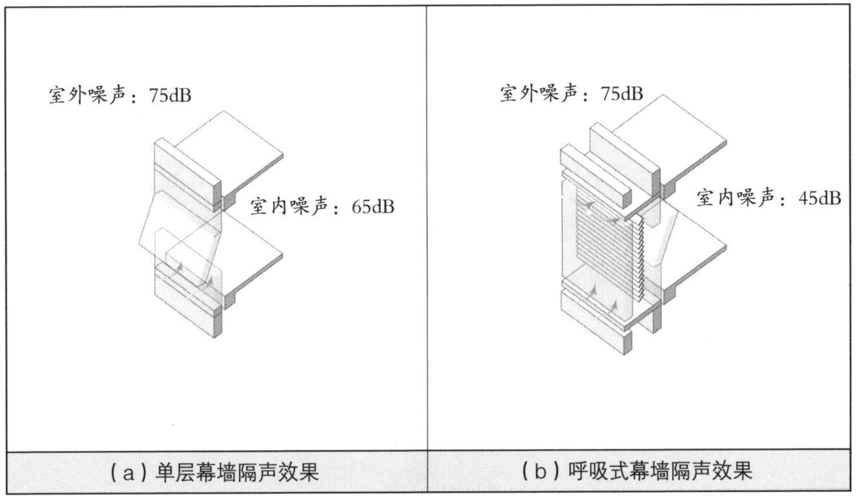

室外噪声：75dB
室内噪声：65dB
（a）单层幕墙隔声效果
室外噪声：75dB
室内噪声：45dB
（b）呼吸式幕墙隔声效果

图 4-10 隔声效果对比

5）部品特点

（1）采光可控：进入室内的光线角度和强弱，直接影响到使用者的舒适感。“双层皮”玻璃幕墙可以根据使用者的需要，只要轻轻一按开关，遮阳百叶便可按照使用者的意愿或收起或任意位置放下或叶片倾斜，让光线均匀进入室内，使其尽情享受光线的变化，大大改善室内光环境。

（2）隔声降噪：开窗时“双层皮”玻璃幕墙特制的内外双层构造、缓冲区和内层全密封方式，使其隔声性能比传统幕墙高一倍以上，为营造舒适、宁静的生活环境起到了必不可少的作用（图 4-10）。

（3）积极利用光能：采用双层幕墙的最直接效果是节能，它比单层幕墙采暖节能 40%~50%，制冷节能 40%~60%，幕墙传热系数 K 值可达 $1W/m^2 \cdot K$ 左右。

（4）安全性：下雨时可通风，雨不会进入室内，保证物品安全。通风时风速柔和，物品不易坠落。两道玻璃幕墙防护有利于防盗，安全性好。

6）工程案例

陕西煤业化工集团科研中心（图 4-11）

项目地点：陕西省西安市高新区锦业路 1 号都市之门 B 座

陕西煤业化工集团地处西安高新区 CBD 龙头地段，基地东临唐延路面向华陆集团，北接锦业一路面向会展中心和五星级酒店，西临规划路面向城市主题公园，南靠南三环辅道，东南方向为东航集团西北管理中心，西北方向为 CBD 步行商业街，地理位置十分优越。项目净用地面积 2.9 万 m^2，建筑面积 14 万 m^2。本设计尊重物理环境，趋利避害，园区沿东南方向尽量打开，以迎接温暖的东南风和良好的日照；北面相对密集以阻挡冬日寒流；庭院空间围而不合，内外流通；建筑形体方圆结合、刚柔并济，营造出了一个令人心旷神怡的人居环境。建筑外立面整体采用呼吸式幕墙的设计，能积极利用光能以有效节约能源，且使建筑具有更好的隔声性能。

（a）建筑外景

（b）周边环境

图 4-11　陕西煤业化工集团科研中心

西安凤城大厦（图 4-12）

项目地点：陕西省西安市未央区二环北路东段 739 号

西安凤城大厦开业于 2008 年 7 月，楼高 23 层，共有客房总数 116 间（套），标间面积 $30m^2$。酒店地理位置优越，交通极其便利。西安凤城大厦是一家集餐饮、客房、酒吧、娱乐等诸多功能为一体的四星级旅游商务酒店，设有同时能容纳 230 人用餐的大厅，豪华包间 8 个，设施设备齐全的多功能会议厅 1 个，可容纳 300 人左右，并且设有购物中心及设备齐全的商务中心。整体采用呼吸式幕墙的表皮设计，使建筑在绿色节能、舒适度、安全性等方面都有显著优势。

（a）建筑主立面

（b）建筑内景

（c）建筑表皮

图 4-12 西安凤城大厦

4.1.3 夹芯墙体板

1）部品介绍

夹芯墙体板采用两层铝合金板作为面板和背板，中间夹一层高密度岩棉夹芯复合而成（图 4-13）。这是由复合材料与无机保温材料相结合开发出的一种外墙系统，目前选型标准规格可达 1.75m × 12m，超大的板使其具有极高的平整度。根据不同的保温要求，保温芯材可以根据厚度进行不同选型，最佳的保温性能达到混凝土的 30 倍。在面板材质选择上也是多样化的，如铝合金、钢、铜和不锈钢等材料。

夹芯墙体板也是一种集装饰、保温隔热性能于一体的功能性幕墙系统。它在尺寸、形状、涂层和颜色等方面上可根据客户的需求量身定制提供完整的窗、门、遮阳系统一体化设计方案，并且所有安装扣件隐藏于建筑表面之下，美观的同时避免冷桥效应，可以满足现代建筑外墙坚固、美观、环保、节能、防火等综合要求，广泛应用于公共设施、厂房、组合式冷库等建筑的墙体材料。

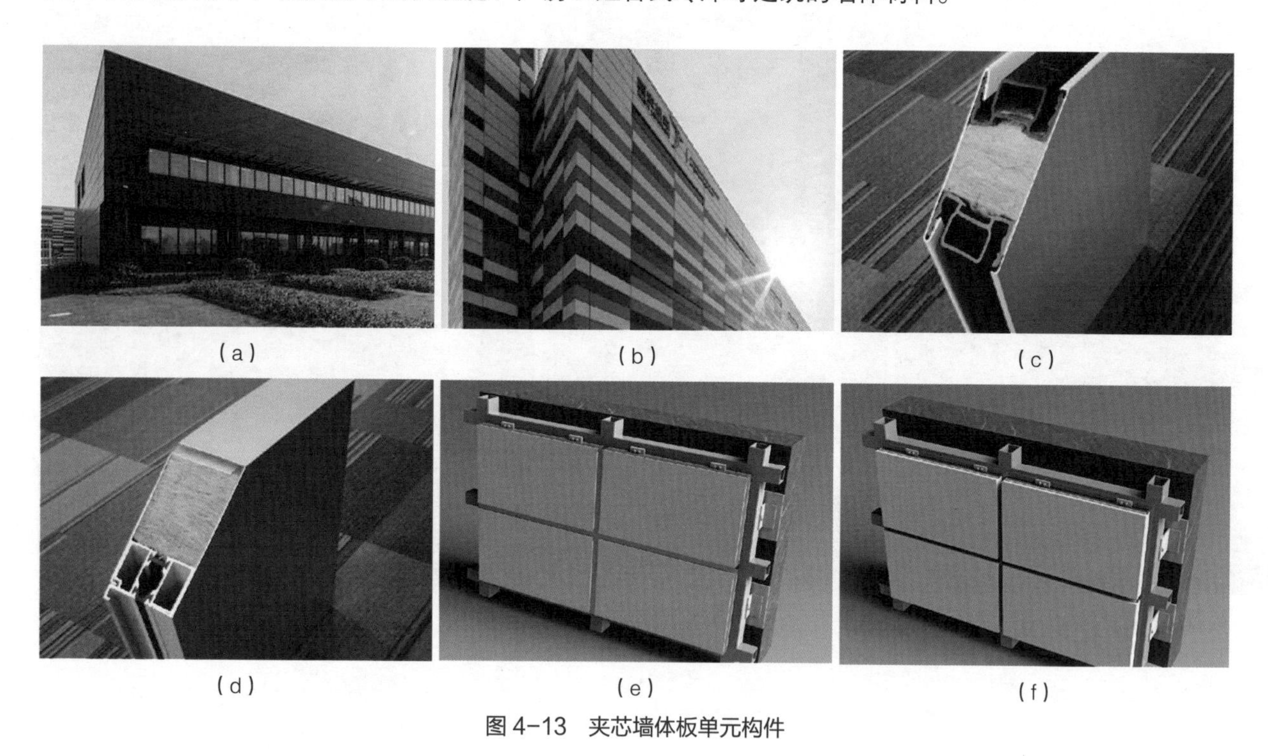

（a） （b） （c）

（d） （e） （f）

图 4-13 夹芯墙体板单元构件

2）部品优势

（1）多种复合和单层板材料可供选择；

（2）丰富的颜色和表面处理表现不同的建筑风格；

（3）成熟的安装系统确保建筑安全；

（4）多种接缝形式满足不同的设计需要；

（5）出色的耐候、保温、通风和防火性能。

3）部品特点（图 4-14、图 4-15）

传统建筑材料会在房屋外墙转角、内外墙交角、楼屋面与外墙搭接角处产生水雾吸附于墙面的现象，这时会出现外墙结露、腐化、房屋潮湿霉变等问题。这些问题是冷桥效应所导致的，需要从传热的基本原理层面入手解决这一问题。

因此，新型外墙部件为解决这一系列问题，将复合材料的构造与无机保温材料结合起来，开发出了独具特色的夹芯板外墙系统。这是一种集装饰、保温隔热性能于一体的功能性幕墙系统，能满足现代建筑外墙坚固、美观、节能、防火的要求，可广泛应用于厂房、仓库和公共建筑等领域。

（1）保温隔热性能出色

内芯填充高密度岩棉材料，具有优良的隔热性能（是传统混凝土建筑的 30 倍），可代替保温层，也可代替墙体，能显著降低建筑物的能耗。

（2）大块面、高平整度

由于复合材料的特殊构造，墙体板可以在无需任何加固措施并达到 1.75m × 12m 的同时依旧保持板材极高的平整度。

（3）灵活的客户化定制

有多种尺寸、厚度及颜色供选择，并可量身定制折角板或曲面板，配上标准的转角构件能使建筑物立面造型丰富多变，为建筑师创造了广阔的设计空间。

（a）聚氨酯泡沫

（b）高密度岩棉

（c）单元式拼接

图 4-14　夹芯墙体板芯材材料及拼接方式

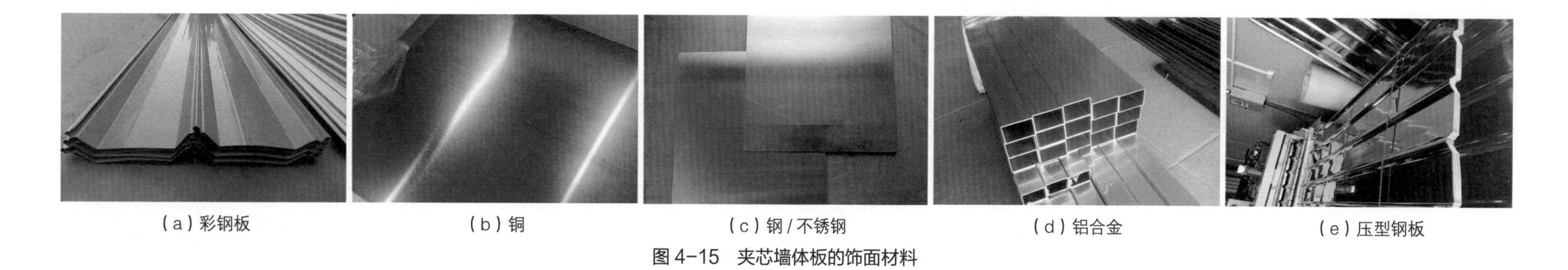
（a）彩钢板　（b）铜　（c）钢 / 不锈钢　（d）铝合金　（e）压型钢板

图 4-15　夹芯墙体板的饰面材料

4）部品安装

（1）独特的墙板安装系统（图 4-16）

水平和垂直方向采用外观相同的接缝处理，四边均可互相连接安装，从而使窗、门及遮阳系统与墙面有机地结合在一起成为现实；建筑表面看不到任何安装扣件，技术含量高且美观实用。

（2）隐藏式扣件

墙板接缝处配上专用隐蔽式安装扣件，既可避免冷桥效应，又能减少因热胀冷缩造成板的变形和建筑误差。

（3）装卸便捷

只需少量扣件即可将墙板牢固地安装在支撑体系上，水平和垂直方向均可安装；可通过在墙板的四周增加各种连接组合，以使每块墙板可单独移动和更换；整体安装维护成本低，且不受季节影响。

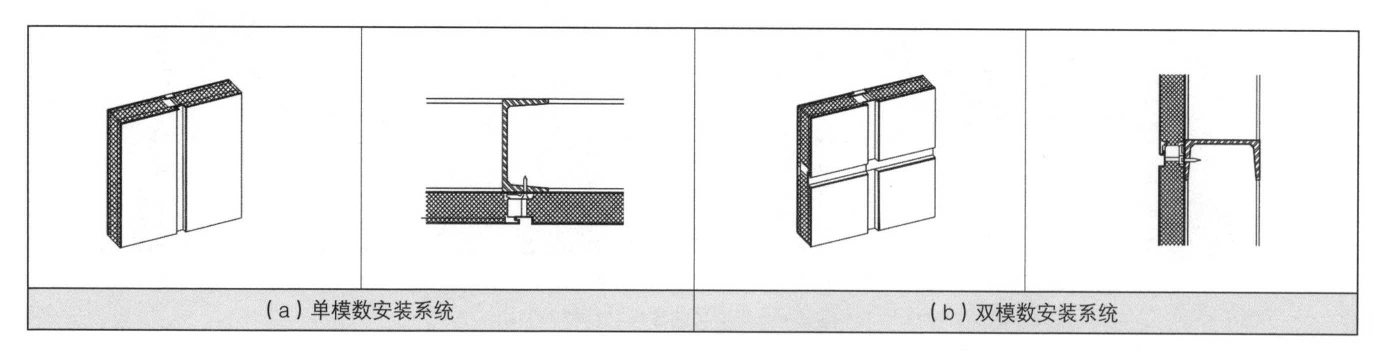
（a）单模数安装系统　（b）双模数安装系统

图 4-16　安装系统

5）部品参数

夹芯墙体板设计参数（表 4-1、表 4-2、图 4-17）

夹芯墙体板规格 表 4-1

参数	规格厚度（mm）		
重量（kg/m^2）	50	75	100
热传导系数（$W/m^2 \cdot k$）	11.3	15.2	19.0
	0.62	0.43	0.32

（a）砖墙 1075mm （b）混凝土 475mm

木材 175mm 石膏板 175mm 岩棉 55mm 聚苯乙烯 50mm 聚氨酯 35mm

（c）夹芯材料

图 4-17 夹芯材料多样性及常用标准

夹芯墙体板构造材料及规格参数 表 4-2

项目	标准规格和参数
面板	材料：铝镁锰合金
	厚度：0.7~1.0mm
	材料：镀锌钢
	厚度：0.5~0.8mm
背板	材料：铝镁锰合金
	厚度：0.7~1.0mm
	材料：镀锌钢
	厚度：0.5~0.8mm
芯材	材料：高密度矿棉
	密度：155mg/m^3 上下浮动 11%
黏结剂	双组分高温固化聚氨酯胶
表面涂层	正面：耐色光 [LUXACOTE] 或聚偏氟乙烯 [PVDF]
	背面：聚酯烤漆 [POLYSTER] 或按客户要求
板材标准规格	长度：L 小于等于 6000mm（其他长度可按要求定制）
	宽度：W 小于等于 1200mm（其他宽度可按要求定制）
	高度：35mm，50mm，75mm，100mm
颜色	可提供符合国家质量标准的多种颜色
表面防火性能	A2-s1，d0（GB 8624-2006）

6）部品结构（图 4–18、图 4–19）

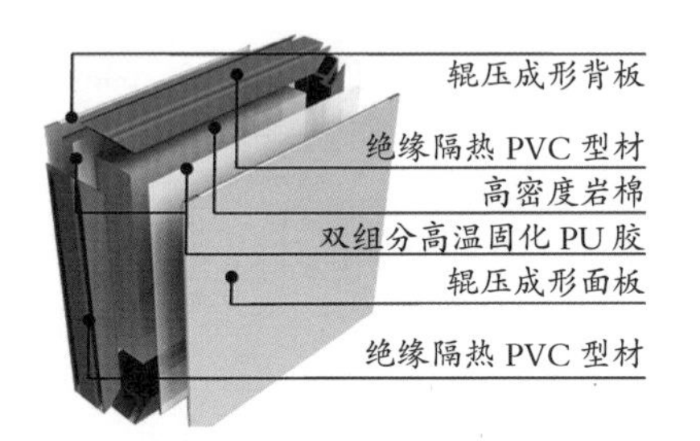

图 4–18　PVC 型材结构详图

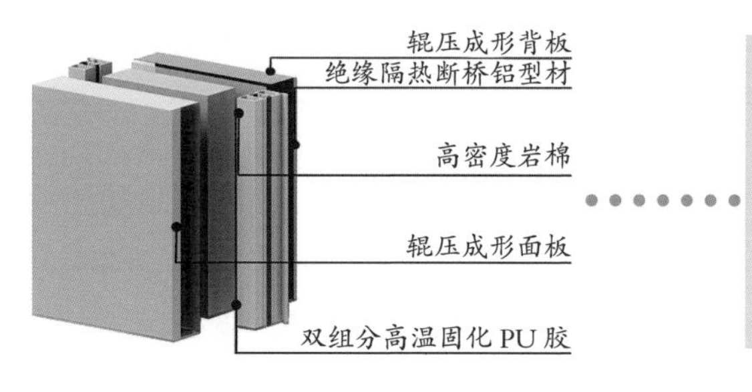

图 4–19　断桥铝型材结构详图

7）夹芯墙体板芯材

岩棉、聚氨酯、聚苯乙烯、酚醛树脂是夹芯墙体板常用的夹芯保温材料，其中岩棉是保温材料性能比较优越的芯材，保温性能好，防火等级高，密度均匀，抗压强度高（图 4–20）。

（a）矿棉 / 岩棉

（b）聚氨酯

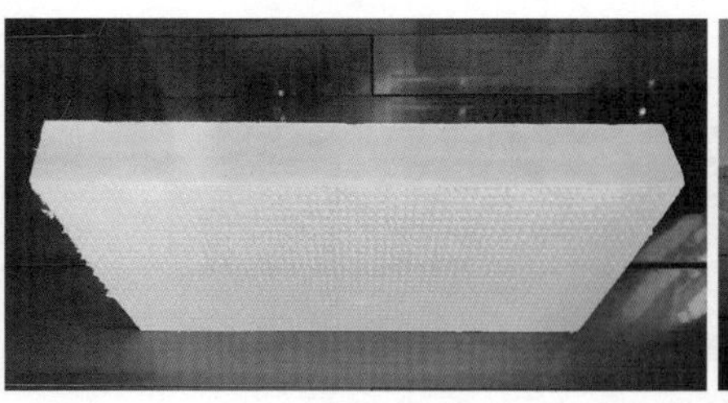

（c）聚苯乙烯

（d）酚醛树脂

图 4–20　夹芯材料

8）夹芯墙体板不同芯材节点

不同型材饰面的夹芯墙板全部采用耐火断桥隔热型材封边，饰面燃烧性能等级可达到 A 级（不燃材料）（图 4-21、图 4-22）。

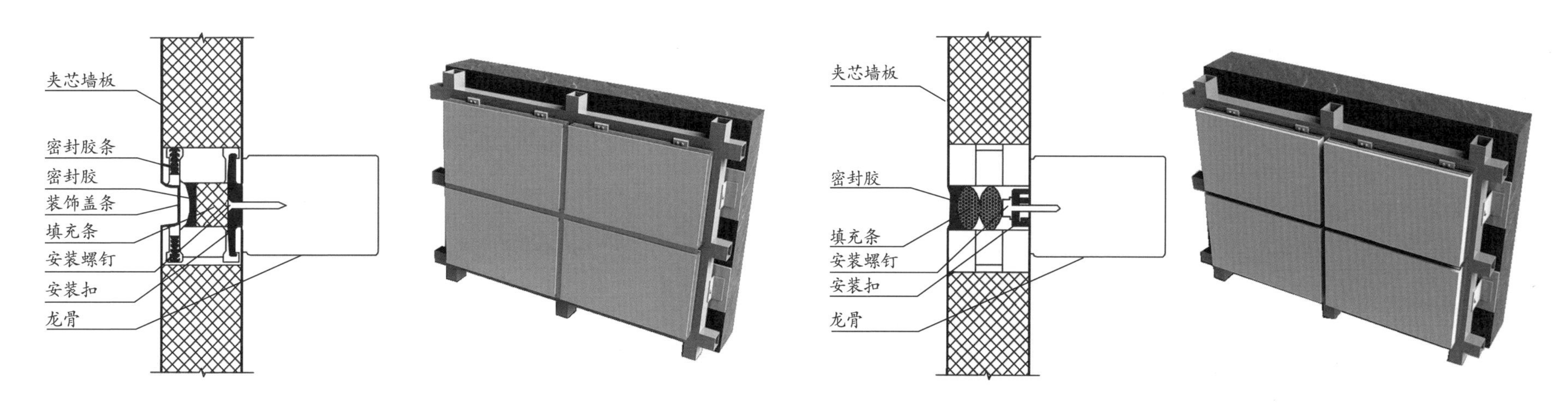

图 4-21　PVC 型材节点

图 4-22　断桥铝型材节点

9）工程案例

陕西西安杨森制药厂（图 4-23）

项目地点：西安高新区草堂科技产业基地生物医药产业园

项目采用可拆卸式岩棉金属夹芯板墙面系统。西安雍科建筑科技有限公司生产的面板采用 0.6mm 镀锌钢板，表面采用仿铜锈氟碳烤漆（PVDF），背板采用 0.5mm 镀锌钢板，达到逼真的绿铜天然颜色效果，中间填充洛科威岩棉。墙面系统在安装时，按板块立面分格图安置就位，横竖缝部位安装单面扣组装好，保证了夹芯板的左右、上下偏差 ±1.5mm 以内。

（a）建筑外景鸟瞰

（b）入口透视

（c）局部透视

图 4-23　陕西西安杨森制药厂

内蒙古鄂尔多斯青铜器博物馆（图 4-24）

项目地点：内蒙古鄂尔多斯市东胜区兴胜路 2 号

项目采用 SW100 夹芯墙体板。青铜器博物馆最外层是镂空花纹铝板，夹芯板用在镂空铝板内侧，作为围护墙体使用。主体结构为钢构，如果用传统砌体会产生墙体与结构的裂缝，且自重较大。用夹芯板可保持与主体结构变形一致，构造连接，不会有传统墙体的缺点。裙房周边幕墙装饰着从鄂尔多斯青铜器中抽象出的符号，展现了鄂尔多斯特有的青铜地域文化，使博物馆整体建筑既传统又现代。

（a）建筑外观

（b）金属幕墙

（c）幕墙符号

图 4-24　内蒙古鄂尔多斯青铜器博物馆

4.2 内装部品部件

4.2.1 80R 电动翻转百叶帘

1）部品介绍

80R 电动翻转百叶帘，是一款适用于天棚遮阳的产品，该产品由高等级的金属百叶帘配以高性能的亨特专业电机，水平运用在建筑中庭或采光顶部位，在遮阳的同时可对光线自由调节，其结构牢固，安装简便，运行可靠，可弥补阳光布水平遮阳帘不能调节光线的不足，同时对建筑顶棚安装结构要求较低，可根据窗型作多种异形设计，装饰性强，与建筑结构能够很好地结合在一起，现代感十足。其电动操作形式可通过开关或遥控实现，操作简便，配以亨特智能控制系统，更可达到多种现代化控制要求，完美操作，一触即现（图 4-25）。

2）部品优势

（1）调节光线，节能降耗；

（2）材质精良，工艺先进；

（3）造型多变，色彩丰富；

（4）安装简便，使用可靠；

（5）多种控制，自由调节。

（a）调节光线

（b）色彩丰富

（c）室内效果

图 4-25　80R 电动翻转百叶帘

3）部品结构（图 4-26、图 4-27）

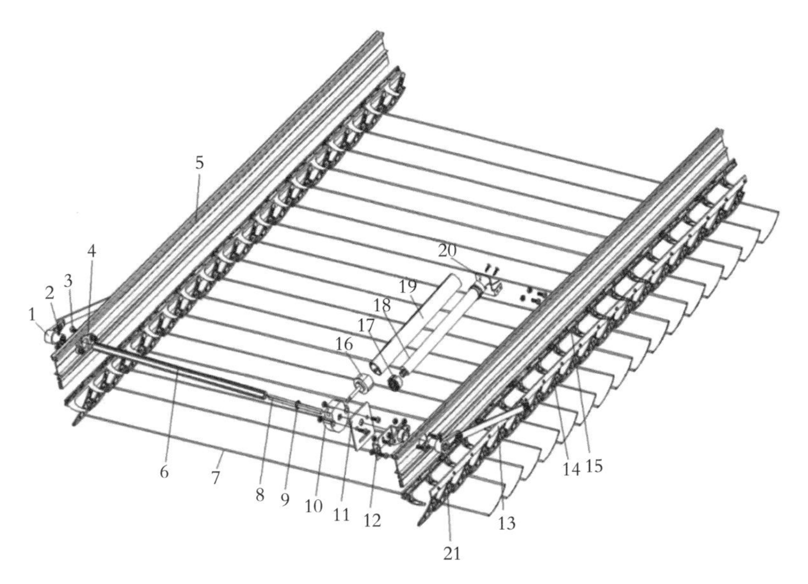

1—曲柄
2—曲柄固定螺丝
3—曲柄固定件螺丝
4—曲柄固定件
5—龙骨
6—传动轴
7—叶片
8—7mm×7mm 方铁芯
9—铁芯固定器
10—传动盒
11—传动盒背板
12—背板铝合金垫块
13—传动铝扁
14—叶片夹
15—叶片夹连接件
16—传动盒连接件
17—转轮
18—电机
19—47 卷管
20—电机安装码
21—叶片夹锁紧件

图 4-26 80R 电动翻转百叶帘结构

（a）完全打开

（b）多半打开

（c）多半闭合

（d）完全闭合

图 4-27 百叶翻转的不同角度

4）帘片（图 4-28）

标准尺寸：

80mm 两边球状卷曲（针孔或平板）；

94mm（帘片展开宽度）×0.45mm（帘片厚度）。

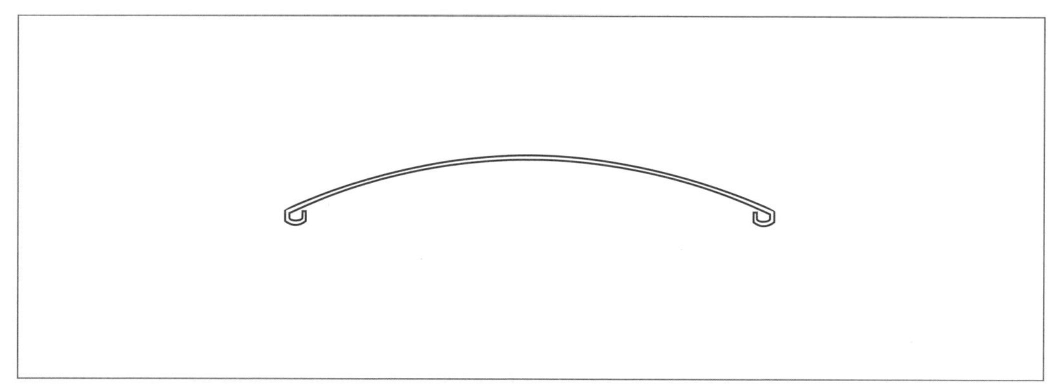

图 4-28　标准帘片

5）技术特征（图 4-29）

传动龙骨：

（1）材料选用高等级的 6063-T5 合金；

（2）龙骨壁厚 2mm，截面尺寸 80mm×22mm；

（3）表面阳极氧化处理，表面硬度及耐磨损性强，扩大应用范围，延长使用寿命。

叶片夹：

（1）根据帘片特性设计，可以完全固定帘片、控制帘片间距和叠合度。当系统开启后，帘片垂直于地面，帘片间距 70mm。当系统闭合后，帘片水平于地面，叠合度 10mm；

（2）材质选用高等级尼龙材质，耐磨、耐老化；

（3）配件为模具注塑件；

（4）每个叶片夹都会配装锁紧件，以保证帘片固定。

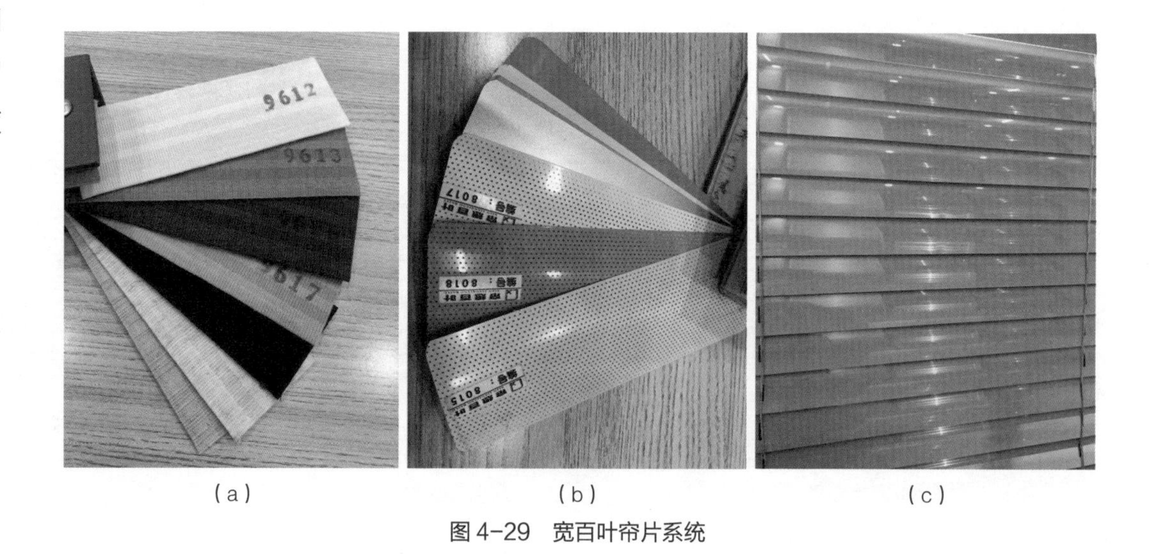

（a）　（b）　（c）

图 4-29　宽百叶帘片系统

6）工程案例

山西煤炭会展中心（图 4-30）

项目地点：山西太原万柏林区长风西街 6 号

建筑外观为碟状玉璧形平面，建筑面积 5.2 万 m^2，使用面积 3.63 万 m^2，展馆中部净高 25m，边缘净高 12m，可布设标准展位共计 1176 个。整个展馆可分为六个独立展区和一个中心展区，每个展区通过围绕中心展区的 18m 长公共环廊与登录大厅相连，圆形中心展区直径 50m，其余六个展区及登录大厅呈扇形展开。展馆内部可由活动隔断进行分隔，视展览者需求提供不同面积的独立展区。该建筑复杂精美的“双层相贯线管桁架钢结构体系”在山西是首次应用，中心展场的“玻璃幕索穹顶结构”在全国也为罕见，蕴含着山西“筑巢引凤”的美好愿景。屋顶采用电动翻转百叶帘，不仅能起到调节光线和遮阳的效果，也具有和谐统一的美感。

（a）建筑外观

（b）大厅桁架

（c）中庭百叶帘

图 4-30　山西煤炭会展中心

4.2.2 管道式日光照明装置

1）部品介绍

管道式日光照明装置是一种无电照明系统，采用这种系统的建筑物白天可以利用太阳光进行室内照明（图 4-31）。其基本原理是通过采光罩高效采集室外自然光线并导入系统内重新分配，再经过特殊制作的导光管传输后由底部的漫射装置把自然光均匀高效地照射到任何需要光线的地方，从黎明到黄昏，甚至阴天，导光管日光照明系统导入室内的光线仍然很充足。

(a)　(b)　(c)　(d)　(e)

图 4-31　管道式日光照明装置

2）部品优势

（1）经济效益：采用管道式日光照明装置可大幅节省照明用电，2 ~ 5 年可收回建筑投资成本，而其使用寿命是 20 年以上，由于屋顶采光装置为球形，利用雨水冲刷方式即可清理，所以运行期间维护费用基本为零；

（2）健康：科学研究证明，自然光线照明具有更好的视觉效果和心理作用，有益于改善室内环境，促进身心健康；

（3）环保：照明光源为自然光线，采光柔和、均匀，光强可以根据需要实时调节，全频谱、无闪烁、无眩光、无污染，并可滤除有害辐射，最大限度地保护使用者的身心健康；

（4）安全：管道式日光照明装置采光系统无需配带电器设备和传导线路，避免了因线路老化引起的火灾隐患，且系统设计先进，具有防水、防火、防盗、防尘、隔热、隔声、保温以及防紫外线等特点；

（5）绿色：创造低耗能、高舒适度的健康办公、娱乐、居住环境。

3）部品特点

（1）先进的采光技术。该构件突破性的专利技术可增加早晚时分的光线输入以及冬季低角度光线的采集。产品将过滤天然光中的紫外线和红外线部分，仅传输可见光的部分。

（2）高效的光线传输。该构件采用反射率达 99.7% 的七彩无极限镜面反射技术，可满足超长距离（15m 以上）的光线传输需求。可选择 0 ~ 90° 转角的构件，使其具有转弯能力。

（3）梦幻的漫射照明。多种配置的光学透镜漫射器实现室内的完美日光照明体验，不仅提供均衡的漫射光照明，而且给设计师更多选择。

（4）卓越的显色性能。七彩无极限管道有独特的光谱反射特征，使可见光在连续反射后没有产生偏差，输入到室内所有的光线是生动且准确的。

（5）节能环保，光线可控。该构件利用天然光实现室内照明，无需任何电力能源。产品配置调光器，可实现光线调节，采用低压驱动即可开启蝶形阀。

（6）健康舒适。天然光对人的生理健康有着非常积极的影响。通过该构件在封闭的室内空间营造充分的采光环境，可以提高人们的舒适度和幸福感。

（7）使用寿命长，装置几乎无需维护。

4）部品结构

（1）家用类型（图 4-32）

管道式日光照明装置，可有效地捕捉太阳光线并通过管道将太阳光输送到家中，可以营造一个更明亮、色彩更丰富的房间，并且不需要任何照明投入。安装通常可以在两个小时左右完成，对房屋结构不会带来任何变化，是一个美化家园最快和最简单的解决方案。

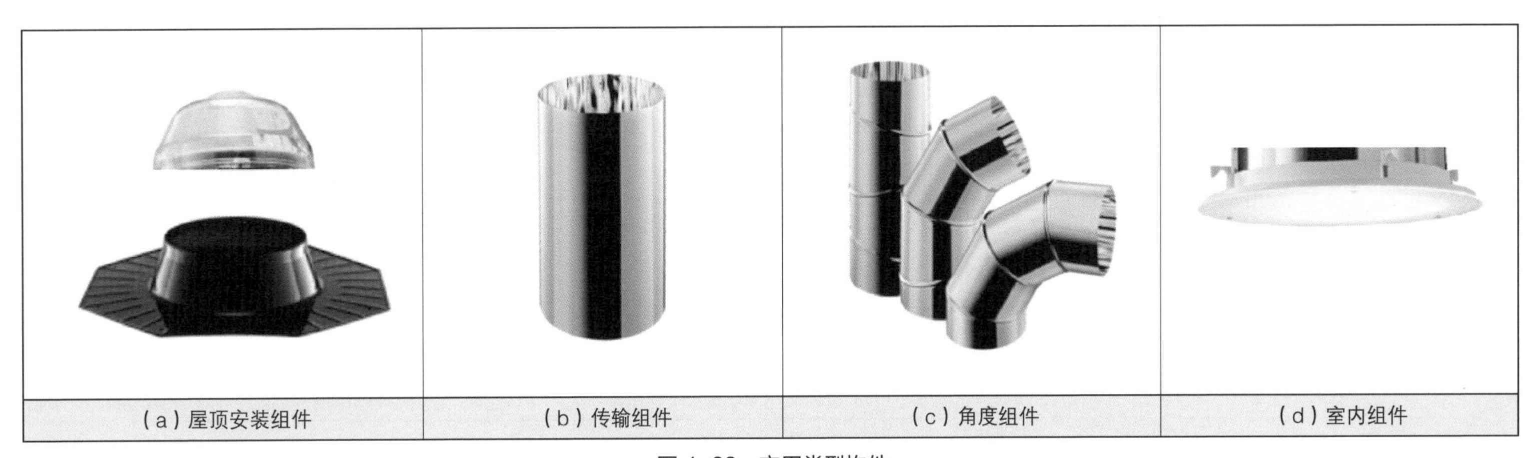

（a）屋顶安装组件　（b）传输组件　（c）角度组件　（d）室内组件

图 4-32　家用类型构件

（2）商用类型（图 4-33）

在储藏室和小型办公室的商业应用中，也同样具有巨大潜力。采用 Raybender3000 光线折弯者技术——一项融合在屋顶采光罩中拥有专利的光学创新技术。系统可以有效地在屋顶采集太阳光，然后通过高反射率的七彩无极限管道将光线传输到室内。该系统可以单个或多个配套用于室内区域以实现可预测的照明效果。它们还可以用于创建像洗墙和拱腹照明等特定建筑效果。

导光管日光照明系统应用多样，通过安装在屋顶的装置来采集自然光线，并将光线输送到建筑物内部。这些系统可以提供高度可预测光照水平，使它们能够在类似于传统照明设备的商业采光中设计应用。

（3）大空间商用类型

大空间商用系列是为大体量空间专门设计的突破性导光管日光照明系统，一般使用在开放式吊顶空间，如机场、会展中心、大堂、仓库、生产厂房和零售中心。它捕捉屋顶上的自然光，通过安装在室内的超高反射率的七彩无极限管道进行传输。系统的基本组件是直径为 740mm 面向天空的开孔，让更多的光线进入。白天为照明区域提供较高的照度，系统之间的距离更大、屋面开孔更少。大空间商用系列为业主方和建筑设计师提供了一款能提供更大输出的日光照明解决方案。

（a）调节组件　（b）屋顶安装组件　（c）传输组件

（d）角度组件　（e）室内组件　（f）核心组件

（g）核心组件 + 扩光器　（h）核心组件 + 集光器　（i）核心组件 + 集光器 + 扩光器

图 4-33　商用类型构件

5）工程案例

陕西西安西门子电子工厂（图 4-34）

项目地点：陕西省西安市未央区凤城二路 30 号

这座 4082m² 的厂房位于西安开发区，建筑结构是一个两层的平面为 U 形的钢结构框架，设计有大面积的、可在面积和设备动力上灵活转换的生产空间，采光方面使用导光管日光照明装置，将室外光线导入室内并重新分配，充分满足室内采光需求。

（a）室内照明

（b）屋面光伏板

（c）内景透视

图 4-34 陕西西安西门子电子工厂

陕西汉中西乡金溪华庭小区（图 4-35）

项目地点：陕西省汉中市西乡县北环路樱桃沟景区主入口西侧

金溪华庭小区占地面积 6.5 万 m²，总建筑面积 18.5 万 m²。附加日光照明系统可以避免重复安装电力照明系统，白天使用日光照明系统采光照明，晚上利用光伏系统白天所发的电带动光导系统里加装的 LED 灯具进行照明，可实现自动智能控制。

（a）室外照明

（b）室内照明

图 4-35　陕西汉中西乡金溪华庭小区

4.2.3 智能遮阳系统

1）部品介绍

由遮阳织物及其他材料制成的遮阳物，结合智能控制系统，能够自动调节遮阳的面积和位置，以降低建筑的内耗能量，利用高技术创造低能耗的环境，合理利用气候、阳光等自然因素（图 4–36）。

（a） （b） （c） （d） （e）

图 4–36 智能遮阳系统

2）部品优势

（1）通过良好的遮阳设计在节能的同时又可以丰富室内的自然采光；

（2）丰富建筑造型及立面效果；

（3）智能化角度使遮阳达到最佳的效果。

3）部品特点

（1）智能遮阳系统主要依靠智能控制系统来实现节能的目的。现在运用最多的智能遮阳控制系统是基于 LONWORKS 控制网络的技术，可实现下列功能：系统依据当地气象资料和日照分析结果，对不同季节、日期、时段及朝向的太阳仰角和方位角进行计算。再由智能控制器按照设定的时段，控制不同朝向的构件翻转角度。通过屋顶设置的多方位阳光感应器检测是晴天还是阴天。阴天时，系统控制遮阳构件打开；晴天时，则按阳光自动跟踪模式执行。同时还根据大楼自身形体及周边建筑的情况建立遮挡模型，将参考点每天的阴影变化计算出来，存储在电机控制器里，再按照结果自动运行。智能遮阳控制系统软件包括计算机监控软件和智能节点控制软件两个主要功能模块。

（2）作为建筑智能化系统不可或缺的智能遮阳系统，随着技术的不断进步和建筑智能化的普及，建筑遮阳将会有更加完备的智能控制系统。预计未来会有越来越多的建筑将采用智能遮阳系统。因此，在设计阶段该系统就应被集成应用，以使其应用效果达到最优。

4）部品结构

FTS 遮阳系统

最常见的天棚帘系统，全称为“Fabric Tension System——面料张力系统”（图 4–37）。

（1）双电机系统，最有效的智能遮阳解决方案；电机内置电子刹车系统，可外接控制器调节其张紧力度，系统运行到位，其中一台电机反转使面料平整，不下垂；

（2）驱动面积较大时，可采用钢丝绳或导轨导向，可做成水平、弧形、倾斜结构；

（3）单幅最大长度 20m，最大幅宽 2.5m，电机最大驱动面积 $50m^2$；

（4）实现无线遥控、红外遥控、手动开关、群控、远程控制；

（5）遮阳效果：使用时，面料平整张紧着，适用于购物广场、体育馆等大型遮阳场所。

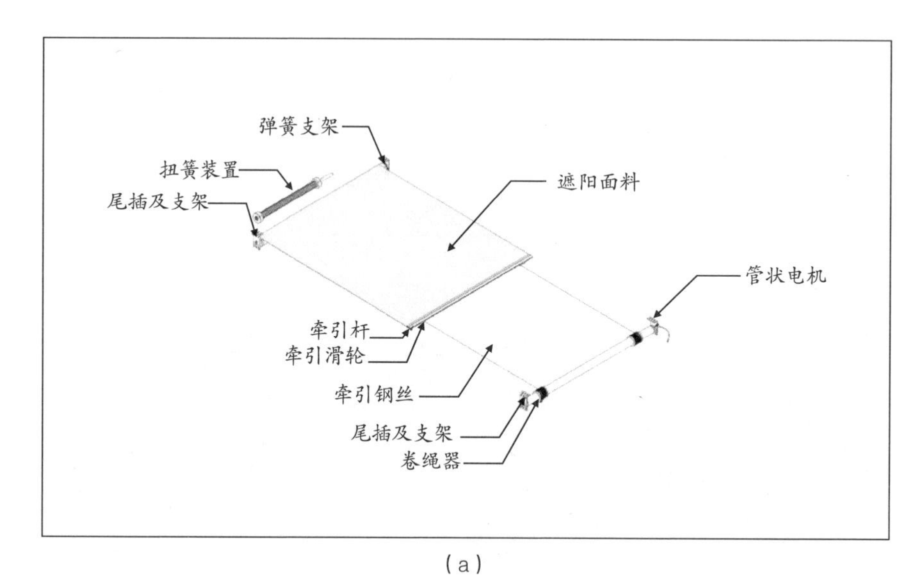

（a）

（b）

图 4–37　FTS 电动天棚帘

5）工程案例

甘肃省博物馆（图 4-38）

项目地点：甘肃省兰州市七里河区西津西路 3 号

甘肃省博物馆位于甘肃省兰州市七里河区西津西路3号，是甘肃省规模较大的综合性博物馆，该馆建于 1956 年，建筑面积约 2.1 万 m^2，展览面积约 1.3 万 m^2。室内展厅顶棚设置智能遮阳系统，根据室外光线强度自动调节遮阳位置和面积，创造舒适的室内环境，有效减少建筑能耗。

（a）内景透视

（b）屋顶天窗

（c）建筑外景

图 4-38　甘肃省博物馆

4.3 室外排水部品部件

4.3.1 pds 防护虹吸排水收集系统

1）部品介绍

土壤渗入水不断通过高分子防护排（蓄）水异型片流至虹吸排水槽。在虹吸排水槽上安装透气管，虹吸排水槽内的水在空隙、重力和气压作用下很快汇集到出水口，出水口通过管道变径的方式使虹吸直管形成满流从而形成虹吸，虹吸排水槽内的水不断被吸入观察井。经观察井排入雨水收集系统内，待晴天需要对绿化植物进行浇灌时再对雨水进行循环利用。这样就从以往的被动排水转变成了现在的主动式排水，从而真正实现了零坡度、有组织排水（图 4-39）。

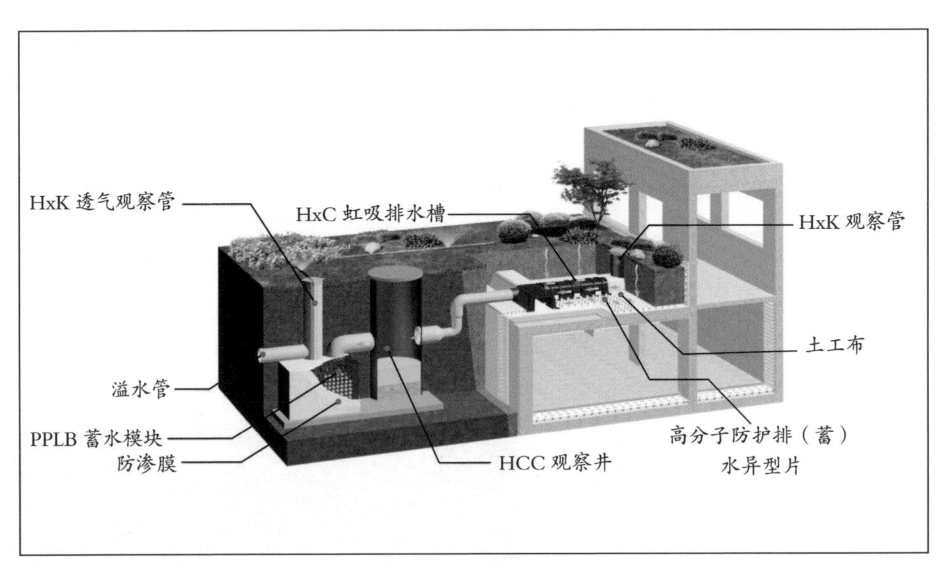

图 4-39　pds 防虹吸排水收集系统工作原理图

2）部品优势

（1）节约施工周期；

（2）直接降低种植顶板构造成本；

（3）节约车库顶板大面积找坡困难，可以做有组织排水；

（4）有效降低防水层承受的静水压；

（5）渗透水可以进行回收再利用，相对于传统雨水回收利用更经济；

（6）有效降低种植顶板构造厚度，增加种植土厚度，为管网留出更多施工空间；

（7）有效降低种植顶板滞水，减少植物因滞水导致烂根的情况。

3）部品特点

（1）节约构造层次：相对于传统做法，取消了（自上而下）细石混凝土保护层、隔离层、找坡层。代替了传统的排水过滤层（图 4-40）。

（2）节约施工周期：相对于传统车库顶板构造做法节约了 50%~70% 的施工周期，对于开发商来说，节约施工周期就是直接降低管理成本（图 4-41）。

（3）降低车库顶板造价成本：相对于传统车库顶板构造做法直接降低 14%~30% 原有车库顶板构造中材料及人工成本（图 4-42）。

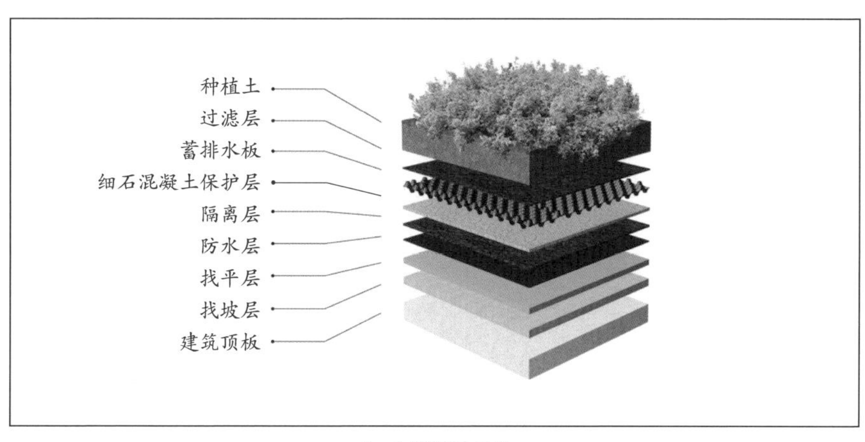

（a）现设计做法

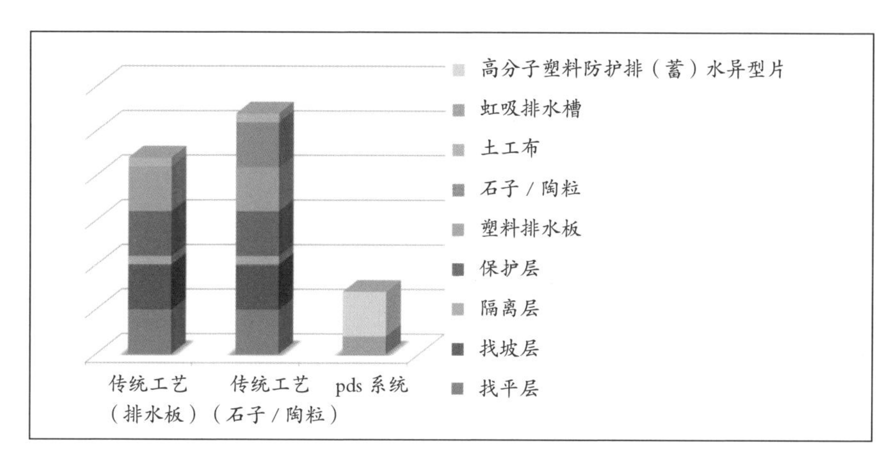

图 4-41 节约施工周期

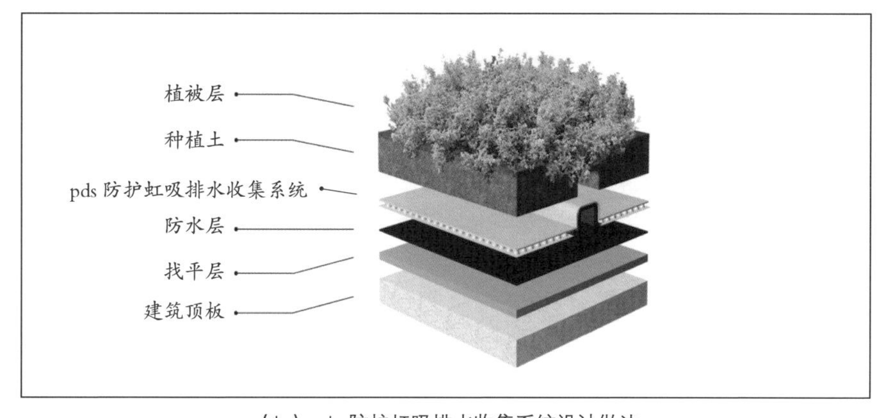

（b）pds 防护虹吸排水收集系统设计做法

图 4-40 节约构造层次图示

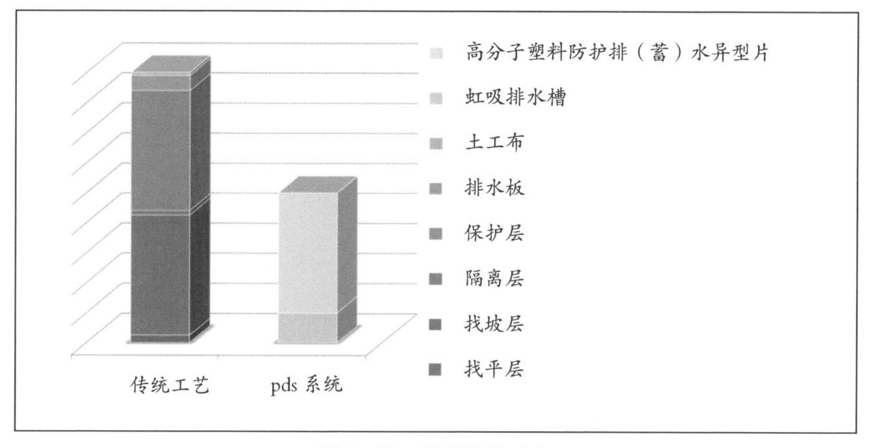

图 4-42 降低造价成本

4）工程案例

万科润园（图 4-43）

项目地点：陕西省西安市长安区

项目占地 216.7 亩，项目地上建筑面积约 47 万 m^2，地下建筑面积约 8.5 万 m^2，项目包含高层和洋房。2019 年车库顶板采用 pds 防护虹吸排水收集系统，施工面积约 4.1 万 m^2，为项目节约一个月工期，车库顶板构造成本下降 20%，排水系统运行正常。

（a）建筑外景

（b）排水系统施工项目

图 4-43　万科润园

枫丹丽舍（图 4-44）

项目地点：陕西省西咸新区秦汉新城

总占地 400 亩，总建筑面积 50 万 m^2，主要以联排和叠拼别墅为主。该项目楼距较小，东西向跨度大，2016 年车库顶板采用 pds 防护虹吸排水收集系统，分两个标段，施工面积约 7.5 万 m^2，解决了项目排水困难问题，降低车库顶板渗漏风险，提高了覆土厚度以及植物成活率。

（a）排水系统施工项目

（b）建筑外景

图 4-44　枫丹丽舍

4.3.2　雨水模块排水收集系统

1）部品介绍

雨水蓄水模块主要用于雨水的收集、储存和调蓄，降雨时将雨水暂存，待大流量下降后将雨水排出，有利于规避雨水洪峰，同时利于雨水循环利用。塑料模块采用高再生 PP 材料，以满足绿色建筑设计要求，一组塑料模块由上下两块立柱式单体对接而成，具有很高的抗压强度及稳定性，模块拼接成整体的箱体，它们之间通过专用连接销连接，增强了系统的整体性。模块的材料结构占用空间较少，蓄水空间充足，雨水可以在其中自由交换流动（图 4-45、图 4-46）。

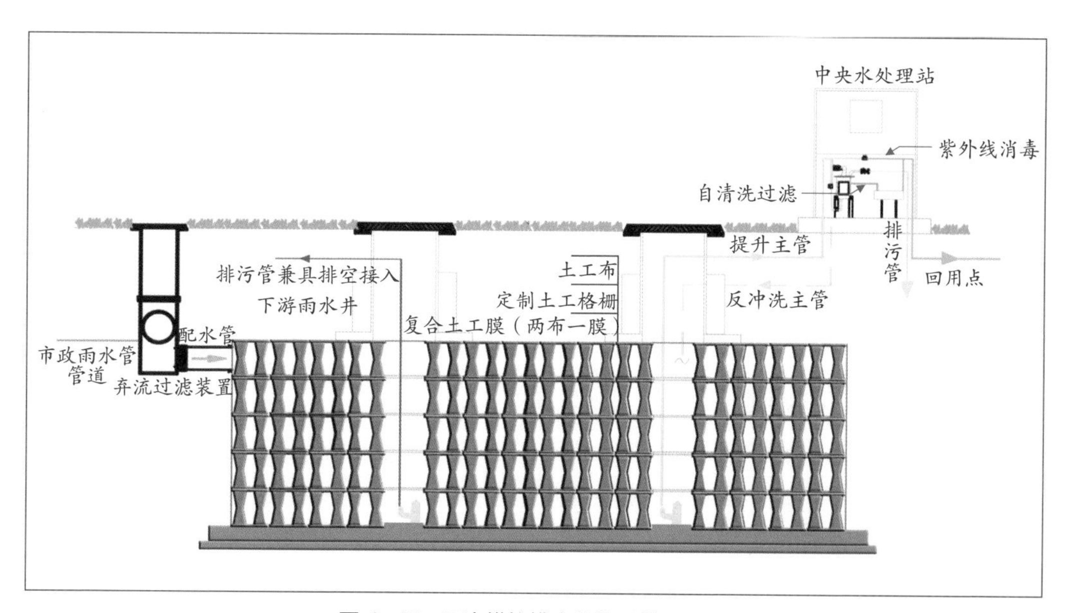

图 4-45　雨水模块排水收集系统原理图

2）部品优势

（1）结构简单、易拼装，大大节省人力、工时；

（2）可叠摞堆放，占地面积小，运输方便，减少物流费用；

（3）高分子材料具有耐酸碱、抗老化、耐腐蚀、无异味、外壁光滑、不易滋生细菌等特点；

（4）多面形立柱状产品结构，使垂直向的抗压强度显著增强，解除了因承载力不够造成地面塌陷的后顾之忧；

（5）调蓄模块埋地后，可快速冲洗，排除淤泥、杂质等沉淀物，净化了水质。

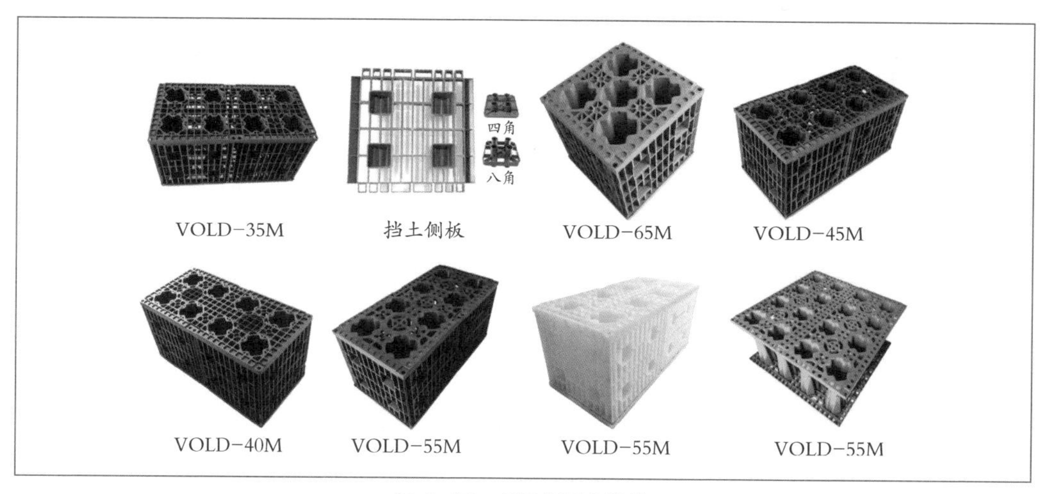

图 4-46　多规格雨水模块

3）部品特点

（1）施工安装方便，布局灵活，施工简便（图 4-47）。

PP 雨水模块施工周期仅为传统水池施工周期的 1/3；它收水面广，可多种方式铺设；可以自由拆卸和拼装。

（2）节省空间

PP 雨水模块不占用地上空间，可安装在花园、草坪等下部，不影响环境美观。

（3）环保产品，符合产业政策

采用优质再生塑料生产，符合绿色环保要求，主体模块可重复利用，减少不必要的浪费。

（4）抗压强度高

本产品为立柱式承压设计，顶部承压强度 30~70t。

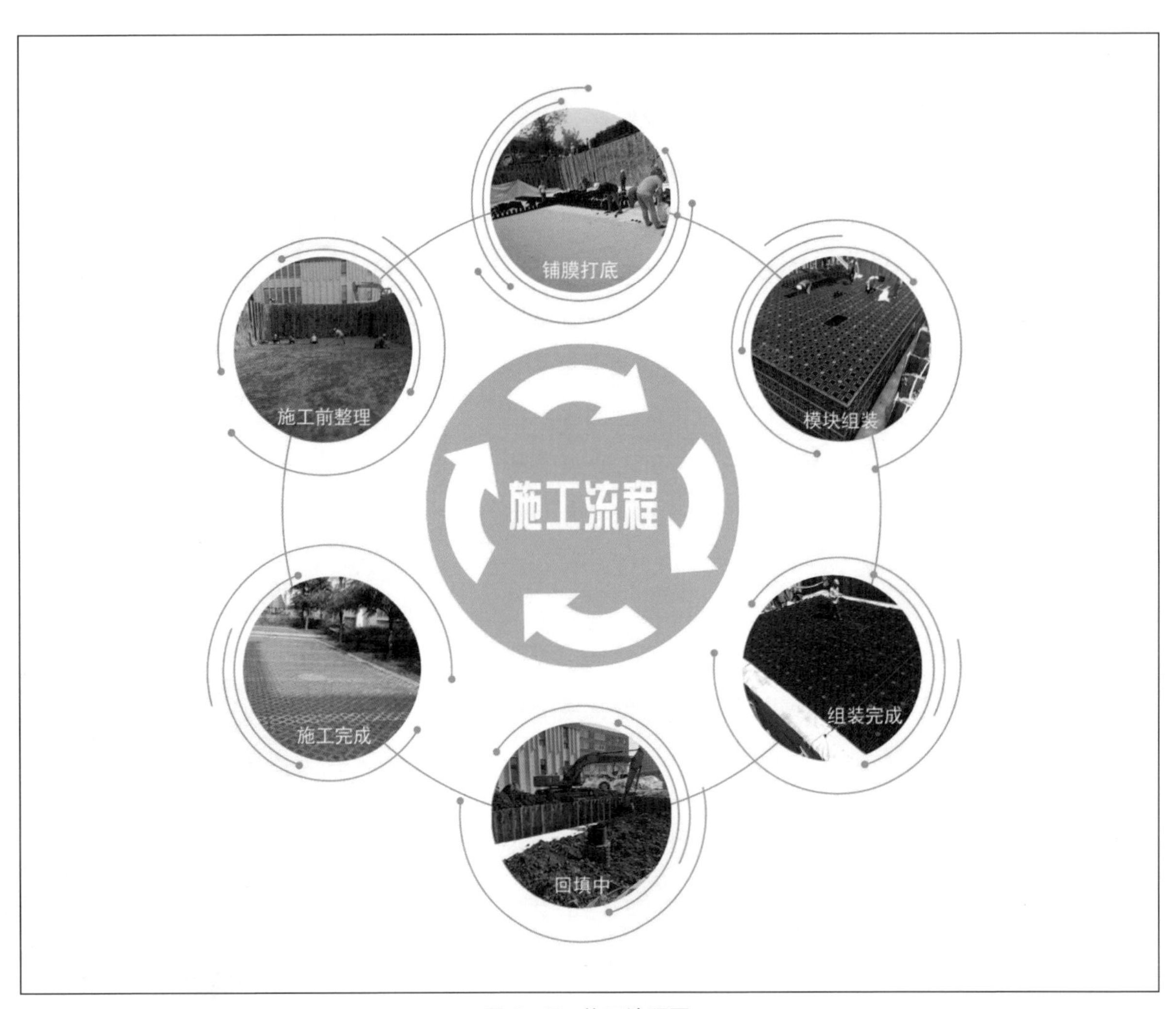

图 4-47　施工流程图

4）工程案例

西部云谷一期

项目地点：陕西省西咸新区沣西新城

沣西新城作为全国首批“海绵城市”建设试点区域，积极开展雨水收集利用体系建设。西部云谷项目一期总用地 100 亩，总建筑面积 16.3 万 m^2，包括高性能数据存储基地、5A 甲级研发写字楼、科技企业孵化集群以及酒店餐饮等全方位生活配套，在建设过程中利用雨水模块建立排水回收系统（图 4-48）。

图 4-48　雨水模块施工示意

图書館

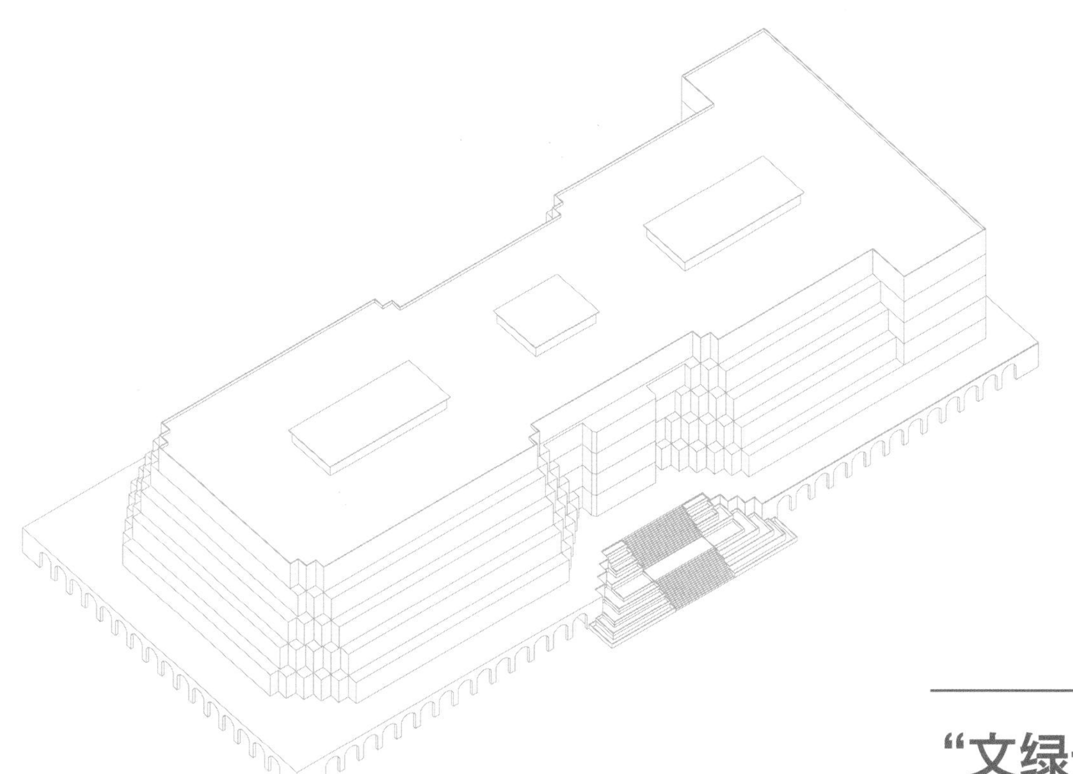

第5章

“文绿一体”的当代优秀建筑案例解析

本章从西北荒漠区自然环境、历史文脉、气候特点等地域特征出发，通过对典型地域建筑案例在建筑选址、场地设计、空间组织、结构形制、材料构造等方面形成绿色性能优异的现代建筑设计方法以及地域建筑文化与技术耦合方式的分析，梳理归纳具有地域特色的材料构件、构造技术、工程做法、绿色建筑技术与集成方式，为西北荒漠区现代地域绿色建筑设计提供借鉴。

5.1 甘肃兰州城市规划展览馆

5.1.1 项目简介

兰州市城市规划展览馆由中国建筑设计研究院有限公司设计，于2016年竣工，项目位于兰州市城关区人民路23号，基地北向毗邻城市道路，南向依偎黄河，景观条件优越，交通便利。展览馆占地面积约17亩（约1.1万 m^2），总建筑面积16460m^2，地下一层，地上四层，主要功能包括各主题展厅、影厅、多功能厅等（图5-1）。

展览馆临水而建，整体造型宛如被黄河水冲刷的巨石坐落在堤岸，形体设计通过不规则的体块切削展现着自然力量和岁月沉淀。场地设计与建筑外形相呼应，入口广场延续的折线起到指引作用，滨水区域呈坡地形态向黄河延伸，创造公共活动空间的同时以谦逊的姿态与环境对话。

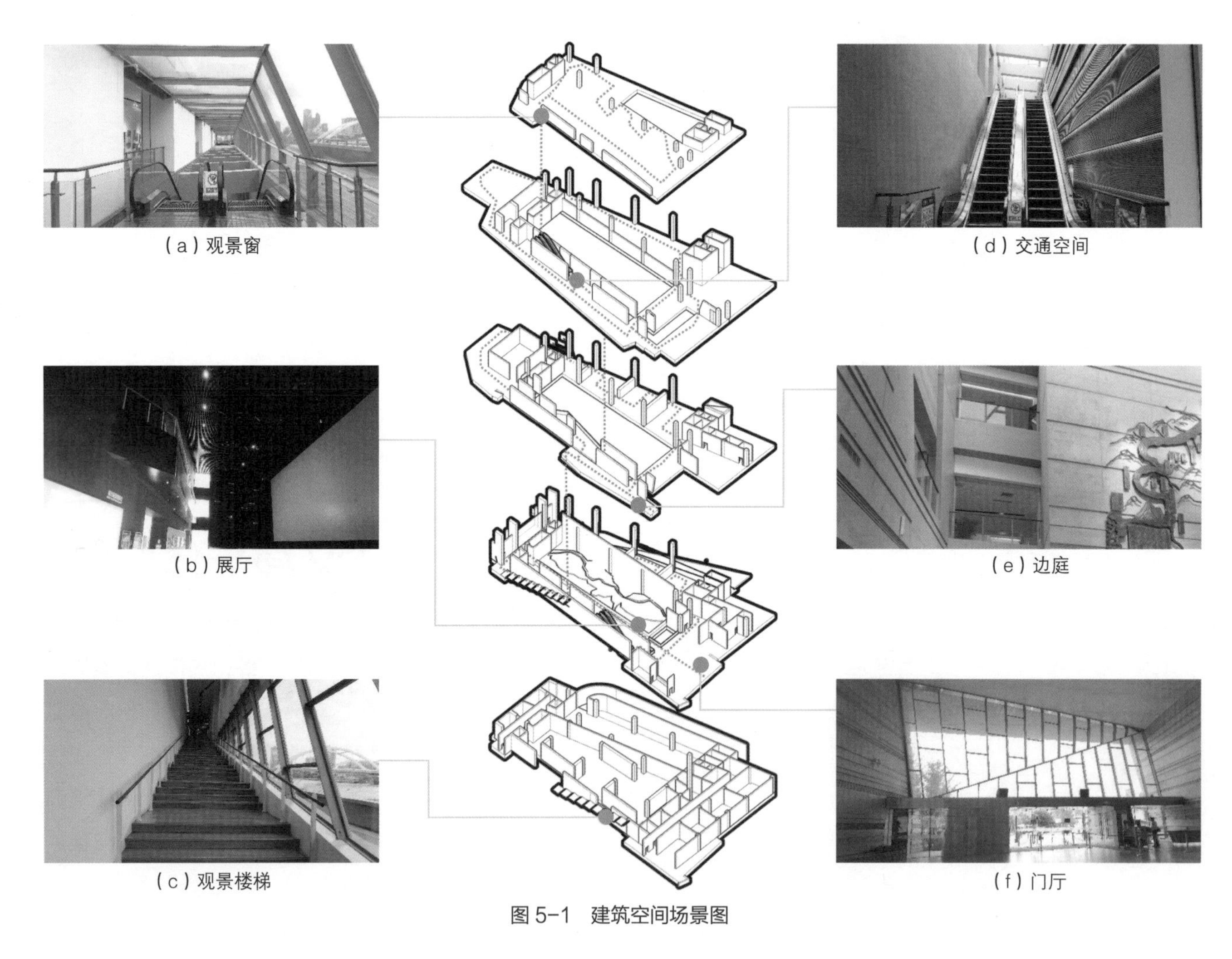

图5-1　建筑空间场景图

5.1.2 建筑设计

建筑立面材料选择现浇清水混凝土，表达出历经沧桑后的力量和粗犷，设计以水平凹缝产生横向纹理，外加玻璃观景窗塑造出丰富层次和精致感觉，同时避免了大面积混凝土材料的单调。墙体近地处外敷黄河卵石，呈现出自然风化的地貌效果，与周围环境完美融合，于细节之处体现地域特色（图 5-2）。

建筑内部功能按南北向划分观景与展示空间，南侧沿河面的观景楼梯配合横向长窗将室外壮阔的黄河美景引入馆内。展陈流线以回字形布置，围绕中央三层通高的城市模型展厅，在垂直方向产生对话关系。入口门厅等公共空间将外立面的质感和肌理延续，达到了室内外的和谐统一，展厅横向曲折的线条元素给人以视觉冲击，同时带来空间上的无限延伸之感。顶部天窗将自然光线引入挑空中庭，丰富了室内光影变化（图 5-3）。

建筑细节和装饰语言注重挖掘兰州地域文化中的独特性，如门厅面饰铜雕黄河图作品，又如展示空间线形曲折的形式，无不通过抽象和象征的手法演绎出九曲黄河的精髓。地域文化与建筑空间相辅相成，与视觉、触觉相关联，充分表达了建筑师的本土设计倾向（图 5-4）。

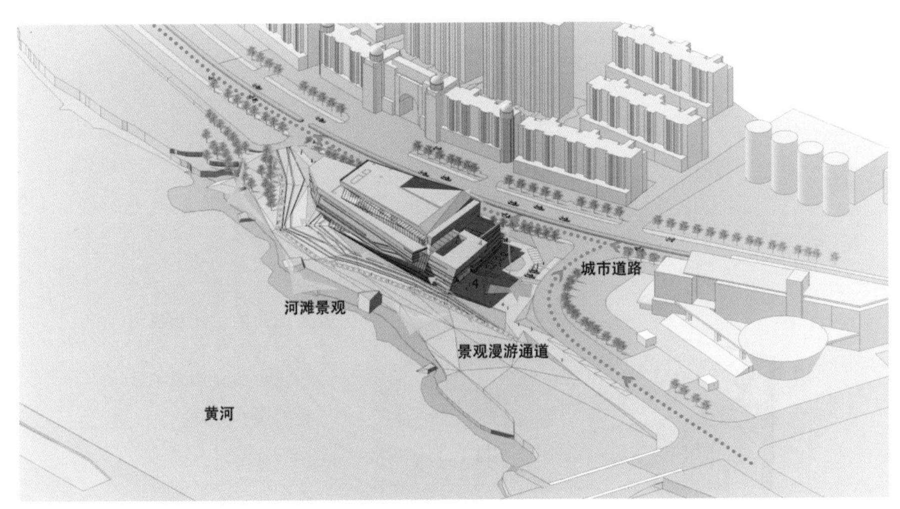

图 5-2　外部空间分析

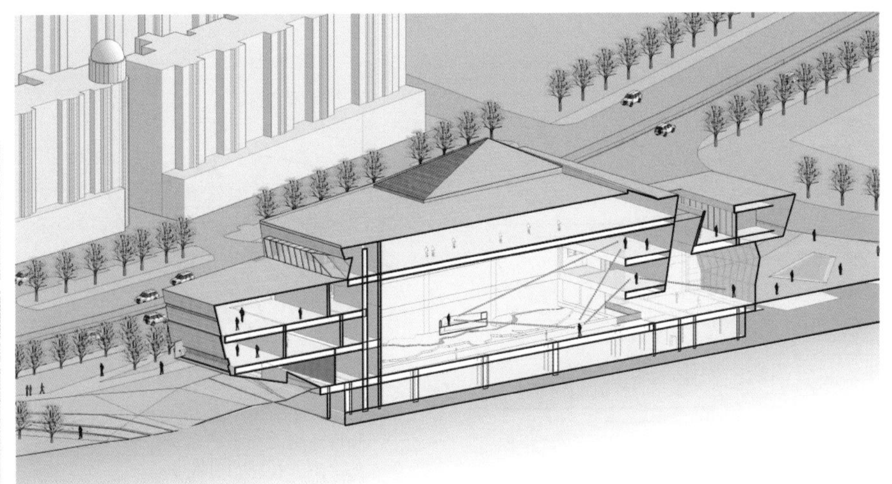

图 5-3　内部空间视线分析

（a）室外空间　　（b）立面肌理　　（c）室内空间

图 5-4　建筑室内外空间

5.1.3　地域建筑绿色技术集成（图 5-5~ 图 5-8）

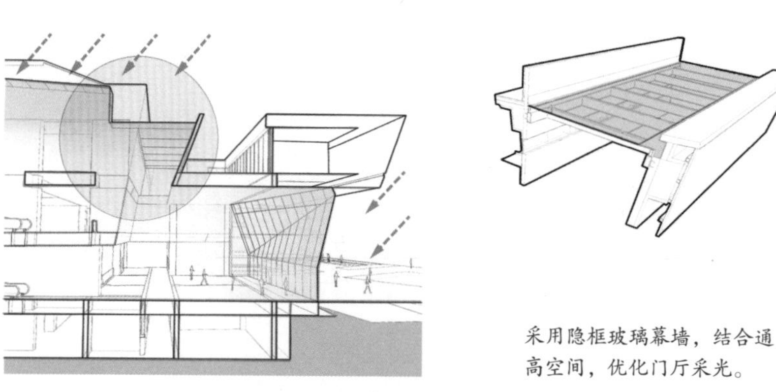

图 5-5　玻璃幕墙及天窗构造分析

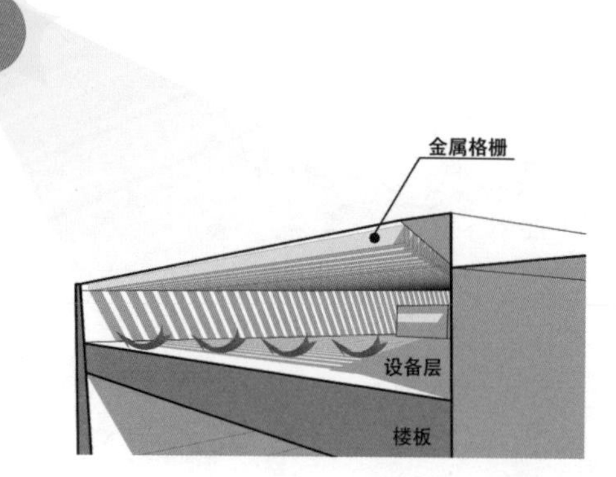

双层屋面的设计加强了屋顶的保温隔热性能，格栅增强了屋面间层的空气对流。

图 5-6　屋面构造分析

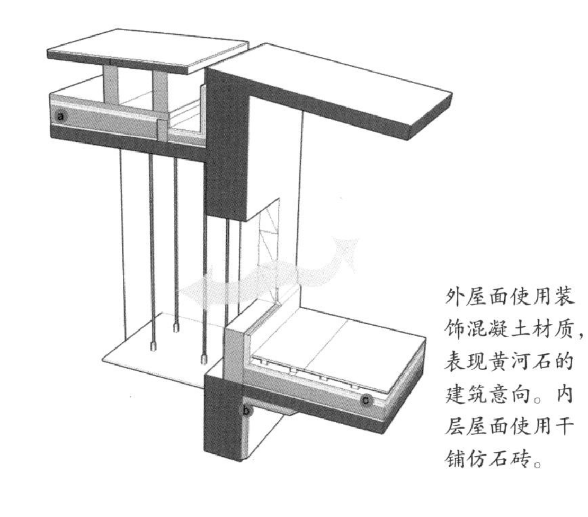

外屋面使用装饰混凝土材质，表现黄河石的建筑意向。内层屋面使用干铺仿石砖。

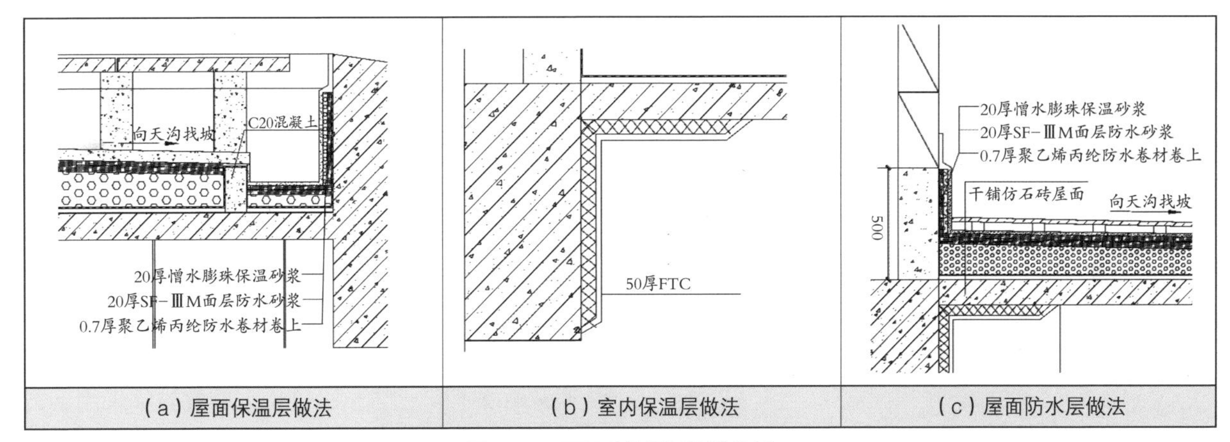

图 5-7 屋面系统保温构造分析

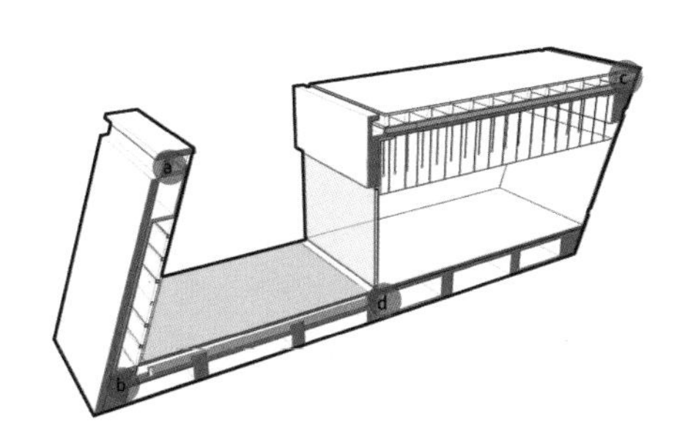

清水混凝土做法：

（1）暖黄色清水混凝土，采用现浇工艺，混凝土外表面模拟横向石头纹理，要求螺栓孔分布均匀（施工前设计模板图，由设计方确认）；

（2）在拆模后做适当打磨处理，之后混凝土外表面涂刷透明氟碳混凝土保护剂。

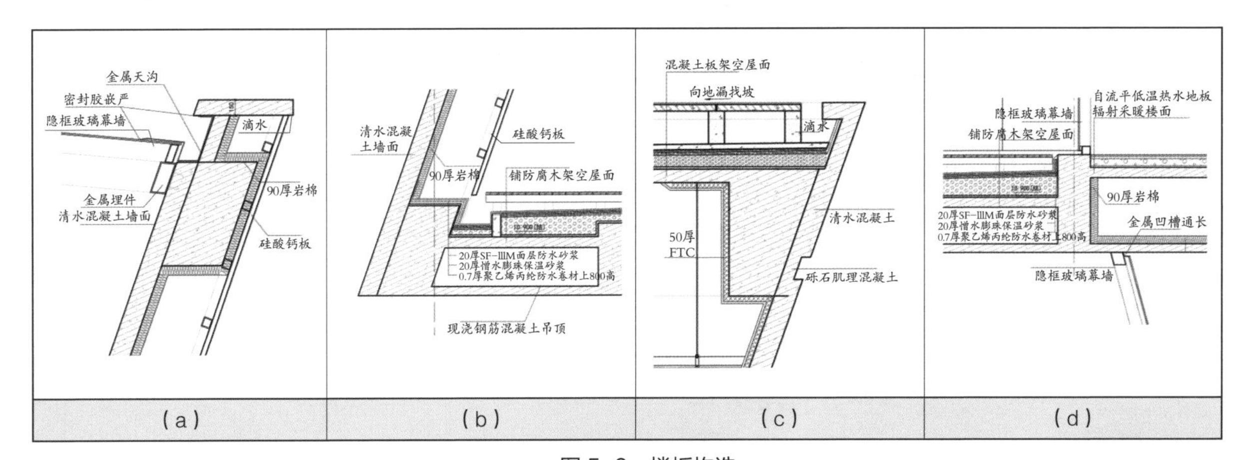

图 5-8 楼板构造

5.2 宁夏银川宁夏大剧院

5.2.1 项目简介

宁夏大剧院由杭州中联筑境建筑设计有限公司设计，位于银川市金凤区北京中路泰康街9号，北邻银川市文化艺术中心，西依宁夏图书馆、博物馆组团，地理位置优越。项目占地 5.4 万 m^2，总建筑面积 48610m^2，地下一层、地上六层。建筑取“花开盛世”为核心设计理念，荷花瓣状的立面与穹顶造型新颖独特，寓意着和谐、吉祥和希望，将宁夏传统地域特色与时代精神完美融合（图 5-9）。

图 5-9　建筑实景图

大剧院整体采用下方上圆的构图形式，不仅与周边建筑的方整形体和体量达到协调统一，同时在组团关系中突显出自身的核心和主体形象。大剧院的西侧为观众主入口，南北两侧分布多功能厅及贵宾出入口，东侧为后台出入口，各入口独立设置互不干扰，实现了人流的分散（图5-10）。

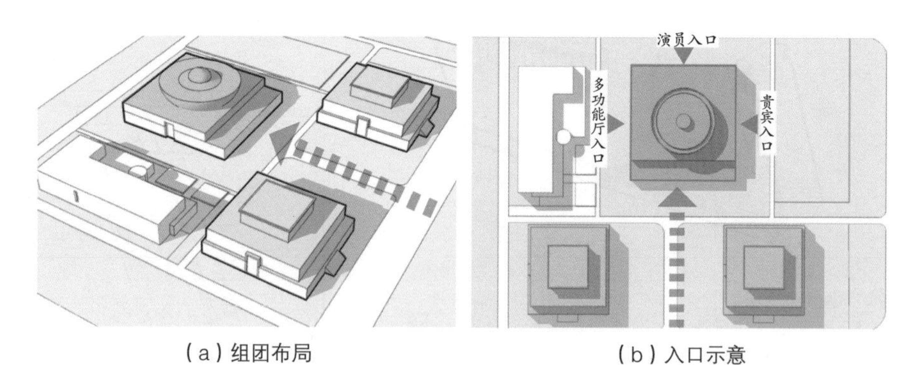

（a）组团布局　　（b）入口示意

图 5-10　建筑总体布局与分析

5.2.2　建筑设计

伊斯兰文化作为宁夏地域文化的代表，在建筑设计中得到了充分的表达。总体造型如统领整个建筑的穹顶和尖券意象的拱廊等，细节处理如装饰纹饰和柱式等，均能体现出明显的伊斯兰风格。这种地域文化的传承并非模仿式的照搬，而是在当代建筑创作的新语境下将其重新提炼和解读，并融入现代审美和理念的再创作，这使得大剧院与其所处的宁夏地域文脉联系紧密，充分体现了当地场所精神（图 5–11）。

（a）拱廊

（b）柱廊

图 5–11　建筑的地域性体现

大剧院立面为中轴对称式构图，方形基座上托举着中心升起的白色荷花造型，展示着建筑的民族特性。与此同时，基座体块、花瓣状板块围合成的主体部分以及中心的穹顶，分别为传统建筑台基、屋身与屋顶的三段式转译。建筑整体的天际轮廓、曲面板块与特色门洞也以不同的形式和尺度，表现着传统民族风格与伊斯兰文化（图 5–12）。

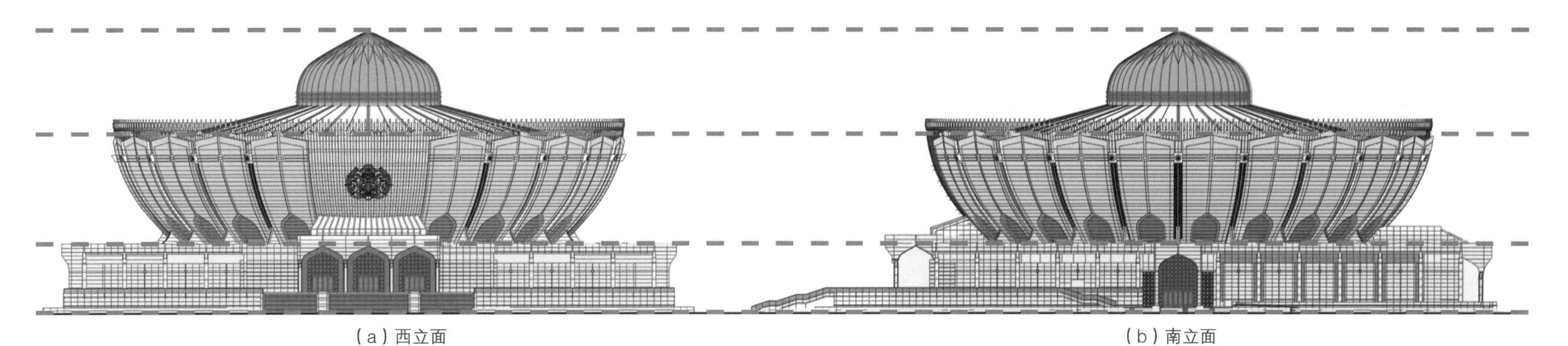

（a）西立面　　（b）南立面

图 5–12　立面分析

5.2.3 地域建筑绿色技术集成

宁夏地区属温带大陆性气候，主导风向为冬季西北风和夏季东南风。基地北侧的大面积绿化可作为防风林，有助于缓冲冬季寒风的侵袭；南侧水体的布置可有效降低夏季热风温度，结合建筑曲面形体，起到一定的通风与降温效果，场地设计体现出强烈的气候适应性特征。

建筑立面以花岗岩石材的实墙为主，各部分的窗洞相对集中。建筑底座的细高窗、花瓣状板块底部的尖券窗以及主入口顶部的玻璃幕墙等，大多采用了伊斯兰式样的细密装饰或竖向百叶，一定程度上起到了夏季遮阳和减少冬季冷风渗透的作用，提高了建筑的保温性能，同时也有利于剧场建筑的声学设计（图 5–13）。建筑的整体通风为风压与热压结合的方式，气流穿过非完全封闭的立面板块使得风速加快，有助于建筑的风压通风。高高升起的中心穹顶与大厅并非完全分隔，顶部天窗开启后形成烟囱效应实现热压通风，通过自然通风降低室内温度。建筑外立面与建筑主体空间设有空气间层，结合顶部穹顶形成闷顶，因而可作为气候缓冲空间减少外部的热辐射传导进入室内。大厅避免阳光直射，采用间接自然采光，同时外围布置的非主要使用空间形成温度阻尼区，夏季减少主要使用空间的直接得热，冬季同样可减少内部的热量损耗，降低对空调及采暖设备的依赖（图 5–14、图 5–15）。

（a）

（b）

图 5–13　立面窗洞

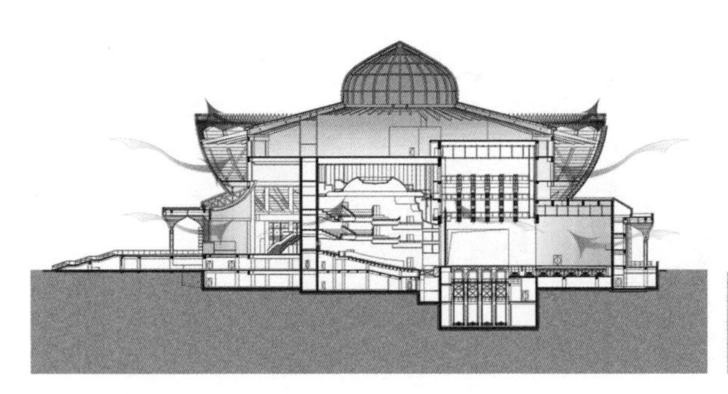

图 5–14　通风分析

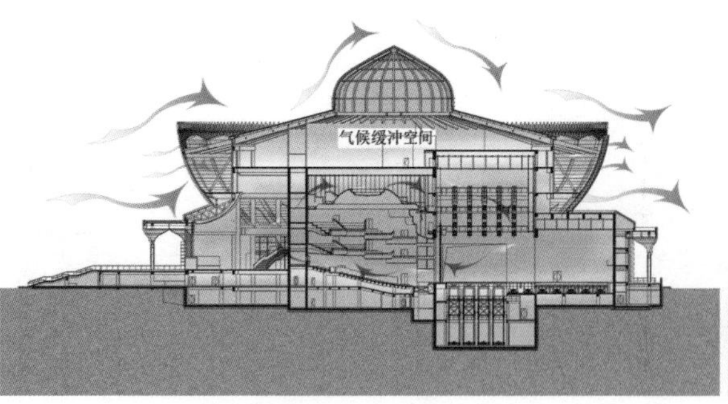

（a）保温原理

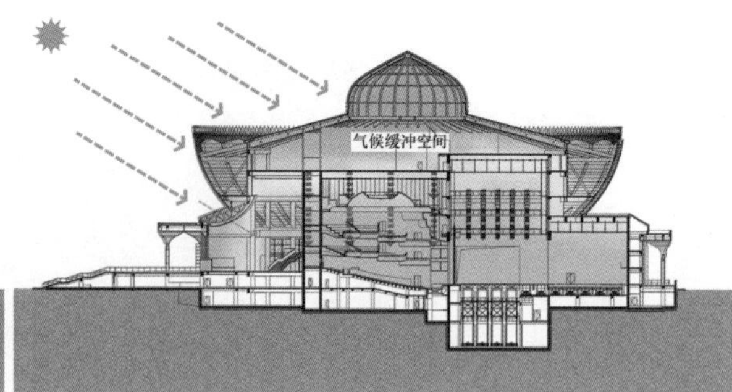

（b）隔热原理

图 5–15　保温与隔热分析

5.3 甘肃敦煌莫高窟数字展示中心

5.3.1 项目简介

敦煌莫高窟数字展示中心由中国建筑设计研究院有限公司设计，于 2014 年竣工，项目位于甘肃省敦煌市郊区，314 省道南侧，距离莫高窟约 15km，基地视野开阔，景观条件得天独厚。项目占地面积 4 万 m^2，总建筑面积 11825m^2，主体一层，局部二层。建筑主要功能包括游客接待、数字影院、多媒体展示、餐厅商店、办公后勤等（图 5–16）。

图 5–16 建筑实景图

这座建筑运用数字和多媒体技术对游客进行参观莫高窟前的接待和展示，缓解了庞大数量的旅游活动对石窟遗址造成的压力。设计通过建筑形体和材料的合理运用，将沙漠地景建筑的特征充分体现，同时运用低技术绿色设计策略，将敦煌的地域文化特色与生态节能完美融合（图 5-17）。

图 5-17　建筑造型

5.3.2 建筑设计

建筑的形体设计基于其所处的独特地理环境，基地周边是一望无际的戈壁滩，因此设计意向取自莫高窟壁画中的飞天彩带和沙漠中的流沙，建筑的体量虽然巨大，但起伏交错的自由曲线形体富有动势又谦逊低调，建筑像是从沙漠中生长出来，与环境融为一体（图 5-18）。

建筑外墙通过水洗石工艺的处理，以质朴的色彩与环境相统一，同时体现出粗犷的力量感。立面开窗的构图形式像莫高窟洞窟般错落，结合阳光照射下光彩熠熠的球幕剧场，在建筑之外构成一幅沙漠美景（图 5-19）。流畅的形体特征同样从室外向室内空间延续，内部功能空间的划分顺应外部形态的变化，与游客的参观流线整合一致，不同层高下的界面清晰明确，内外关系达到呼应和统一，将本土化的自然和文化特征表现得淋漓尽致。

图 5-19 建筑外部空间

（a）丹霞地貌

（b）沙漠绿洲

图 5-18 建筑意向来源

5.3.3 地域建筑绿色技术集成

敦煌地区属于典型的暖温带干旱性气候，昼夜温差大，降雨量少，夏季太阳辐射强，冬季寒冷，四季分明。设计基于当地的气候特征，通过对建筑空间、材料、构造的合理选择和控制，进行低成本低技术的建筑绿色性能提升设计。

设计在采光方面充分利用自然条件，利用建筑形体的交错形成采光井和采光窗，优化室内大厅的自然采光，同时在内部空间产生丰富的光影变化；在通风方面，采用架空式通风屋面，配合窗洞的空气流通，在过渡季节可满足建筑的自然通风；在调节热环境方面，建筑在夏季结合地道沟自然通风系统降温，冬季采用清洁环保的地源热泵系统，有效降低传统设备的能源消耗和运行成本；在保温隔热方面，架空屋面可作为空气缓冲层，在夏季阻挡直接热辐射，在冬季作为保温层可减少室内的热损失。此外屋面结构和厚重墙体根据需要局部填充保温材料，更加强化了保温蓄热性能，有效提高室内热舒适度（图 5-20~ 图 5-23）。

在场地的综合设计中同样融入绿色节能的理念：建筑不同部位设置雨水收集系统，经过地下中水处理机房处理后用于绿化灌溉，达到资源再利用；停车场也选择绿化的方式，种植当地耐旱植物，调节场地的微气候。

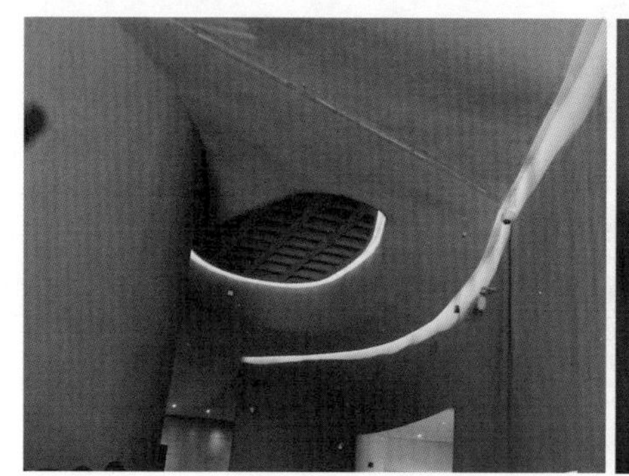

（a）室内屋面

（b）光影通廊

（c）采光井

（d）室外空间

图 5-20　建筑室内空间

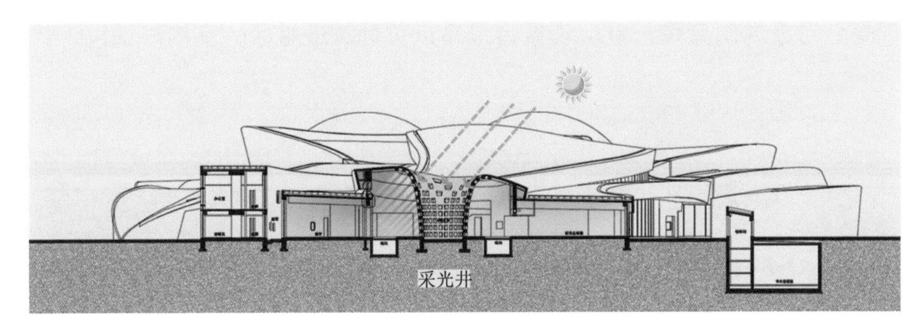

图 5-21 自然采光分析

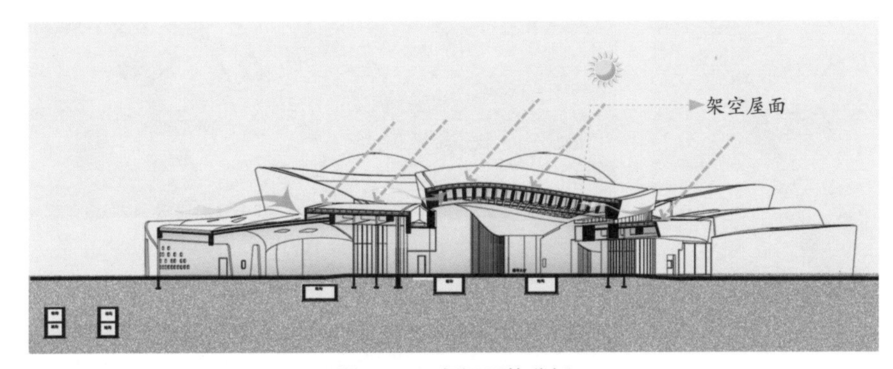

图 5-22 保温隔热分析

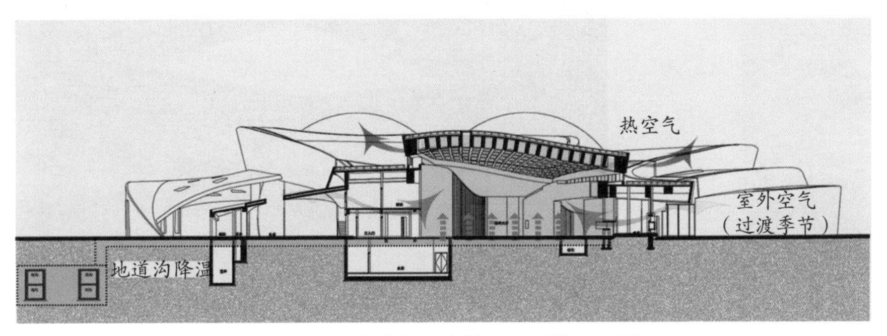

图 5-23 地道沟及自然通风系统示意图

5.4 甘肃敦煌玉门关游客服务中心

5.4.1 项目简介

玉门关游客服务中心改造工程由中国建筑设计研究院有限公司一合建筑设计研究中心 U10 设计，位于玉门关遗址南侧约 200m，是为缓解旧有游客服务中心难以满足现状需求而新建的项目，总建筑面积为 2584m^2。

场地通过线型墙体引导游客，粗犷的肌理与戈壁的荒凉地景相呼应。建筑多半体量被掩埋地下，使其对原有遗址区影响最小化（图 5-24）。

图 5-24 建筑实景图

5.4.2 建筑设计

现有场地将停车场安排在远离遗址区的最南侧，远处与戈壁融为一体的游客中心吸引着人们通过一段距离，拾阶而下，建筑逐渐浮现在眼前。半地下的空间处理一方面解决了场地由南向北存在的 6m 高差，同时以退让的姿态回应了体量较小的原有遗址（图 5-25）。

建筑内部观展区与后勤办公区分区明确，避免了人流干扰。观展流线围绕观景台形成内向庭院，登上观景台最高点可远眺遗址区，室内吊顶以汉代简书为原型紧密排列，再现了场所精神（图 5-26、图 5-27）。

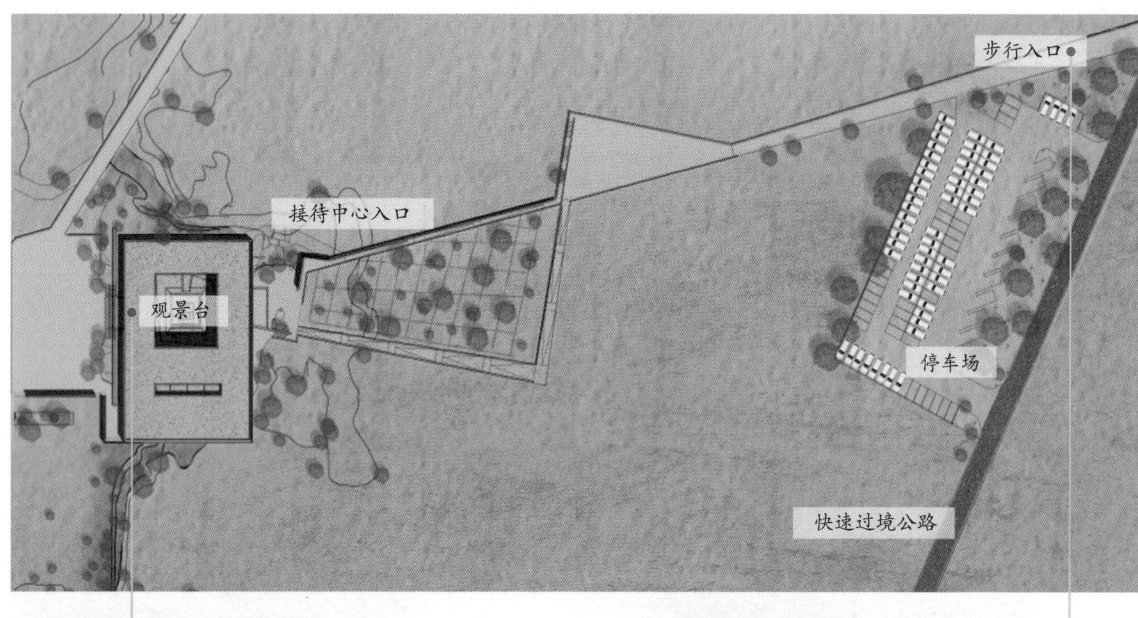

（a）玉门关遗址远景

（b）场地入口

图 5-25　外部场地分析图

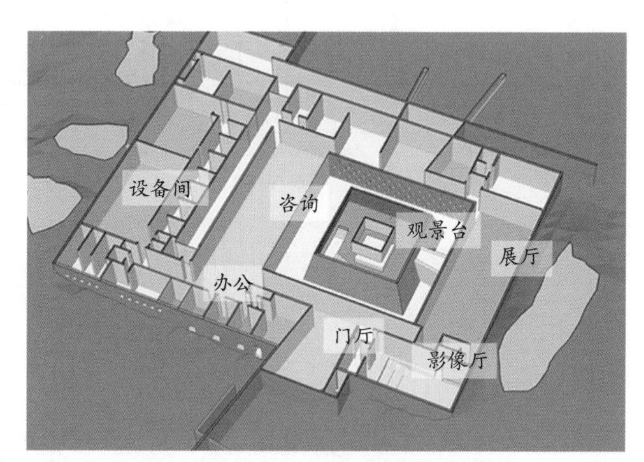

图 5-26　建筑功能分析图

图 5-27　观景台室内沙盘区

5.4.3 地域建筑绿色技术集成

玉门属于典型的大陆性干旱气候，夏季炎热干燥，冬季寒冷，日照时间较长，昼夜温差大，降水少且蒸发量大。为适应气候环境，建筑利用土壤良好的保温隔热性能，选择地上覆土的形式，达到冬暖夏凉的效果，提升人体热舒适度。墙体采用清一色水洗石，砌筑出厚重的体量，极大地抵御了戈壁风沙的袭扰。同时水洗石造价低廉，工艺简单，且耐磨性强。材料自身特殊的颗粒给人以自然质朴感（图 5-28）。

建筑立面开窗较少，集中于游客服务大厅，竖向间隔小窗的形式可在冬季渗透更少冷风，保证了建筑的保温隔热效果。局部采用百叶窗，用于夏季遮阳，从而减少夏季能源消耗。

建筑采用架空双层屋顶结构，空腔部分成为温度缓冲区，夏季减少热辐射，冬季减少热损失，从而节约运行成本（图 5-29、图 5-30）。内部

图 5-28 建筑室外空间

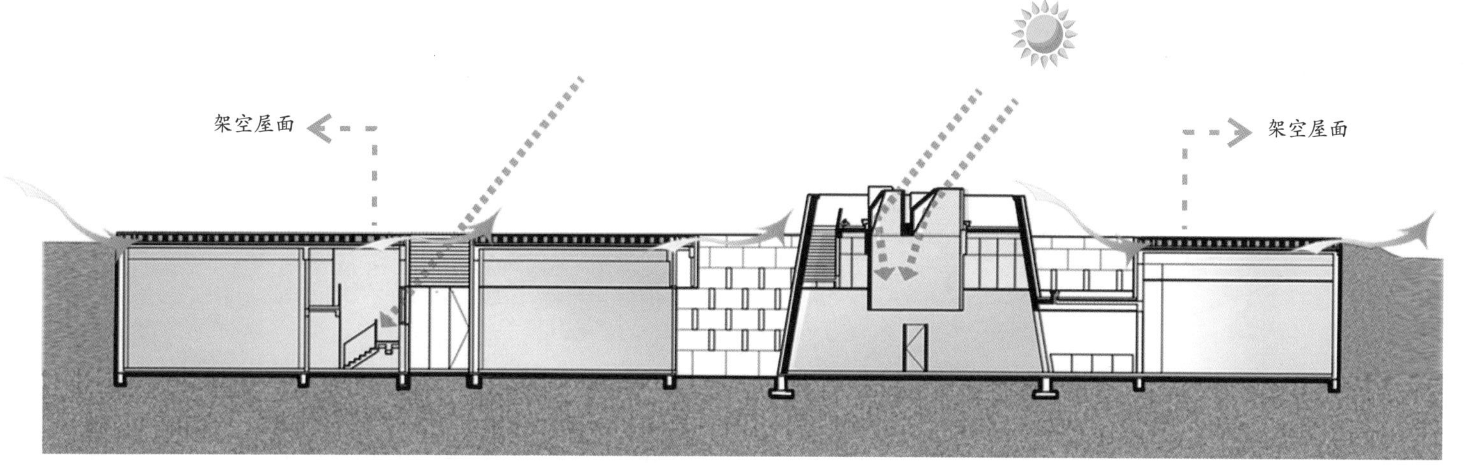

图 5-29 采光通风分析

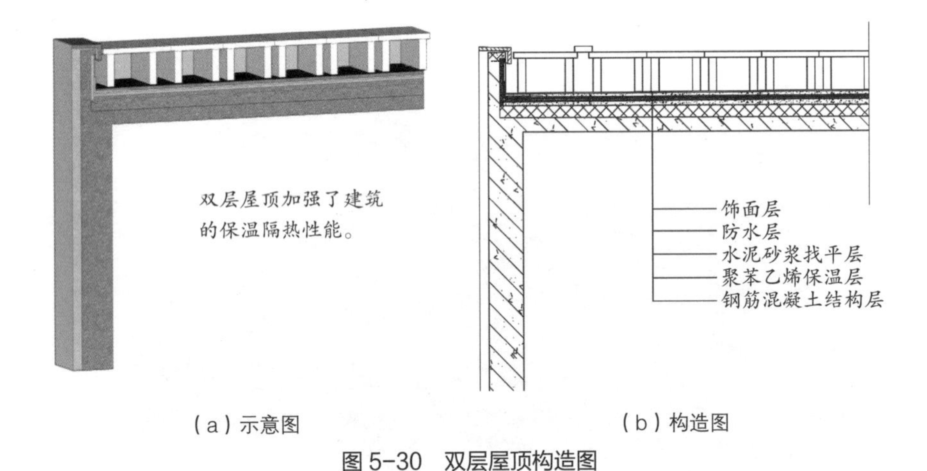

（a）示意图　　（b）构造图

图 5-30　双层屋顶构造图

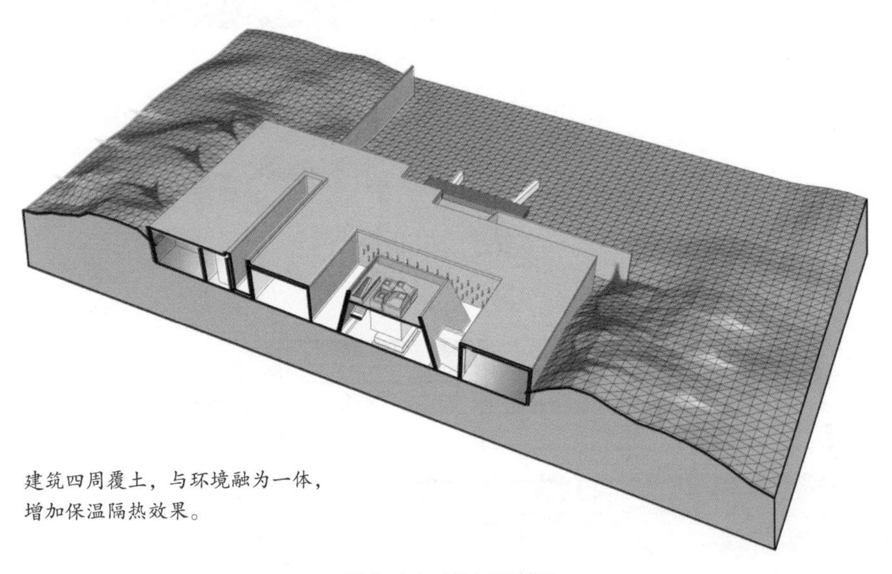

图 5-31　覆土示意图

采用地源热泵系统，清洁环保，且运行效率高、可靠稳定，大大降低了运营成本。观景台利用天窗采光，聚集在室内沙盘的光线经漫反射更加柔和。

建筑从设计、建造、运营、维护等方面综合考虑，采用了一系列适应当地地域特点的绿色技术手段，将能源消耗、运营成本以及对当地遗址环境的影响降到最低（图 5-31）。

5.5　新疆昌吉州文化中心

5.5.1　项目简介

新疆昌吉州文化中心由中国建筑设计研究院有限公司一合建筑设计研究中心 U10 设计，项目建成于 2014 年，建筑面积 58300m^2，位于昌吉回族自治州新城区。建筑外形朴素，造价相对较低，是一所集媒体运行、信息交流与展览演出为一体的公共空间（图 5-32）。

图 5-32　建筑实景图

5.5.2　建筑设计

昌吉地处天山北麓，冲积平原与沙漠盆地的地貌营造出“大漠孤烟直”的空旷景象，文化中心以荒漠地区夯土建筑代表——交河古城与高昌故城为原型，提炼出最简几何符号再组合，厚重的体块结合当地特有的土黄色材料，巧妙地呼应了荒漠景观（图 5-33）。

建筑采用化整为零的手法，将体量打散，创造了尺度宜人的聚落空间，功能盒子与景观组团相互穿插，产生多样化公共活动空间。从场地入口向后依次是演播大厅与艺术剧院、广电技术楼及办公综合楼。各体块间又通过连廊相互串联，暗含着媒体连接公众群体的纽带关系。演播厅通过大台阶引导人流，采用体块减法产生虚实明暗对比，连廊成了光影的舞台（图 5-34、图 5-35）。

（a）建筑形体

（b）交河故城

图 5-33　建筑外观与意向

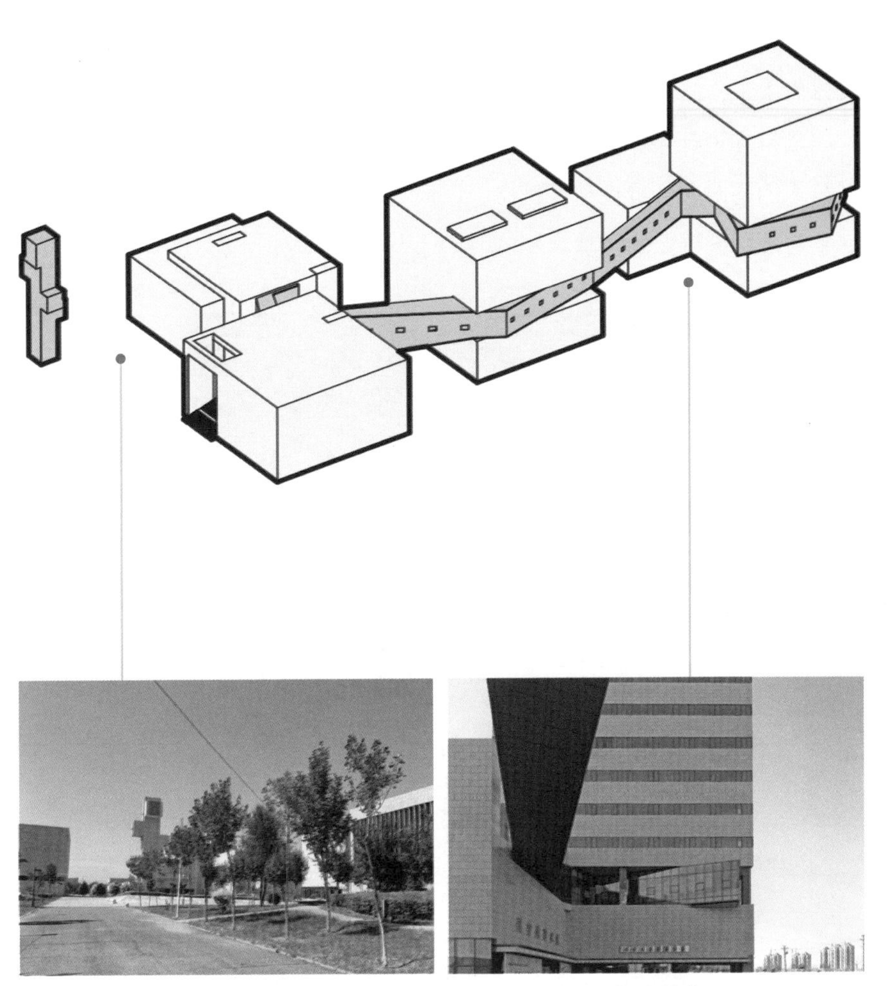

（a）入口广场

（b）连廊

图 5-34　空间节点示意图

40m 高垂直向上发展的观景塔在厚实低矮的建筑间成为象征符号“信息树”，观景平台围绕中央交通核层层向外朝不同的方向悬挑，代表着以媒体为主干，向外扩散信息的寓意。

项目在设计中充分挖掘地方特色，提取建筑原型并进行转译，运用现代技术的同时融合绿色建筑理念，以质朴的手法回应了用地面积大、施工水平与预期投资低的现状。

图 5-35　建筑造型

5.5.3　地域建筑绿色技术集成

新疆昌吉回族自治州位于天山北部，为典型的大陆性干旱气候，具有冬季寒冷、夏季炎热、昼夜温差大的特点。因而建筑设计对夏季遮阳、保温隔热及建筑材料的耐用性上进行了重点处理。

为保障项目在施工条件相对不完善和资金有限条件下建筑的完成度，该项目以简单的正方体块为母题，将散落的单元体通过连廊串联为一体。在体块设计中利用挖洞和体块错动的手法，创造出多个灰空间，减少了阳光直射带来的眩光与高温，起到了改善室内环境的作用（图 5-36）。

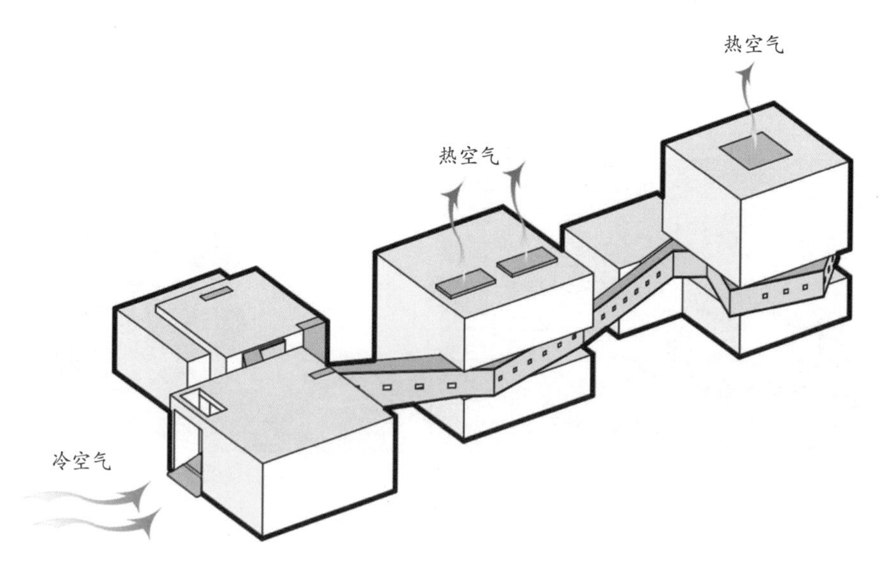

图 5-36　自然通风系统分析图

为适应北疆昼夜温差大这种较严峻的气候，设计避免采用大面积玻璃幕墙，建筑实体在较低位置开设横向长窗，减少了夏季热辐射的同时避免冬季过多的热量损失。立面采用干挂石材幕墙，有效地避免传统湿贴工艺出现的板材空鼓、开裂脱落等现象，明显提高建筑物的安全性和耐久性。

建筑面材采用新疆奇台地区自产的“卡拉麦里金”石，利用了石材自身优良的热工性能，可作为蓄热介质减缓室内热环境的变化。同时“卡拉麦里金”石自身结构致密、质地坚硬、耐酸碱、耐气候性好，可在室外长期使用并不易破裂，土黄色花纹符合地域特色的同时不易因沙尘污染影响外观（图 5-37）。

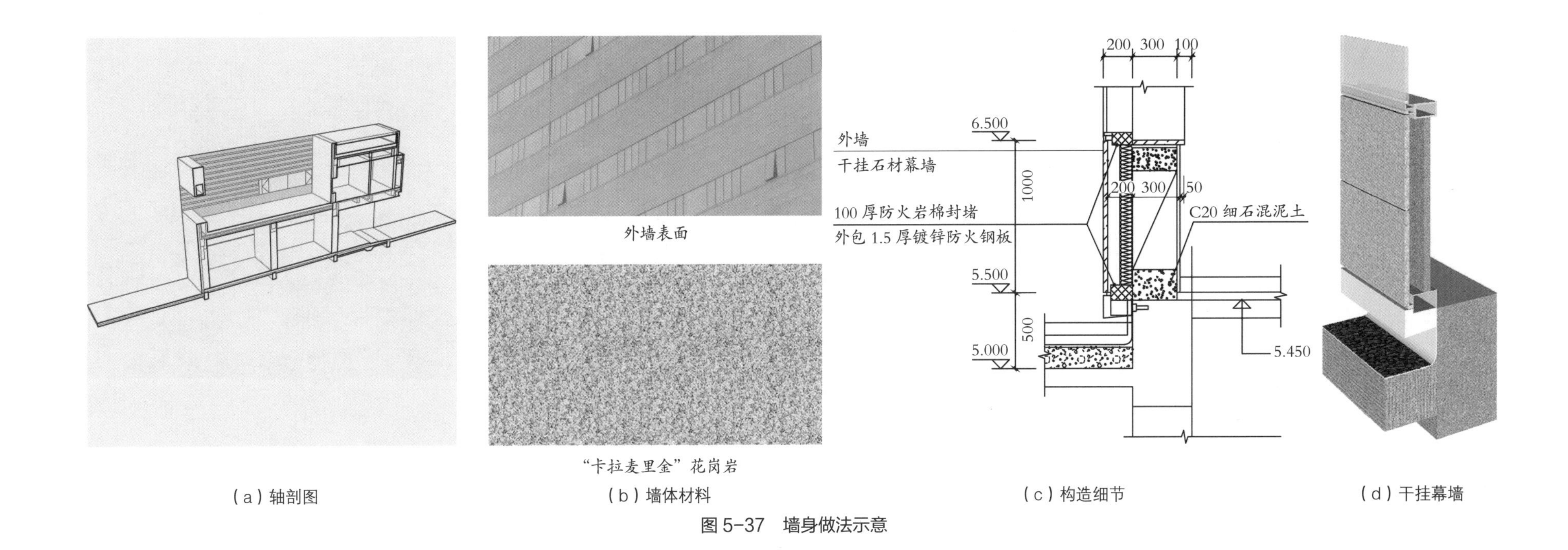

（a）轴剖图 （b）墙体材料 （c）构造细节 （d）干挂幕墙

图 5-37 墙身做法示意

5.6 甘肃敦煌市博物馆

5.6.1 项目简介

敦煌市博物馆由中国建筑设计研究院有限公司设计，新馆建成于 2011 年，建设用地 1.6 万 m^2，建筑面积 7500m^2。地下一层，地上两层，内设文物库房、放映厅、休息厅以及 6 个展厅。高台般的形体沉稳庄重，夯土肌理与大漠景观相映成趣，承载着厚实的敦煌文化（图 5-38）。

图 5-38 建筑实景图

5.6.2　建筑设计

建筑立面在水平与垂直方向都实现了均衡与稳定之美，展厅空间内部以坡道的形式向上发展，引导人们拾阶而上。建筑外观融沙漠岩石、烽燧及古城堡垒等本土符号于一体。首层外圈围廊水平向延展，统一的色调与厚重的材料呼应着地域特色（图 5-39、图 5-40）。

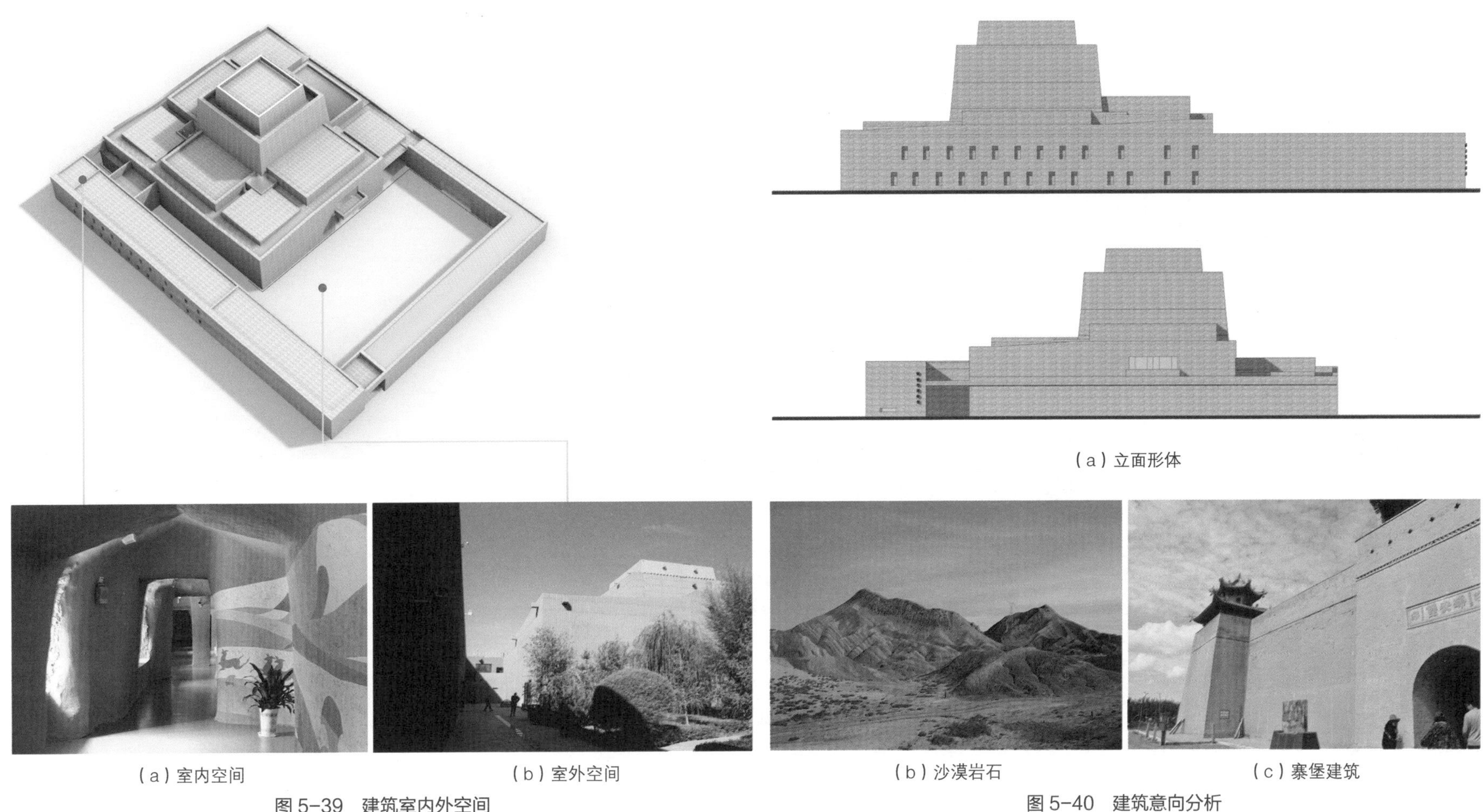

（a）室内空间　（b）室外空间

图 5-39　建筑室内外空间

（a）立面形体　（b）沙漠岩石　（c）寨堡建筑

图 5-40　建筑意向分析

中央展厅向上逐层内缩的形式与窟顶中心方形深凹藻井的灵感来自莫高窟覆斗顶形窟，拔高空间利用热压通风原理实现散热，多孔排布的表皮犹如沙漠中的晾晒房，形成丰富光影的同时实现被动式降温（图 5-41）。建筑通过对传统原型的转化，不仅承载了地域性，也体现了绿色技术的运用。

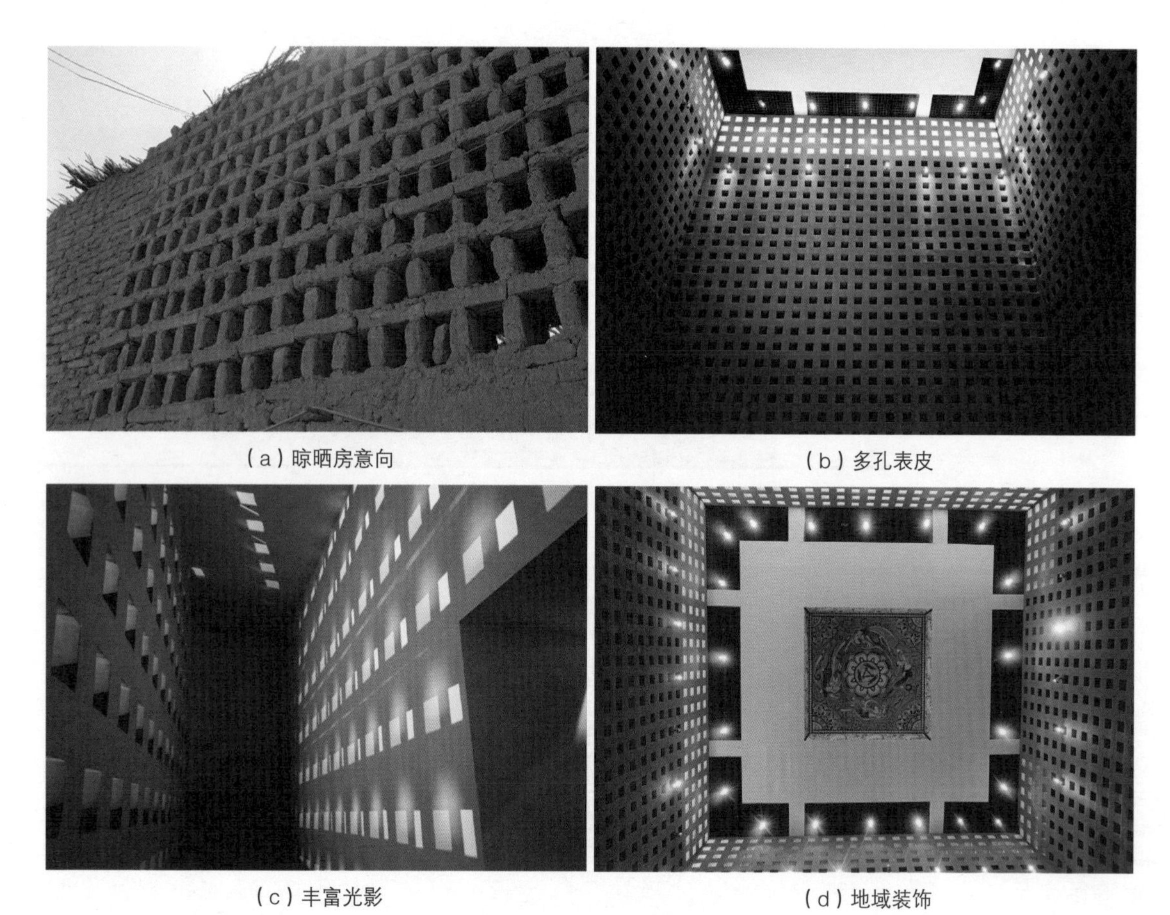

（a）晾晒房意向 （b）多孔表皮

（c）丰富光影 （d）地域装饰

图 5-41 中央展厅分析

5.6.3 地域建筑绿色技术集成

敦煌位于河西走廊的最西端，属暖温带干旱性气候，夏季炎热干燥，过渡季受沙尘暴影响。建筑在形态布局、材料构造等方面回应气候：立面以实墙为主，中心展厅以窄小开窗的形式达到防风挡沙、保温隔热的效果，中央天井优化了内部采光和通风（图 5-42、图 5-43）。

建筑整体外形统一、色调和谐，中央展厅内部 24m 通高，顶部将传统叠木藻井结构简化为向上内缩的倒斗形空间，既传达了地域文化内涵，同时因较大的层高和屋顶天窗的设置，高温天气下室内空气产生热压差，促进了底部房间通风散热。

敦煌地区建筑以保温优先，外围护厚重，故风压通风效果微弱，过渡季及夏季非过热时节，常采用垂直方向热压通风。博物馆艺术展厅四个角部空间外墙底部在夏季主导风向一侧开设窄缝型进风口，排风窗口位置较高，利于通风的同时可阻挡太阳辐射。艺术展厅顶部设置无动力通风换气扇，夏季运行，冬季关闭，满足立面美观需求并实现了智能调节（图 5-44）。

夏季过热时节有天窗房间仅采用热压通风降温效果较弱，故最热月常采用地道通风降温（图 5-45）。地道设置在庭院内，减少风机与建筑结构设备的互相干扰，利用土壤的热稳定原理，对地道内空气进行降温，当夏季室温超出舒适范围时进行诱导通风，从而达到室内降温。风机可根据室内外温差在新风送风与地道送风两种模式间转换。地道通风通过与土壤热交换省去了制冷机，从而实现了节能、经济的绿色效益。

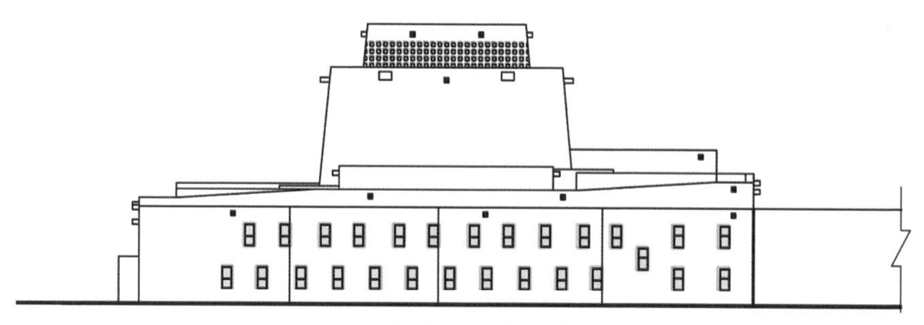

图 5-42 立面窗洞

（a）外墙仿砂涂料，呼应沙漠地景

（b）窄小开窗起到保温隔热作用

图 5-43 立面分析

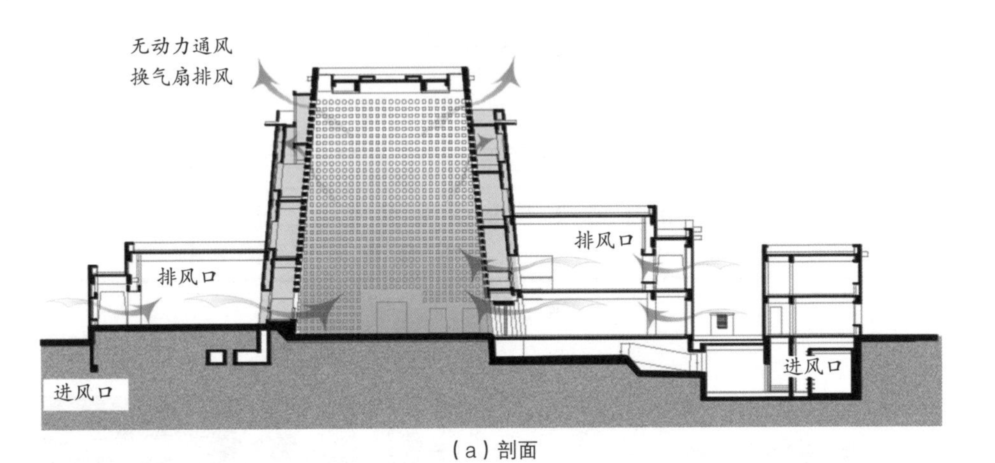

(a) 剖面

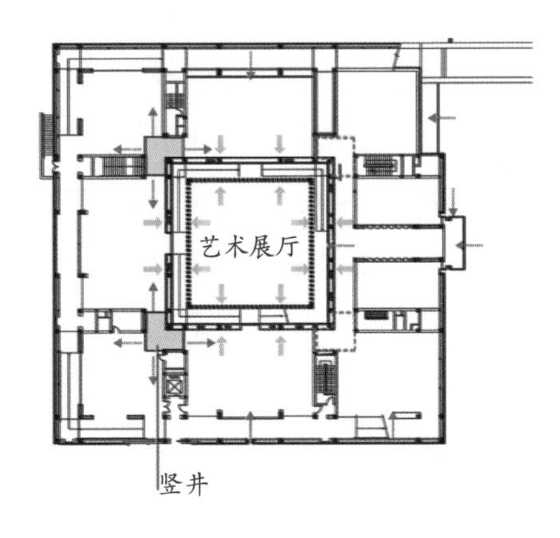

(b) 平面

图 5-44 自然通风系统示意图

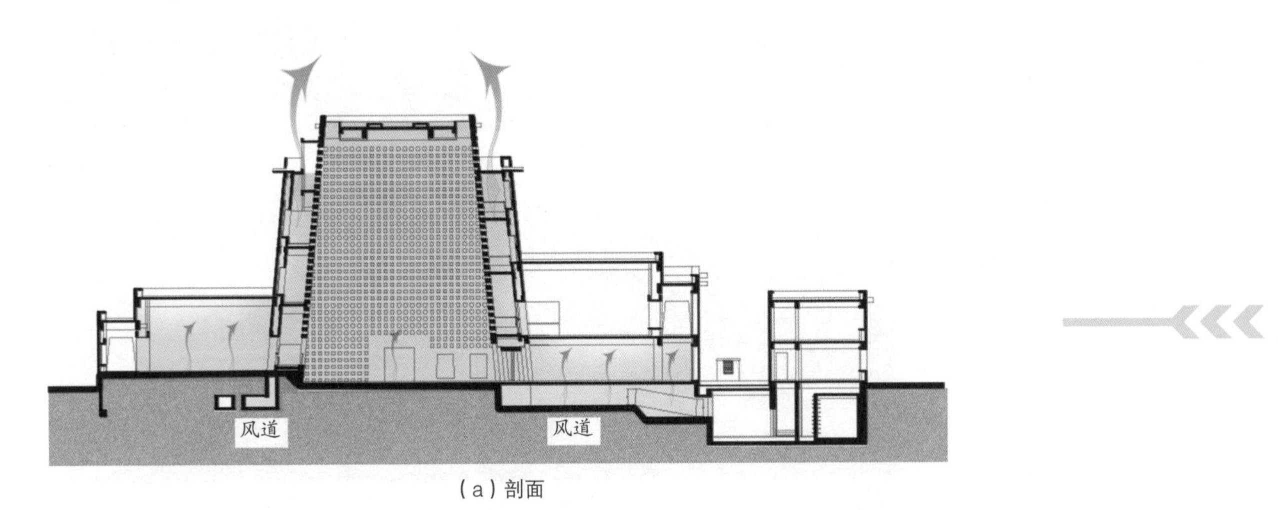

(a) 剖面

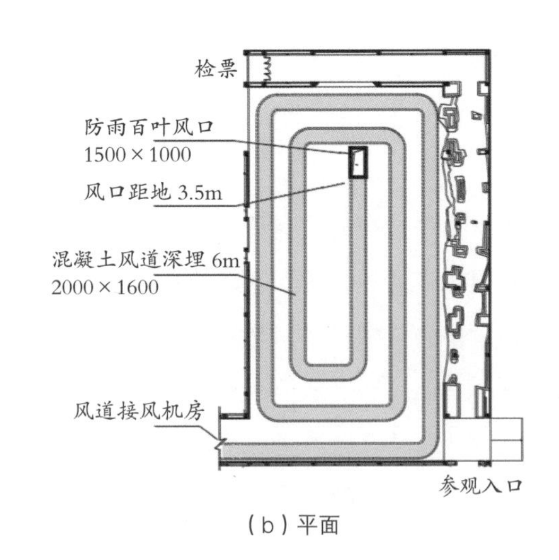

(b) 平面

图 5-45 地道通风降温系统示意图

5.7 新疆乌鲁木齐国际大巴扎

5.7.1 项目简介

新疆乌鲁木齐国际大巴扎由新疆建筑设计研究院有限公司设计，建成于 2003 年 6 月，位于乌鲁木齐市天山区天池路，总建筑面积 10 万 m^2，规模庞大。场地保留了原有清真寺，新建部分采用摊位式商铺进行围合，是一座融合宗教、地域、人文多元素的综合商业中心（图 5-46）。

图 5-46 建筑效果图

项目总平面以“一纵两横”划分街道，纵轴以观景塔与清真寺为统领，U 形窄巷引导人流。设计吸取新疆传统建筑自由多变的形体布局以及聚落巷道紧凑的空间特点，还原人们对传统场所的记忆（图 5-47）。

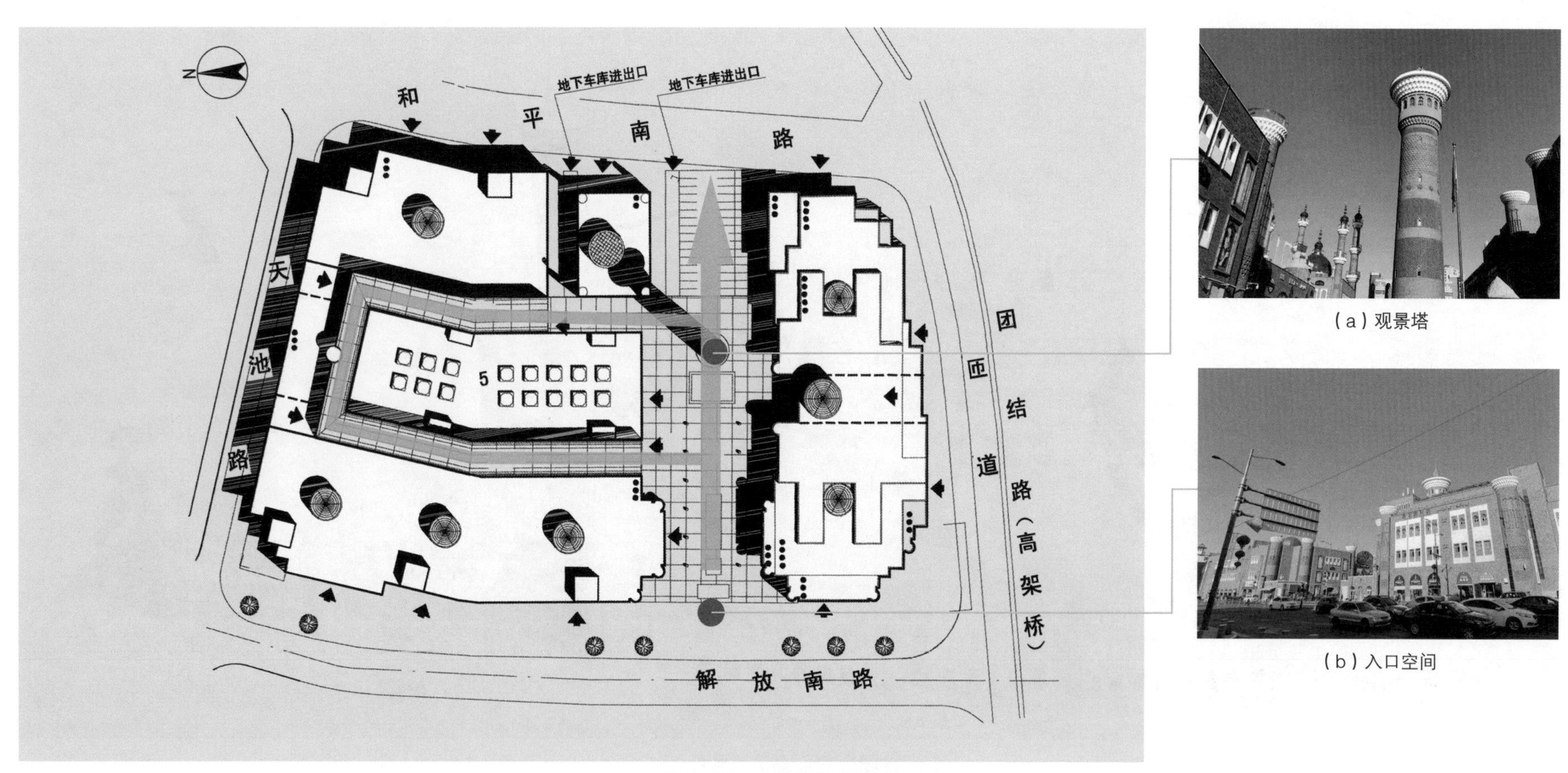

（a）观景塔

（b）入口空间

图 5-47　建筑总平面及外景

5.7.2　建筑设计

乌鲁木齐国际大巴扎采用现代的建造技艺，体现了新疆本土及伊斯兰艺术风格。建筑师以“减法原则”凝练传统建筑语言：连续的拱形门廊与开窗、交通空间上凸起的穹隆顶、植物原型的浮雕纹样、曲线元素等无处不给人以绵延的动感，体现着西域风情（图 5-48）。

作为统领中心，80m 高的观光塔借鉴新疆伊斯兰艺术风格的多种塔式原型。塔身向上收分，塔顶观光层叠涩而出如倒置莲花，观光层内饰柯尔克孜千佛洞临摹壁画，栩栩如生。整体采用本地简化后的土红色耐火砖，以磨砖对缝的手法拼制而成（图 5-49）。

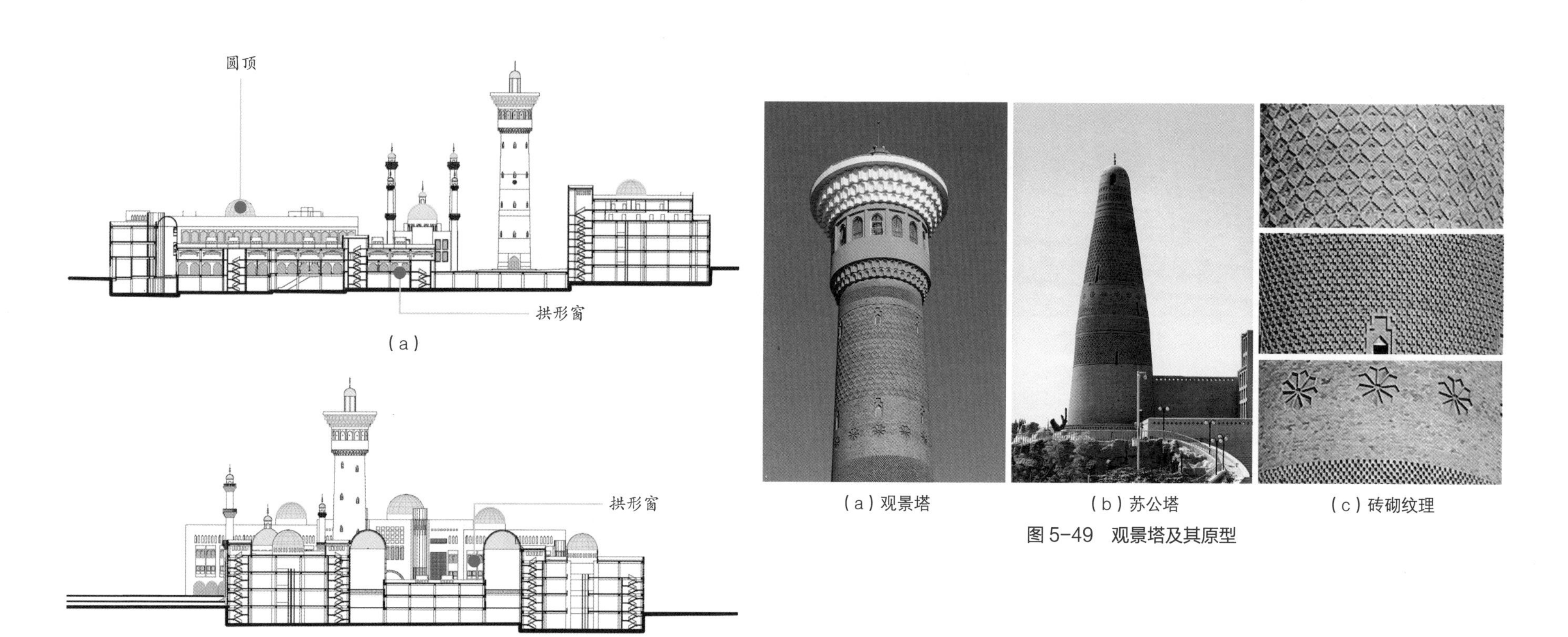

（a）

（b）

图 5-48　立面文化符号分析

（a）观景塔　（b）苏公塔　（c）砖砌纹理

图 5-49　观景塔及其原型

5.7.3 地域建筑绿色技术集成

乌鲁木齐属温带大陆气候区，夏季炎热干燥，冬季严寒漫长，昼夜温差大，降雨量少且太阳辐射强。

建筑的空间与形式往往与环境密切相关。新疆本土民居以多种手法适应气候：为解决阳光直射引起的室内高温，建筑采用窄巷高墙，开窗洞口深凹，以此形成大面积阴影用以避暑遮阳；为解决干燥带来的炎热，突出屋面的高棚架加速了垂直向热压通风，墙身镂空花砖带来了水平向风场（图 5-50）。

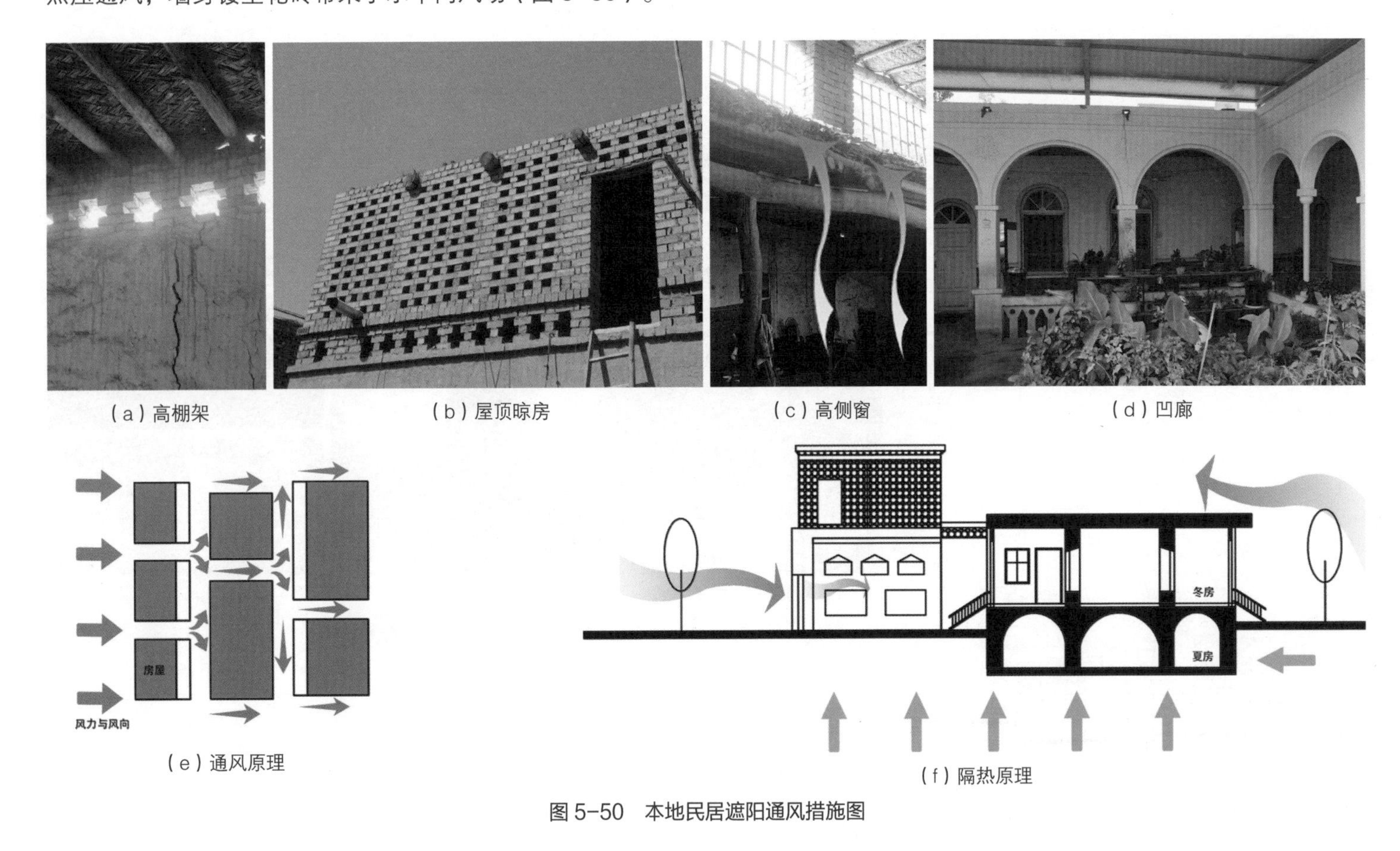

（a）高棚架　（b）屋顶晾房　（c）高侧窗　（d）凹廊

（e）通风原理　（f）隔热原理

图 5-50　本地民居遮阳通风措施图

新疆乌鲁木齐国际大巴扎借鉴当地传统民居绿色技术来应对气候：通高穹顶在强化外部造型和内部空间雄伟性的同时，凭借自身室内高度的优势，利用热压通风原理，使热空气聚集在顶部，再通过四周的窗口排出，从而加强通风效果。建筑立面洞口深凹，利用凹洞阴影达到一定的遮阳作用。建筑底部采用一排拱券式廊道，既作为灰空间联系室内外，也可产生自遮阳效果（图 5-51、图 5-52）。场地内部还设置了水池景观，通过水体热循环过程吸收建筑周围部分热量，改善场地内微气候。

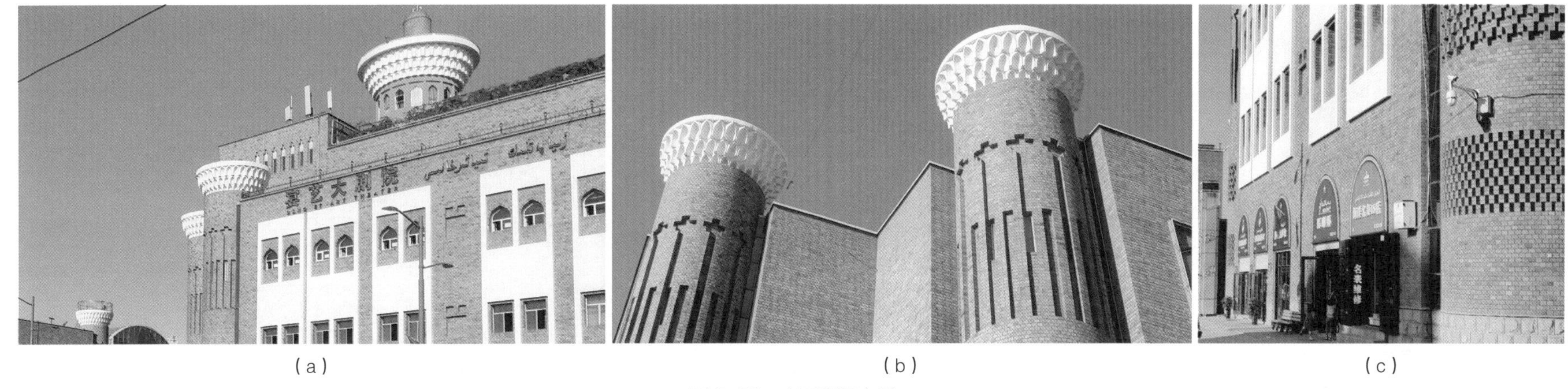

（a） （b） （c）

图 5-51 立面窗洞实景

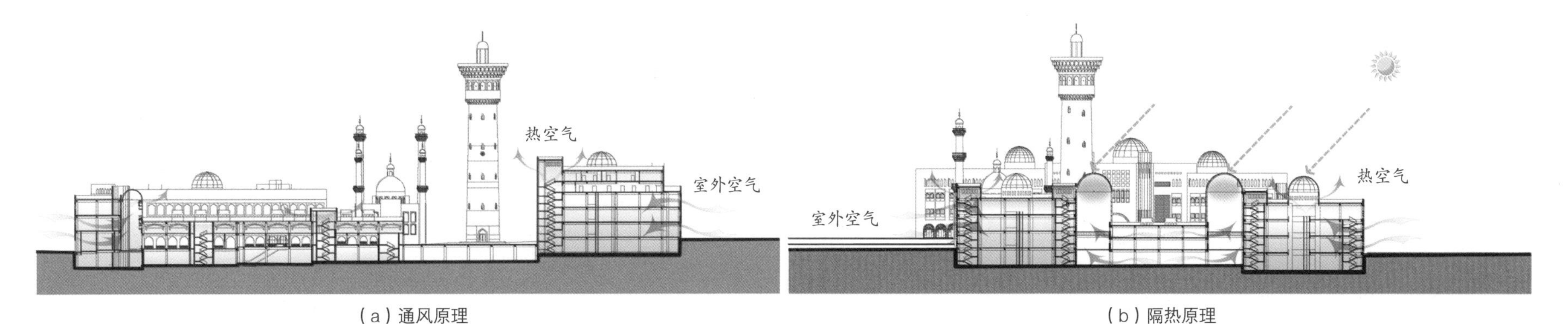

（a）通风原理 （b）隔热原理

图 5-52 被动式降温分析图

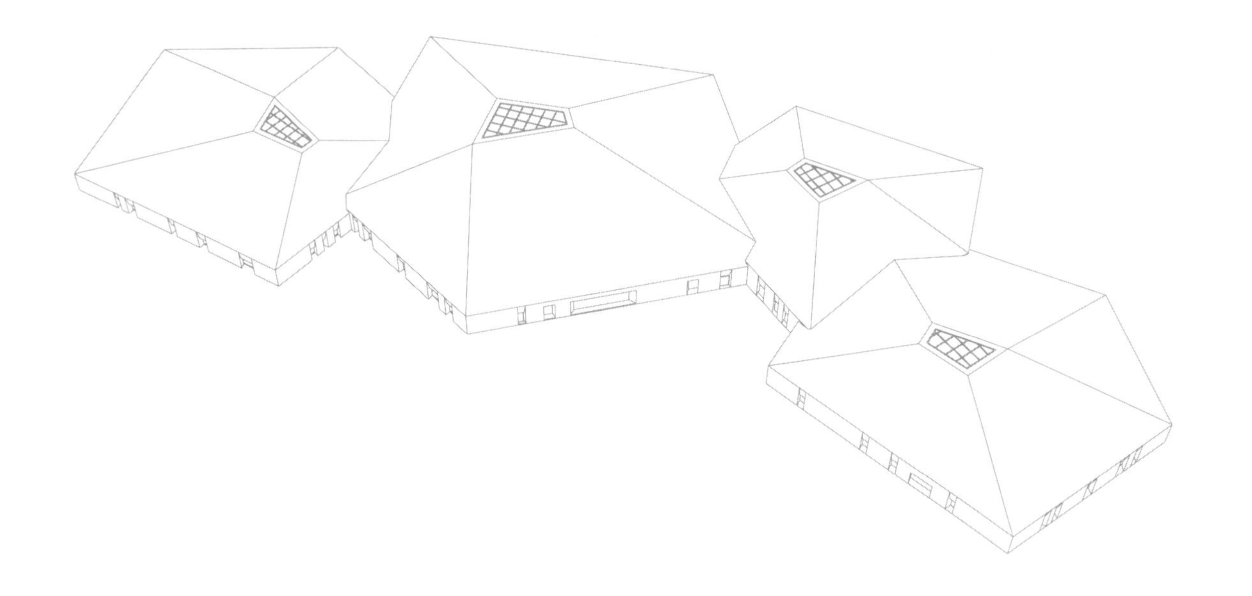

第6章

“文绿一体”的示范工程

本章展示了课题组在青海海东、西宁，陕西西安三处西北荒漠区中传统地域建筑文化特色鲜明的地区开展的绿色建筑工程应用示范。示范工程前期策划结合地域绿色建筑相关理论，形成本地区传统建筑营建模式与现代绿色建筑系统设计策略，构建两者融贯方式；设计阶段运用物理性能模拟方法从建筑选址布局、空间组合方式、场地利用效率、材料构造与界面处理等方面进行集成研究，建立回应地域文化特性的绿色建筑设计流程，以期指导西北荒漠区地域绿色建筑设计。

6.1 青海西宁市民中心

6.1.1 项目简介

项目由中国建筑设计研究院有限公司设计，总建筑面积约 13 万 m^2。项目选址位于青海省西宁市城西区，是青海省及西宁市打通服务最后一公里的重点民心工程。设计遵循西宁地域文化特征，依据逐层叠退的地形层次布局。以青海河湟地区的整体环境为背景，将设计条件提炼为自然环境、人文环境、技术措施三类因子，以此建构设计体系。

6.1.2 建筑设计

方案设计理念（图 6-1~ 图 6-4）：

（1）体量生成

河湟地区山川雄浑，庄廓聚落形态厚重、内向而居。建筑从自然环境中吸取灵感，从传统栖居中挖掘智慧，主体形象呼应山川，雄浑流畅，庄廓聚落形态丰富多变，体量组合与内部功能融为一体。

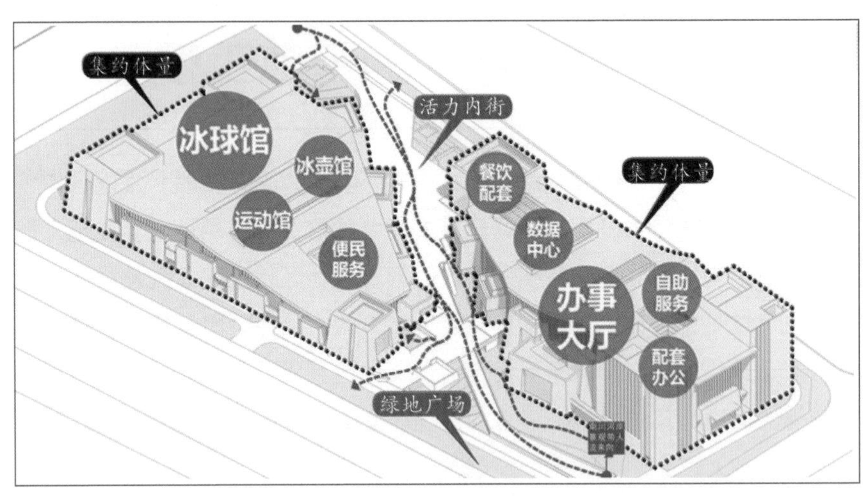

图 6-1　场地分析图

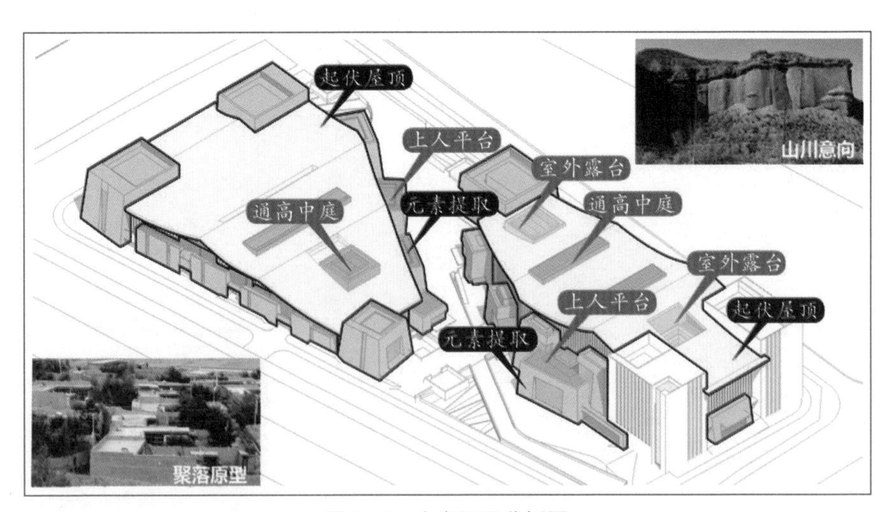

图 6-2　人文因子分析图

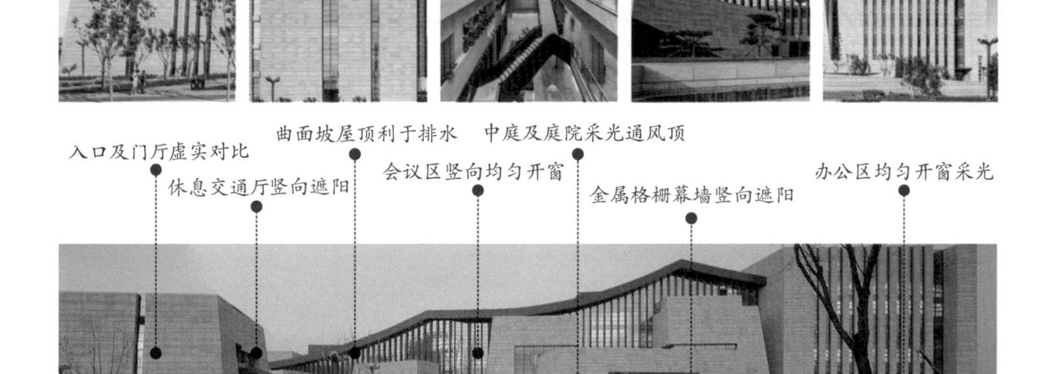

图6-3 立面分析

图6-4 整体效果

（2）地形利用

场地自然地形西高东低，建筑布局顺应地形以减少土方量的开挖，室外场地通过退台划分为两部分，建筑主要出入口与室外场地有效衔接。

（3）场地布局

地上建筑依据功能分为行政审批楼和体育文化馆两部分，功能集中设置以便共享。场地内部紧凑布局，设置对外服务功能向城市开放，内街串联多个下沉庭院，创造围合向心的人性化室外空间。

6.1.3 地域建筑绿色技术集成

1）场地与室外环境

室外活动场地、道路选择透水性铺装材料及构造措施；为有效排水，结合屋顶的自然曲面设置排水沟，利用地形高差设置雨水管和雨水沟，同时设置雨水调蓄池满足海绵城市的建设要求。

2）建筑设计与室内环境

内部空间除餐厅、多功能厅等人员密集空间之外，均不设中央空调，主要通过合理设置开窗洞口及中庭通风的方式，有效减少新风系统的使用；建筑尽可能利用自然光满足日常照明的需求，以减少人工照明的使用，降低建筑能耗；大进深的平面布局通过设置中庭减少人工照明的使用，顶部天窗的侧开百叶可满足夏季自然通风。

3）构造与材料

考虑冬季积雪问题，在排水沟位置设置化雪装置；减少大面积的幕墙以控制窗墙比，增强围护结构的保温性能；出挑的屋檐与竖向格栅形成水平和垂直遮阳，满足节能设计的需求；建筑幕墙、格栅、金属屋面均在 9m 柱网内采用模数设计，节约材料；立面采用金属竖向格栅，在不影响自然采光的前提下起到遮阳作用；建筑实体主要以黄沙岩为主形象与庄廓原型呼应，色彩也与周边层峦山川大地景观氛围契合，古铜色金属屋面及竖向格栅增添建筑庄重气势。

参见图 6-5~ 图 6-7。

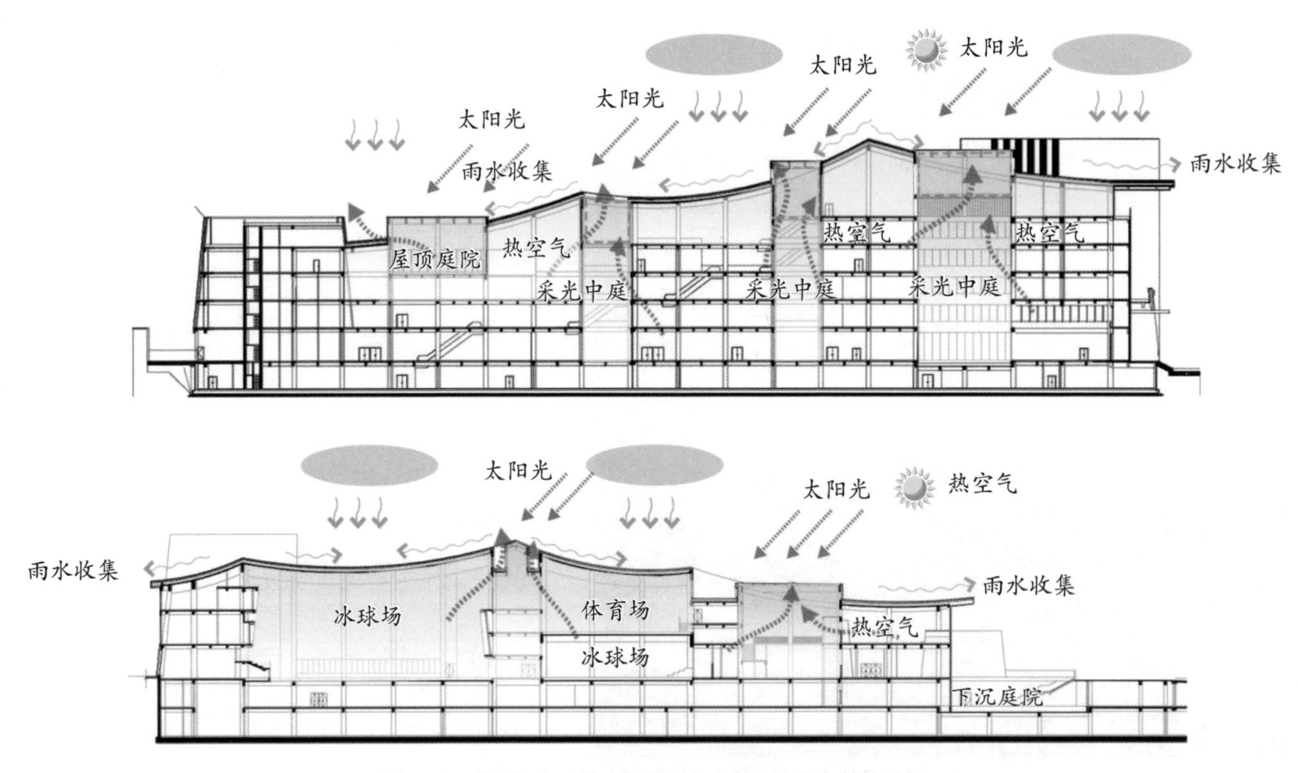

图 6-5　市民中心功能空间效果与自然通风绿色策略分析

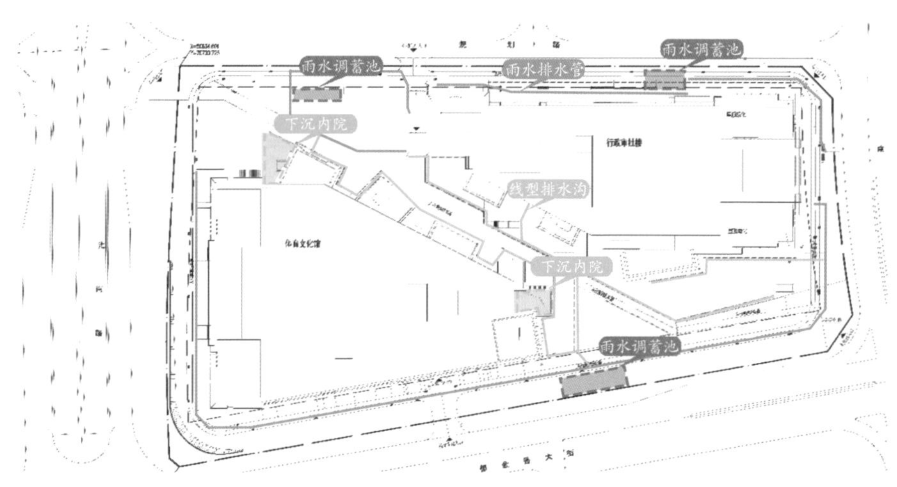

图 6-6 雨水循环的绿色策略分析

图 6-7 立面材料效果图

6.2 青海海东河湟民俗博物馆

6.2.1 项目简介

项目由西安建筑科技大学建筑设计总院设计，总建筑面积 2.1 万 m^2。项目选址位于青海省海东市乐都区，是海东市政府拟建的体现河湟文化的历史变迁、民风民俗、人文生态的博物馆。项目以多姿多彩的河湟民俗文化为展示主体，提升河湟文化的整体辨识度，引导区域建筑风格导向。遵循生态设计准则，体现山水城一体化的环境整体观，地域性与时代性相结合，打造河湟文化建筑典范。

6.2.2 建筑设计

方案设计理念（图 6-8~ 图 6-10）：

（1）河湟文化重器：以核心序列空间强化参观体验，以展陈空间的仪式性设计思路凸显河湟文化整体性感受；

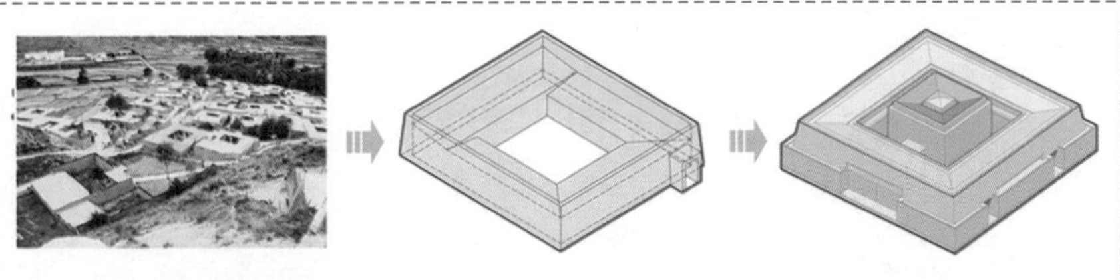

提取河湟地区传统庄廓建筑、夯土合院的空间原型，作为主体展厅

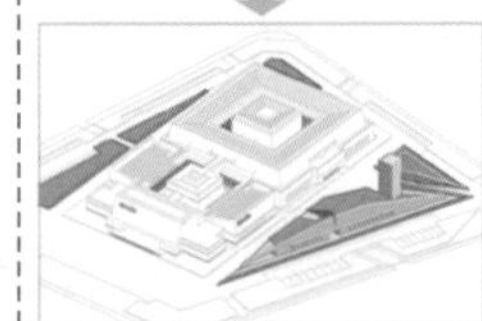

以山岭起伏的地形特征，结合场地形态，覆土形成办公商业等附属功能用房

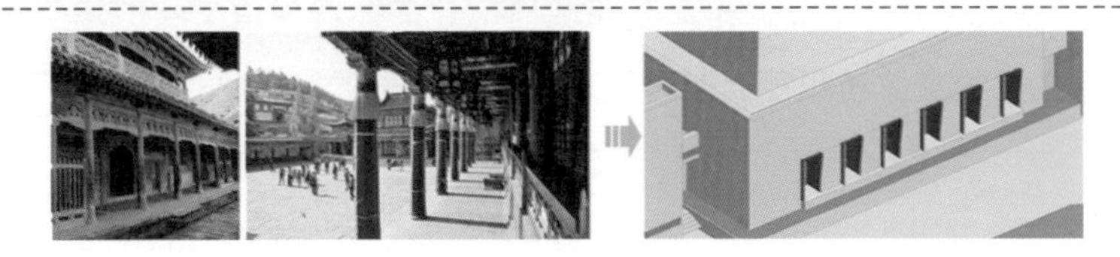

借鉴河湟地区传统建筑游廊及廊檐空间，作为展示壁龛

图6-8　传统建筑原型提炼

图6-9　外观实景

图6-10　主入口

（2）公共文化平台：充分利用场地环境打造公共文化活动场所，对场地景观建筑进行一体化设计；

（3）地域建筑标杆：汲取院落、庄廓、檐廊等河湟地域文化元素，群体建筑轮廓高低起伏，凝练河湟谷地地域建筑风格。

6.2.3 地域建筑绿色技术集成

（1）场地与室外环境

通过外封内敞的建筑布局阻隔冬季冷风，避开冬季不利风向；结合场地绿化景观进行雨水径流的入渗、滞蓄、消纳和净化利用的设计，实现场地内雨水自平衡；室外活动场地、道路选择透水性铺装材料及构造。

（2）建筑设计与室内环境

通过较小的体形系数控制建筑的表面面积，减少热损失；通过核心展厅和室外庭院优化空间布局，提高建筑的天然采光和自然通风效率，小庭院改善局部微气候。中庭利用烟囱效应引导热压通风，同时兼顾冬季防寒要求。采用厚重墙体，增加围护结构的蓄热能力，提高室内环境的舒适度，采用非平衡外保温构造，降低保温成本。

参见图 6-11、图 6-12。

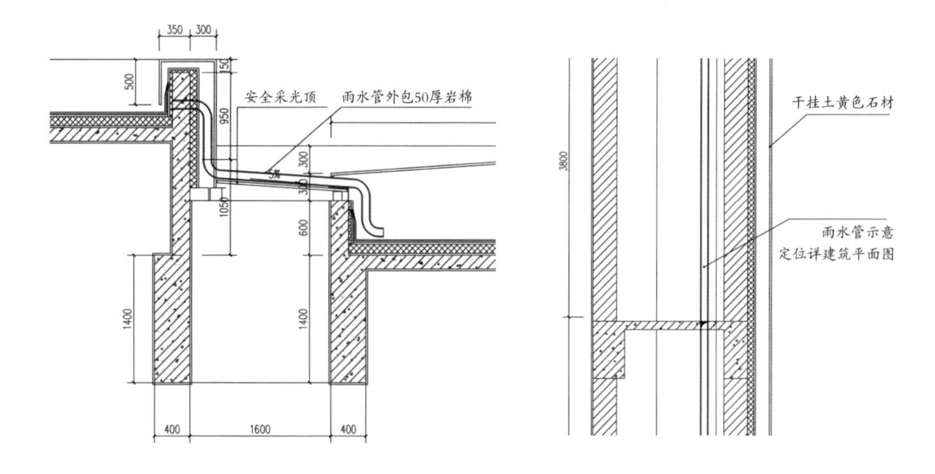

图 6-11 博物馆主展厅空间双层墙体及屋面构造

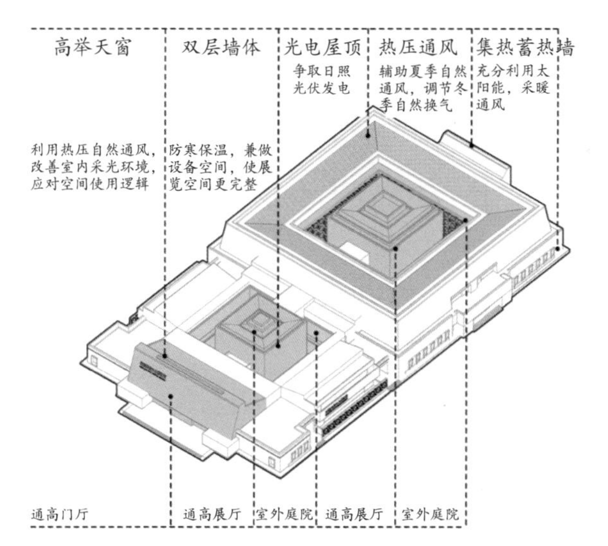

图 6-12 空间与构造的绿色策略

（3）构造与材料（图 6-13）

通过传统建筑厚重围护结构到腔体空间的转换，探索了不同功能需求和形态需求下的腔体空间类型。建筑、结构、设备与室内装修一体化设计；再循环、再利用、低消耗建筑材料集成使用，采用可重复使用的隔断内墙等。

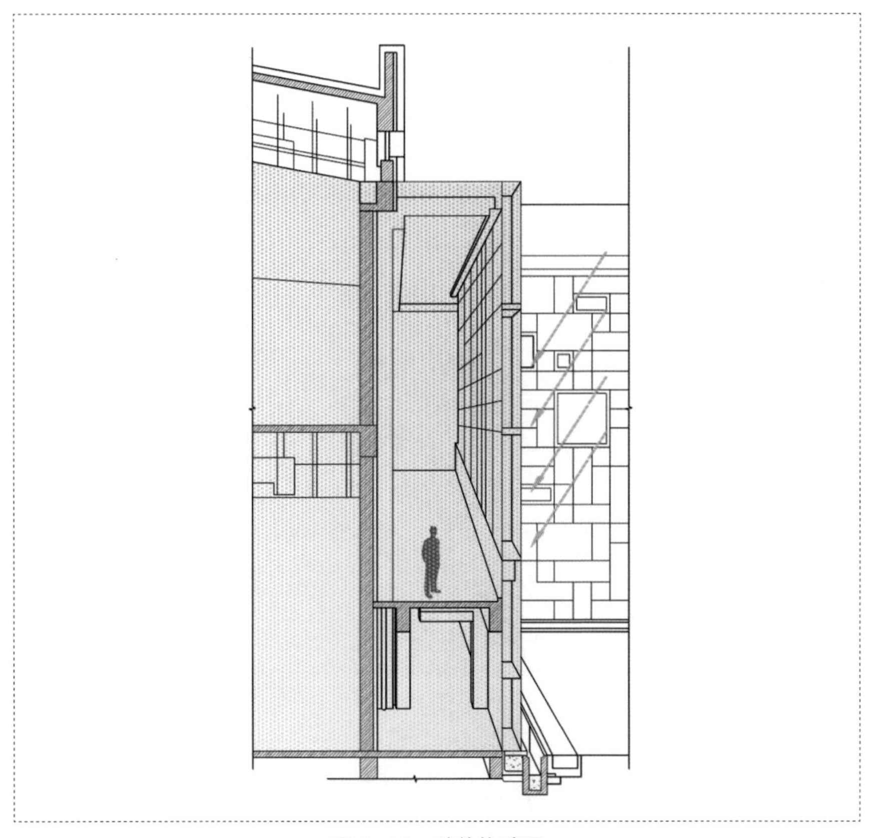

图 6-13　腔体构造图

6.3　陕西西安建筑科技大学绿色建筑示范展示中心

6.3.1　项目简介

项目由西安建筑科技大学建筑设计总院设计，总建筑面积 3200m^2。项目位于陕西省西安市西安建筑科技大学草堂校区，是绿色建筑标识等级为国家标准三星级的公共建筑。建筑层数为三层，主要功能为实验室、办公室以及报告厅，设计结合绿色建筑理念，整体形象与草堂校区秦汉建筑风格区域环境和谐统一。局部采用现代的设计元素，体现了绿色建筑示范中心的创新性与时代性。

6.3.2　建筑设计

（1）总平面

在总平面的布局中，展示中心形成半围合式的院落空间布局，并在形态上保证了单体建筑的完整性，既有利单体建筑的通风采光，又能通过院落对基地的微气候进行调整。

（2）景观

在室外景观中，结合雨水回收系统设计了下沉式绿地，实现技术与景观的结合。

见图 6-14~ 图 6-17。

以墀头为原型，结合现代建筑形态，运用于立面设计

提取传统民居廊下空间形式，作为入口

提取关中民居特征，应用于屋顶造型

提取秦汉大屋顶特征，运用于建筑屋面

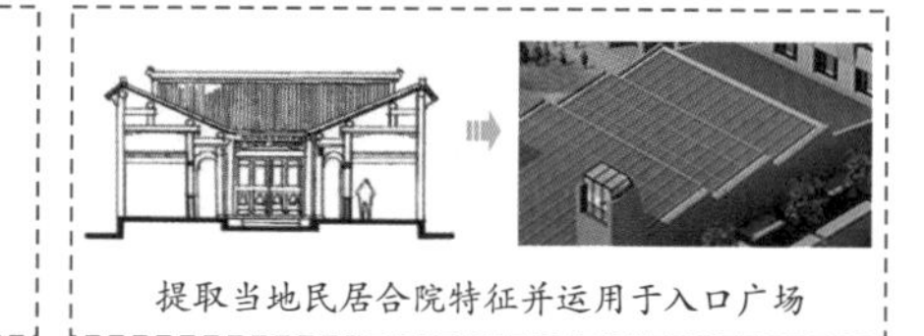

提取当地民居合院特征并运用于入口广场

图6-14 传统建筑原型提炼

设备控制室
消防及智能控制
配电间
门厅
生土实验室
多功能厅

图6-15 一层平面图

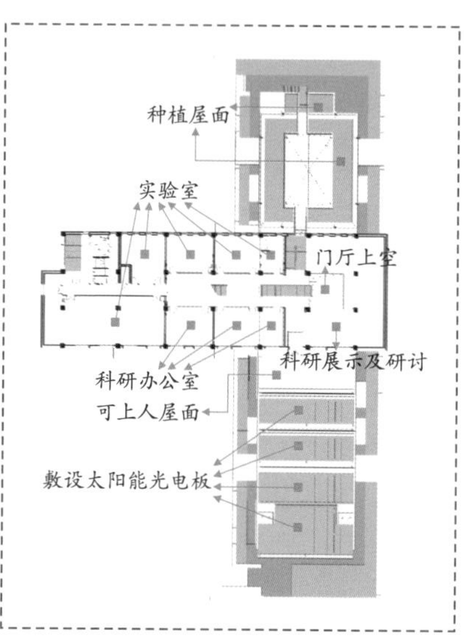

图6-16 二层平面图

图6-17 效果图

6.3.3 地域建筑绿色技术集成

（1）建筑空间

在建筑空间层面，以门厅作为中心，形成丁字形的空间形态，通过可活动的展板，将报告厅与门厅进行空间上的复合使用，北侧的报告厅也通过可旋转的展板，形成结合展示和报告功能的空间，有效地提高空间使用效率。通过建筑内中庭的设置，丰富了内部空间的层次，结合楼梯设置，形成良好的流线，并对整体室内环境进行缓冲、调控；同时通过天窗，为内部引入采光，利用热压通风的原理，进行室内的自然通风。

（2）构造节点

节点构造层面，利用太阳能墙形成空腔，在立面上形成了独特的造型，实现形式与技术的结合。在南侧报告厅，利用分段式的斜面屋顶布置太阳能光电板，实现10% 的发电自给率，同时形成有韵律的立面形式，通过条形天窗在顶棚上形成柔和的漫射光，避免了眩光。北侧报告厅通过屋顶绿化，丰富了屋面空间层次，实现景观与建筑的结合；通过屋面导光管进行采光，在室内顶棚形成了有韵律的点光源的形式。

见图 6-18~ 图 6-20。

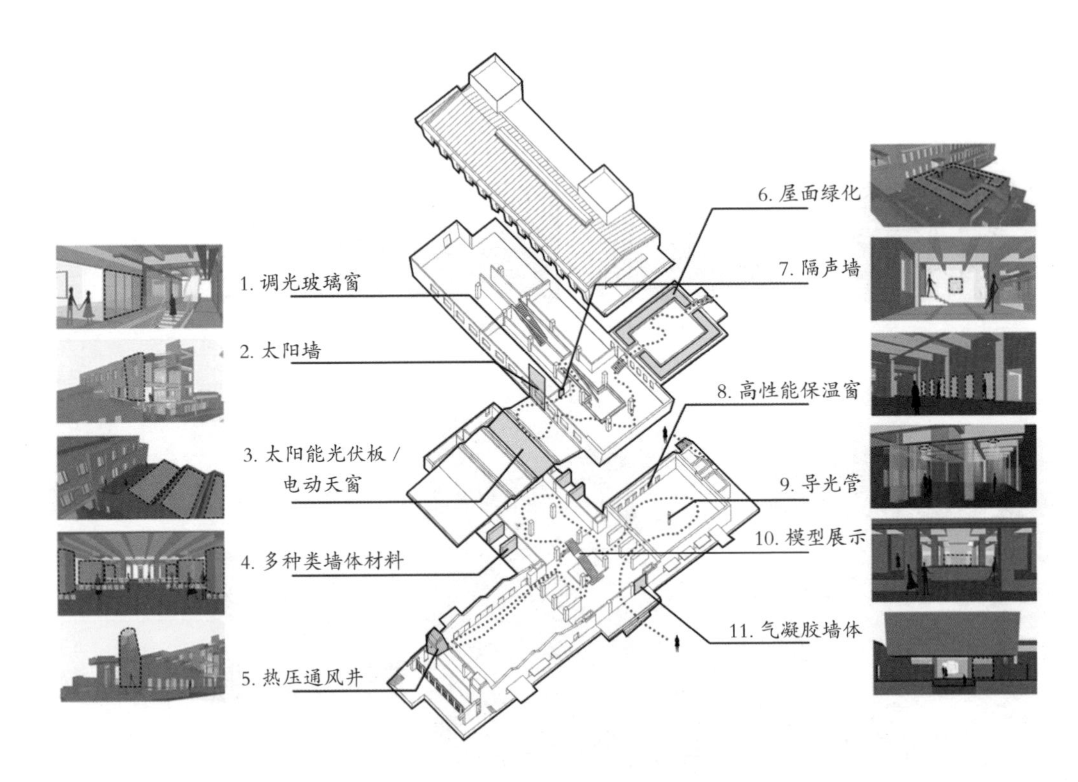

图 6-18　空间与构造的绿色策略

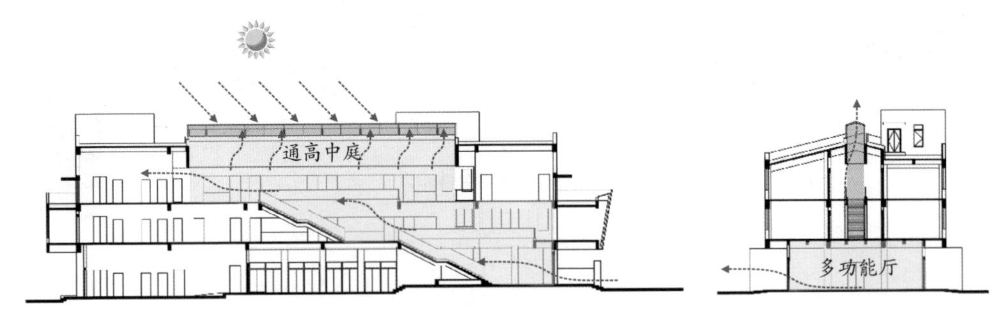

图 6-19　展示中心空间分析 1

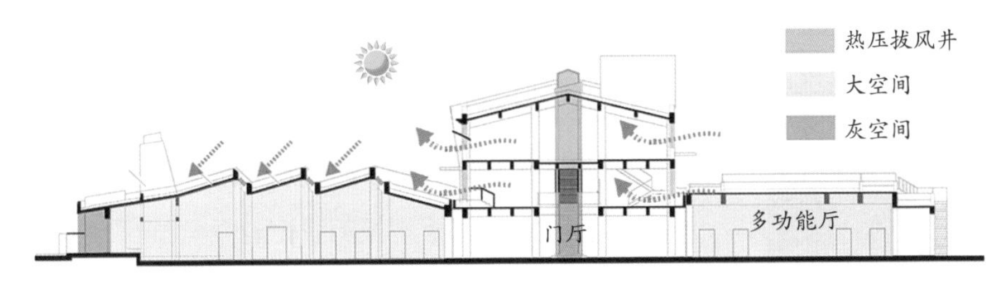

图 6-20 展示中心空间分析 2

6.4 青海西宁国际会展中心

6.4.1 项目简介

项目由西安建筑科技大学建筑设计总院设计，总建设面积 30 万 m^2。项目位于西宁市南部、南川文化旅游商贸会展区范围内，地处西宁市南川片区的重点发展轴上。北起西平大街，南至南川河拐角处，东临南川河，西接海南路，总占地面积约 487 亩（32.5 万 m^2），是兼具展览展销、会议、酒店、商业等功能为一体的大型高端会展综合体，着力打造西北地区国际化会展产业新地标。

6.4.2 建筑设计

设计理念：河湟高台筑西宁巨门，山川印象展丝路腾飞（图 6-21~图 6-23）。

（1）建筑基座提炼青海河湟传统建筑厚重敦实的原型形成浑厚台基。酒店采用巨型景框设计，寓意青海为展示丝路文化的窗口。

（2）会展中心南侧屋顶形态起伏，一首两翼，如雄鹰展翅，蓄势腾飞，立足丝路文化，呈现腾飞态势，寓意一带一路图腾。

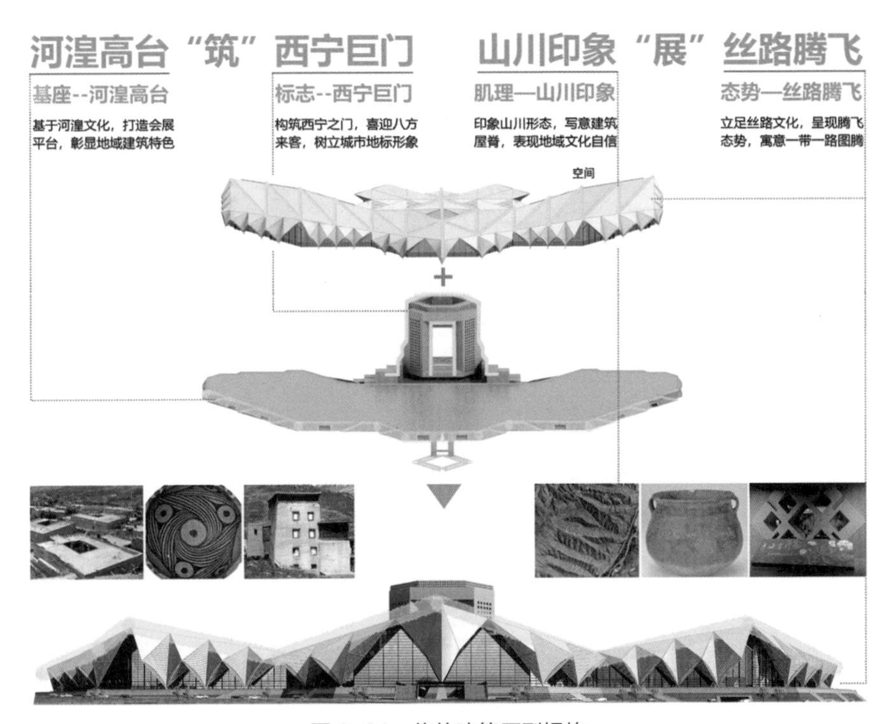

图 6-21 传统建筑原型提炼

图 6-22 整体效果图

图 6-23 主入口效果图

6.4.3 地域建筑绿色技术集成

（1）季节性遮阳：根据西宁太阳高度角推敲柱廊外挑长度，起到夏季遮阳降温、冬季阳光照射得热的生态作用，同时形成光影丰富的廊下空间。

（2）可调遮阳百叶：长廊顶部设置可调角度金属百叶，玻璃采用防炫光玻璃，冬季阳光直射，增加室内热量；夏季阳光被遮蔽，少量光线漫反射至室内，增加展厅照度。

（3）气候缓冲区：展厅南侧增加内廊，结构和功能配置上更加合理，同时也是展厅与室外过渡的气候缓冲区，冬季还起到“阳光房”的作用，将加热后的空气送到展厅。

（4）顶部采光：屋顶局部采用反光式采光窗，夏季阳光通过反射和漫射到达室内，减少得热、防止眩光；冬季阳光直接漫射到达室内，增加得热、防止眩光。

（5）屋面雨水收集：展厅金属屋面，通过有组织排水进行雨水收集，作为观景用水。

（6）凹窗防晒：借鉴当地传统建筑生态智慧，酒店客房开窗深凹，减少阳光直射，同时增加墙体厚度利于保温隔热。

（7）建筑材料：建筑、结构、设备与室内装修应进行一体化设计；再循环、再利用、低消耗建筑材料集成使用，采用可重复使用的隔断内墙。

（8）场地与室外环境：保持原有地形地貌，结合基地西高东低的趋势，利用场地自然标高进行场地设计，减少填挖方量。通过外封内敞的建筑布局阻隔冬季冷风，避开冬季不利风向。

参见图 6-24。

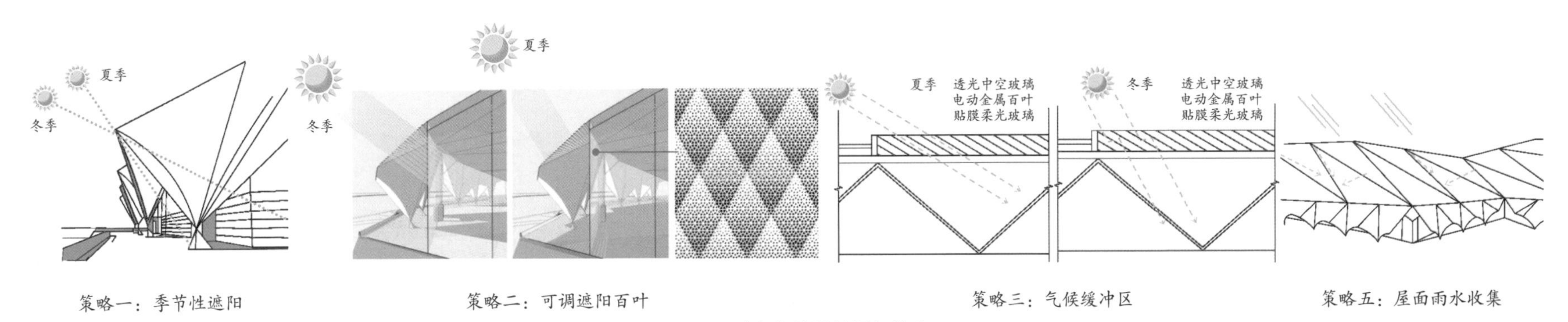

图 6-24　空间与构造的绿色策略

6.5 青海西宁群众文化艺术活动交流中心

6.5.1 项目简介

项目由西安建筑科技大学建筑设计总院设计，总建筑面积 6 万 m^2。项目选址位于青海省西宁市城北区，是西宁市政府拟建的提供公共文化服务和社会教育功能、增强地方文化软实力的现代公共文化建筑，包含西宁市博物馆、文化馆、美术馆和图书馆，项目总体遵循文物保护、城市整体发展优先原则，以增益区域特色、创造有文化感染力的西宁市地域绿色文化公共场所为目标。

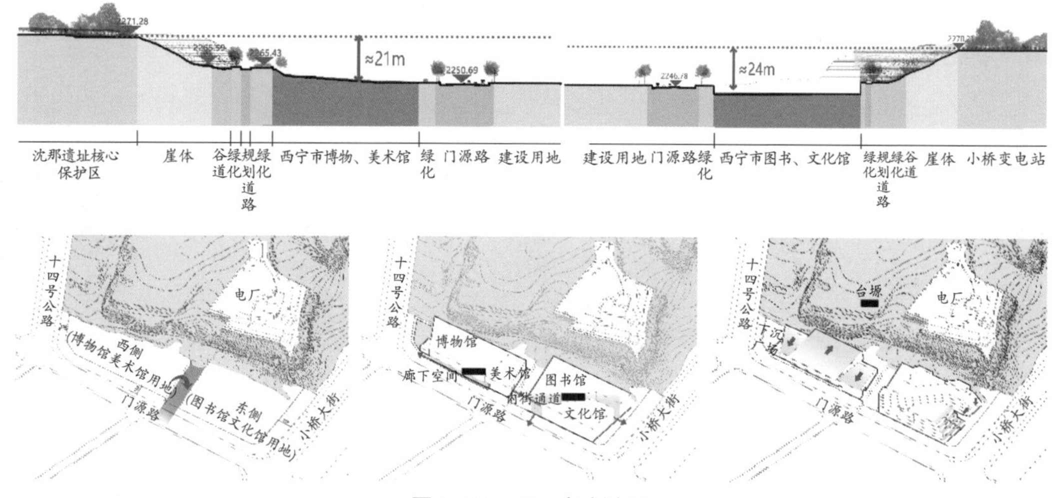

图 6-25 项目生成过程

6.5.2 建筑设计

方案设计理念（图 6-25~ 图 6-27）：

图 6-26 整体效果图

图 6-27 博物馆透视效果图

（1）保护优先，沉淀西宁历史：充分考虑沈那遗址文保的要求，从整体平面和立体空间上统筹建筑形态，回应历史格局。

（2）文化筑底，凝练地域风格：梳理地段地域文化内涵，从城市片区山水格局着手，提炼地域建筑空间形态特质。

（3）绿色开放，创新建筑品质：充分利用场地环境打造有感染力的公共文化活动场所，对场地景观建筑进行一体化设计。

6.5.3　地域建筑绿色技术集成

（1）借鉴 – 演绎

借鉴 – 演绎河湟传统建筑厚重质朴的风貌特点，采用厚重的体量并穿插合理的虚实变化，利用表皮空腔的合理变化渗透被动式空间节能设计技术，同时增加建筑形体厚重感，体现河湟建筑质朴、雄浑的特点。

（2）解析 – 重构

解析 – 重构河湟传统建筑平坡结合的建造内涵，根据内部空间需求与外部形态要求，双向挤压建筑形态，坡度控制在 30° 以内，建筑整体形成高低错落、舒缓厚重的丰富视觉特征。

（3）抽象 – 隐喻

抽象 – 隐喻河湟传统建筑精美装饰的风俗习惯，在空间类型、装饰主题上均以河湟地域丰富的民间文化取材，在构造逻辑上遵循现代技术逻辑，扣合传统河湟装饰风格，创新河湟建筑风格。

（4）目标 – 模仿

目标 – 模仿河湟传统夯土墙的体量颜色和质感，采用土黄色的自然材料，配合水平向的天然肌理，塑造质朴而厚重的河湟建筑特质。

见图 6–28~ 图 6–31。

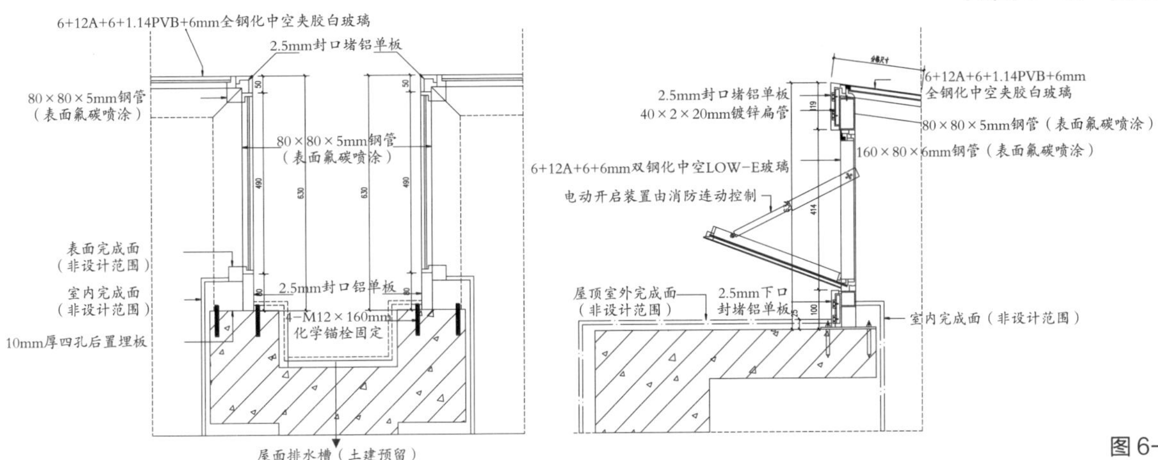

图 6–28　博物馆玻璃天窗构造节点图

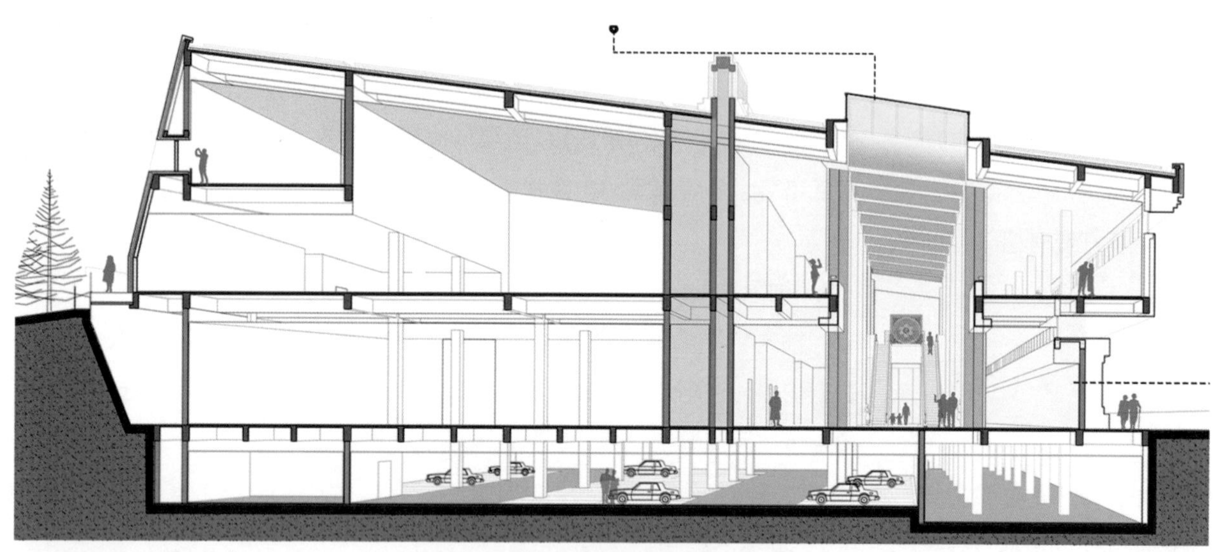

图 6-29　博物馆室内空间剖透图

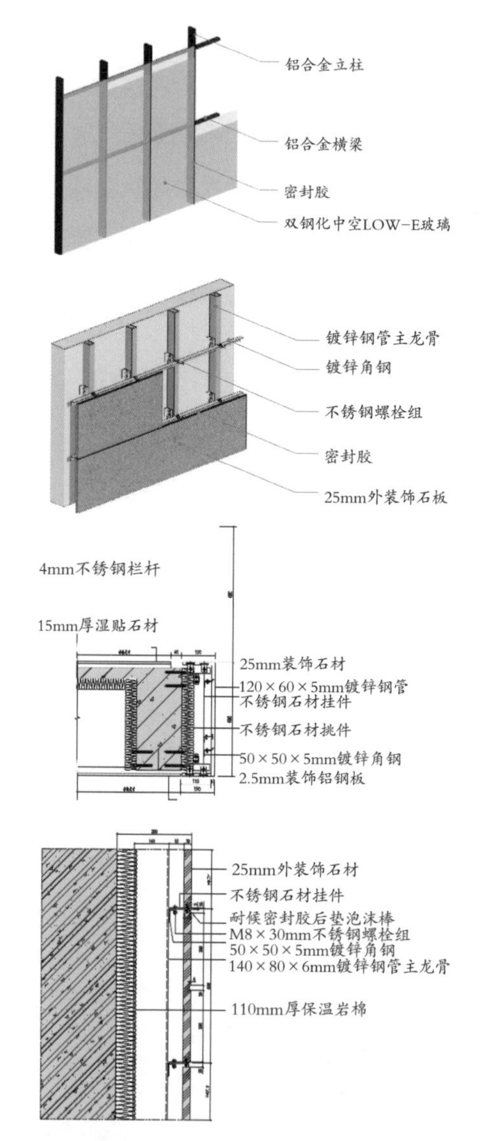

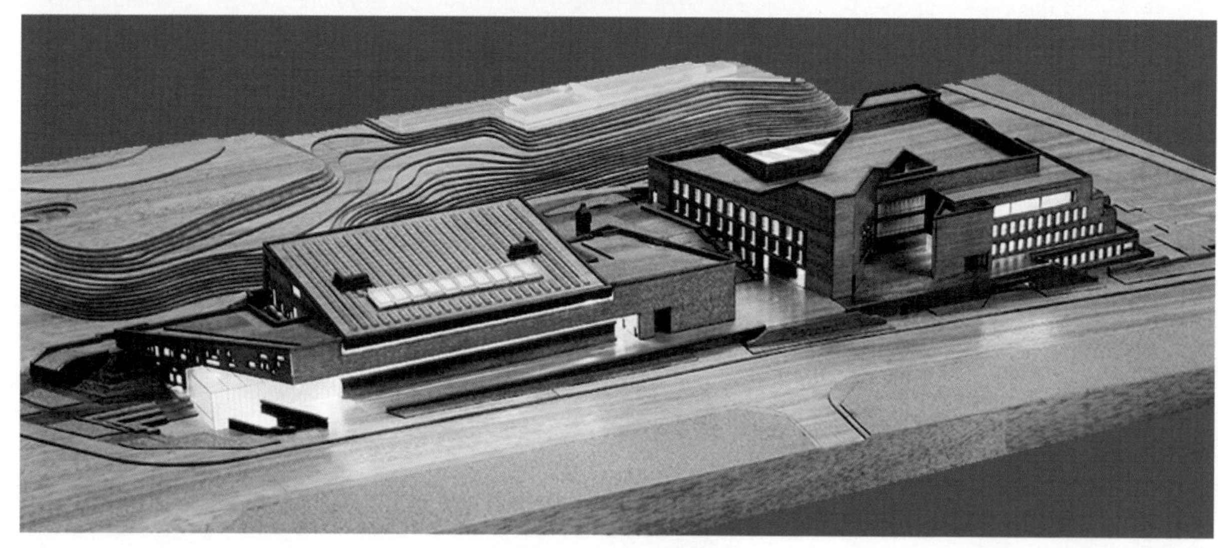

图 6-30　实体模型效果

图 6-31　外挂石材构造节点图

6.6　青海海东市朝阳中学

6.6.1　项目简介

项目由西安建筑科技大学建筑设计总院设计，总建筑面积 2.6 万 m^2。位于青海省海东市乐都区，是海东市教育局建设的九年一贯制学校。设计总结相关类型青海省高海拔浅山区建筑气候学特点，提炼河湟地区地域建筑的传统建筑语言，表达其气候适应性智慧与逻辑，创新青海省河湟地区高海拔浅山区城区学校建筑的气候适应性设计模式，示范河湟地区公共建筑的地域化绿色转型。

6.6.2　建筑设计

方案设计理念（图 6-32~ 图 6-34）：

（1）河湟现代校园范式：以“建筑气候适应性的文化表达”为核心，打造彰显河湟特色的现代教育建筑范式；

（2）绿色空间模式：外封内敞的合院，连续贯通的连廊，被动式阳光走廊，形成适应河湟气候特点的绿色空间模式；

（3）新河湟建筑标杆：汲取合院、檐廊、色彩等河湟地域风貌要素，研究传统形式的现代转译，形成新河湟建筑风貌。

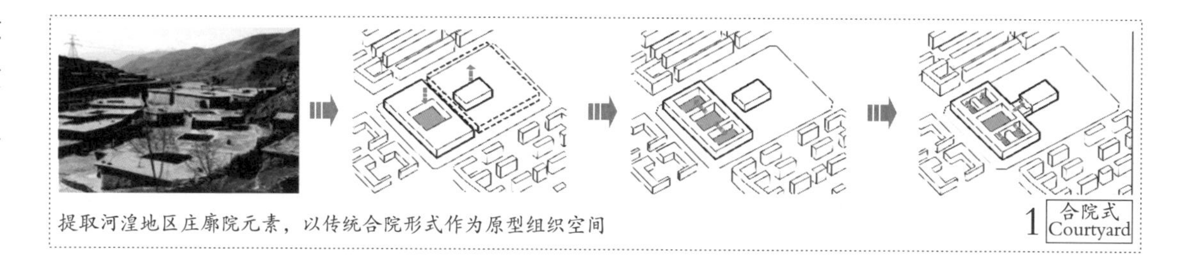

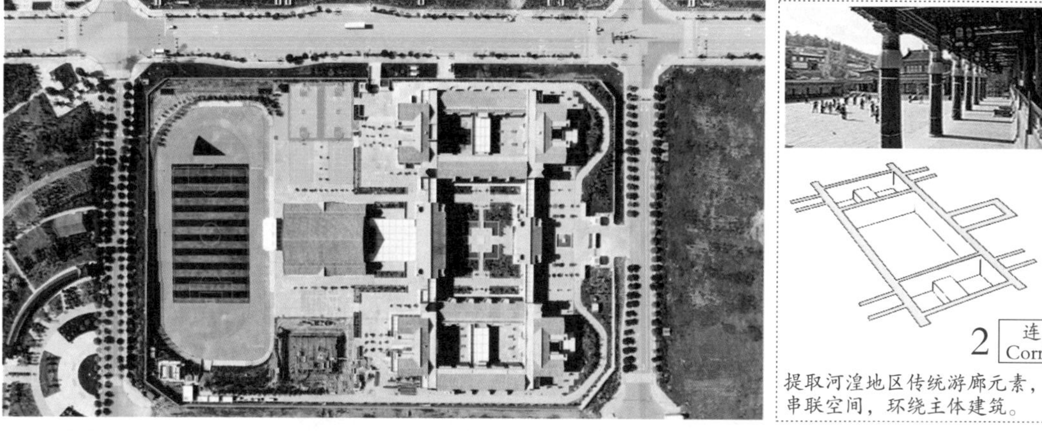

图 6-32　周边环境元素提炼

图 6-33　校园整体鸟瞰效果

图 6-34　建筑与周边环境

6.6.3　地域建筑绿色技术集成

（1）场地与室外环境

通过外封内敞的建筑布局避风纳阳；结合场地绿化景观实现雨水径流的入渗、滞蓄、消纳和净化，达到场地内雨水自平衡；室外活动场地、道路选择透水性铺装材料及构造。

（2）建筑设计与室内环境

合院式的空间布局，提高建筑的天然采光和自然通风效率，小庭院改善局部微气候。连廊将教学、办公、运动、会议等空间有效连接，不论寒冬酷暑，都能保障教师与学生的全天候活动要求。被动式阳光走廊提升公共活动空间冬季采暖效果。热压通风井辅助教室既可实现夏季自然通风，又可冬季调节自然换气。较小的窗墙比控制建筑的表面面积，增加围护结构的蓄热能力，减少热损失，提高室内环境的热舒适度，满足建筑空间冬季保温的需求，降低保温成本。

（3）构造与材料

外墙采用由保温层、强力复合胶、饰面涂层组成的保温一体板，构造简单，施工快速，简化施工流程。

保温一体板的颜色与肌理呼应校园北侧裙子山的自然风貌，使校园整体能够有效地融入大的自然环境之中，与周边环境取得协调。

见图 6-35~ 图 6-38。

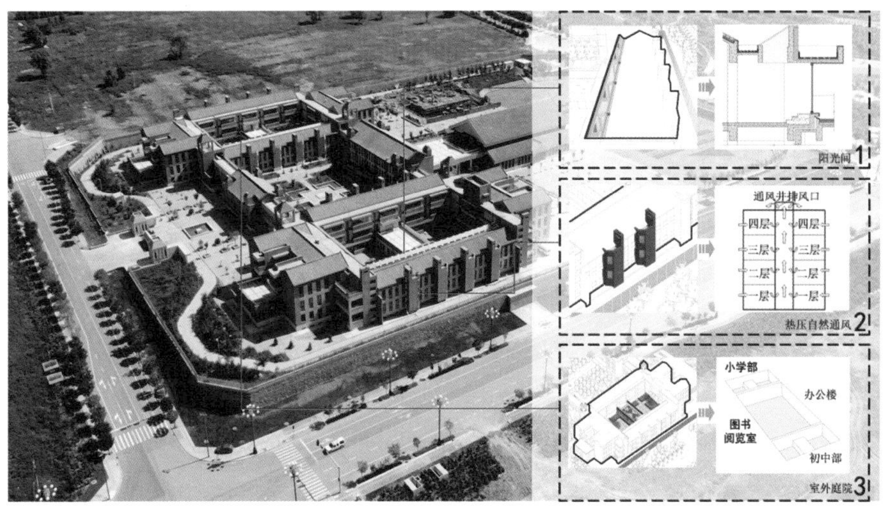

图 6-35 空间与构造的绿色策略

图 6-36 校园景观 1

图 6-37 校园景观 2

图 6-38 材料选择

参考文献

[1] 公共建筑节能设计标准 . GB 50189-2015.（附条文说明）[S]. 北京：中国建筑工业出版社，2015.

[2] 严寒和寒冷地区居住建筑节能设计标准 . JGJ 26-2018[S]. 北京：中国建筑工业出版社，2018.

[3] 杨柳 . 建筑节能综合设计 [M]. 北京：中国建材工业出版社，2014.

[4] 夏冰，陈易 . 建筑形态创作与低碳设计策略 [M]. 北京：中国建筑工业出版社，2016.

[5] 李继业，陈树林，刘秉禄 . 绿色建筑节能设计 [M]. 北京：化学工业出版社，2016.

[6] 刘加平，谭良斌，何泉 . 建筑创作中的节能设计 [M]. 北京：中国建筑工业出版社，2009.

[7] 杨丽 . 绿色建筑设计建筑节能 [M]. 上海：同济大学出版社，2016.

[8] 王瑞，董靓 . 建筑节能设计 [M]. 武汉：华中科技大学出版社，2015.

[9] 诺伯特·莱希纳，张利 . 建筑师技术设计指南采暖·降温·照明第 2 版 [M]. 北京：中国建筑工业出版社，2004.

[10] 张鹏举 . 平实建造 [M]. 北京：中国建筑工业出版社，2016.

[11] 程文，赵天宇，马晨光 . 严寒地区村镇绿色建筑图集 [M]. 哈尔滨：哈尔滨工业大学出版社，2015.

[12] 李晖，刘骏，郑勋，姜敏华 . 兰州城市规划展览馆 [J]. 现代装饰，2016（10）：56-59.

[13] 王进洲，万瑞霞 . 兰州城市规划展览馆饰面清水混凝土施工技术 [J]. 施工技术，2016，45（3）：45-48.

[14] 程泰宁，郑庆丰，唐晖，程跃文，陈悦，段继宗，叶俊，杨涛，骆晓怡，刘鹏飞，潘知钰 . 宁夏大剧院 [J]. 城市环境设计，2011（4）：124.

[15] 吴斌 . 敦煌莫高窟数字展示中心 [J]. 建筑实践，2019（5）：37-41.

[16] 张亚立，关文吉，沙玉兰 . 敦煌市博物馆自然通风系统方案设计 [J]. 暖通空调，2007（10）：98-102.

[17] 周云 . 从国际大巴扎的设计看新疆地域文化影响下的设计审美特征 [J]. 新疆艺术学院学报，2010（3）：58-60.

[18] 姜璐 . 建筑、环境与人相互作用的探讨——以新疆国际大巴扎为例 [J]. 住宅与房地产，2016（33）：70.

[19] 张法趣 . 新疆伊斯兰传统建筑自然通风的空间类型研究 [D]. 西安：西安建筑科技大学，2018.